学术中国·大数据

大数据存储技术

Big Data Storage Technologies

陈康　武永卫　余宏亮　张广艳　编著

人民邮电出版社
北京

图书在版编目（CIP）数据

大数据存储技术 / 陈康等编著. -- 北京 : 人民邮电出版社, 2021.7(2023.4重印)
（国之重器出版工程·学术中国·大数据）
ISBN 978-7-115-56486-3

Ⅰ. ①大… Ⅱ. ①陈… Ⅲ. ①数据管理 Ⅳ. ①TP274

中国版本图书馆CIP数据核字(2021)第080977号

内 容 提 要

本书由浅入深，层层深入，从基本原理着手，逐步过渡到大数据存储的新技术的发展。本书以扎实的理论分析为基础，系统、深入地介绍了分布式文件系统和分布式键值存储的基本原理及其关键问题与解决手段、大数据存储系统的关联技术与进展，包括基于群组的网络文件共享、存储系统的容灾、重复数据删除技术和大数据纠删码存储技术。对大数据存储技术的研究和应用有积极的促进作用。本书的读者对象主要为高等院校的学者和研究生，数据存储架构师、咨询顾问，以及企业内部的相关业务人员。

◆ 编　　著　陈　康　武永卫　余宏亮　张广艳
　责任编辑　唐名威
　责任印制　焦志炜
◆ 人民邮电出版社出版发行　　北京市丰台区成寿寺路 11 号
　邮编　100164　　电子邮件　315@ptpress.com.cn
　网址　https://www.ptpress.com.cn
　固安县铭成印刷有限公司印刷
◆ 开本：710×1000　1/16
　印张：19.25　　　　2021 年 7 月第 1 版
　字数：356 千字　　　2023 年 4 月河北第 5 次印刷

定价：159.80 元

读者服务热线：(010)81055493　印装质量热线：(010)81055316
反盗版热线：(010)81055315

《国之重器出版工程》
编辑委员会

专家委员会委员（按姓氏笔画排列）：

于　全　中国工程院院士
王　越　中国科学院院士、中国工程院院士
王小谟　中国工程院院士
王少萍　“长江学者奖励计划”特聘教授
王建民　清华大学软件学院院长
王哲荣　中国工程院院士
尤肖虎　“长江学者奖励计划”特聘教授
邓玉林　国际宇航科学院院士
邓宗全　中国工程院院士
甘晓华　中国工程院院士
叶培建　人民科学家、中国科学院院士
朱英富　中国工程院院士
朵英贤　中国工程院院士
邬贺铨　中国工程院院士
刘大响　中国工程院院士
刘辛军　“长江学者奖励计划”特聘教授
刘怡昕　中国工程院院士
刘韵洁　中国工程院院士
孙逢春　中国工程院院士
苏东林　中国工程院院士
苏彦庆　“长江学者奖励计划”特聘教授
苏哲子　中国工程院院士
李寿平　国际宇航科学院院士

李伯虎 中国工程院院士

李应红 中国科学院院士

李春明 中国兵器工业集团首席专家

李莹辉 国际宇航科学院院士

李得天 国际宇航科学院院士

李新亚 国家制造强国建设战略咨询委员会委员、中国机械工业联合会副会长

杨绍卿 中国工程院院士

杨德森 中国工程院院士

吴伟仁 中国工程院院士

宋爱国 国家杰出青年科学基金获得者

张　彦 电气电子工程师学会会士、英国工程技术学会会士

张宏科 北京交通大学下一代互联网互联设备国家工程实验室主任

陆　军 中国工程院院士

陆建勋 中国工程院院士

陆燕荪 国家制造强国建设战略咨询委员会委员、原机械工业部副部长

陈　谋 国家杰出青年科学基金获得者

陈一坚 中国工程院院士

陈懋章 中国工程院院士

金东寒 中国工程院院士

周立伟 中国工程院院士

郑纬民 中国工程院院士
郑建华 中国科学院院士
屈贤明 国家制造强国建设战略咨询委员会委员、工业和信息化部智能制造专家咨询委员会副主任
项昌乐 中国工程院院士
赵沁平 中国工程院院士
郝　跃 中国科学院院士
柳百成 中国工程院院士
段海滨 “长江学者奖励计划”特聘教授
侯增广 国家杰出青年科学基金获得者
闻雪友 中国工程院院士
姜会林 中国工程院院士
徐德民 中国工程院院士
唐长红 中国工程院院士
黄　维 中国科学院院士
黄卫东 “长江学者奖励计划”特聘教授
黄先祥 中国工程院院士
康　锐 “长江学者奖励计划”特聘教授
董景辰 工业和信息化部智能制造专家咨询委员会委员
焦宗夏 “长江学者奖励计划”特聘教授
谭春林 航天系统开发总师

《学术中国·大数据》丛书
编 辑 委 员 会

丛书总序

大数据、人工智能、云计算、物联网、移动互联网和产业互联网等成为新一代信息技术的特征，其中大数据与上述技术和应用都有密切关系。大数据来自移动互联网、产业互联网和物联网等，其存储需要云计算，其挖掘依靠人工智能，而人工智能也有赖于大数据的支撑，大数据是产业互联网的重要基础。大数据不仅可以用于社会的精细化管理，更好地服务民生，大数据产业也将形成信息产业新的分支，其间接的产业影响将更大。可以说，大数据是数字经济的重要支柱。

很多国家都将大数据作为新时期的国家发展战略。2015 年，国务院印发大数据发展的首个权威性、系统性文件《促进大数据发展行动纲要》，2016 年国家发展和改革委员会批复了 13 个大数据领域的国家工程实验室，我国一些省市也纷纷制定大数据发展战略与规划。当前，我国在大数据共享开放、大数据资源开发、大数据技术研发、大数据挖掘应用、大数据产业培育、大数据安全管理、大数据人才培养和大数据法规研究等方面全面部署，为我国实现供给侧结构性改革，促进产业升级和转型，提升国家竞争力，争取在国际领域的话语权和实现跨越式发展起到了不可或缺的作用。

然而，我国的大数据发展也面临一些亟待解决的问题，如基础研究薄弱、创新能力不强、产业链条缺口、数据资源封闭、法律法规滞后、数据安全不力、数据人才短缺和数据设施布局不合理及利用率不高等。为了使我国的大数据应用与产业可持续健康发展，需要多管齐下，其中普及大数据科学是重要的一环。为此，《学术中国·大数据》丛书编委会组织多个大数据领域优秀的研究团队的专家，基于国家 973

计划、863 计划、国家自然科学基金、国家重点研究计划等科研项目的创新研究成果和国内外大数据应用的成功实践，编写了这套丛书，内容涵盖大数据存储、数据管理、数据挖掘、分析平台、优化算法等核心技术领域。

本丛书的出版对传播大数据科学知识、推动大数据的学术探讨、鼓励大数据领域的产学研用协同创新、促进大数据标准化研究、加快大数据核心技术研发、培训大数据技术人才、引导大数据应用与产业化发展以及完善大数据有关的制度建设，都将起到积极作用。

2017 年 12 月

前　言

大数据存储是为保存、管理和检索海量数据而专门设计的基础存储设施。计算机系统结构正在从以计算为中心向以数据为中心发展。这种发展趋势对存储系统在容量、性能、可用性、扩展性和成本等方面都提出了更高要求。本书主要讨论大数据存储系统的关键技术以及相关研究进展。本书的内容组织首先从基本原理着手，并逐步过渡到大数据存储的新技术的发展。本书的基本原理部分对分布式文件系统和分布式键值存储展开讨论，介绍其中的关键问题与解决手段。在读者对大数据存储知识有了初步了解之后，本书余下的部分将介绍大数据存储系统的关联技术与进展，包括基于群组的网络文件共享、存储系统的容灾、重复数据删除技术和大数据存储纠删码技术。

在阅读本书之前，读者应当了解计算机系统方面的基础知识，包括常用的数据结构、文件系统、网络基础知识等。

本书主要内容安排如下：

第 1 章是绪论，主要介绍大数据存储的基本形式、关键技术，以及本书的组织结构；

第 2 章为分布式文件系统，以谷歌文件系统为例，讨论了构建分布式文件系统所需的各项关键技术；

第 3 章为分布式键值对存储，主要介绍如何通过哈希以及 B+树的方式，实现从单机键值对存储到分布式键值对存储的扩展；

第 4 章为面向社区共享的网络文件共享系统，介绍了一个基于群组的网络文件共享系统，重点讨论分布式文件系统与用户管理的结合，以及分布式文件系统中的多版本数据管理方法；

第 5 章为存储容灾系统，介绍了实现存储容灾需用到的各项关键技术，主要包括大数据存储的容灾备份以及快速的服务恢复方法；

第 6 章为大数据存储系统的删冗，介绍了重复数据删除技术，分别以具体系统为例，讨论了二级存储及主存储的删冗技术；

第 7 章为大数据存储纠删码技术与优化，介绍了基于纠删码的大数据存储技术，并重点讨论一种柯西编码的性能优化方法。

本书作者分工如下：第 1~3 由陈康编写，第 4 章由武永卫组织编写，第 5~6 章由余宏亮组织编写，第 7 章由张广艳组织编写。在本书的编写过程中，叶丰、向小佳、尹玉冰、张旭、吴桂勇、曲新奎等学生参与了部分内容的编写工作，在此表示感谢。

最后，由于时间仓促和作者水平有限，文中遗漏和不妥之处在所难免，还望读者批评指正！

作　者

2021 年元月于清华园

目 录

第 1 章 绪论

大数据存储是整个大数据处理系统的基础，其用来存储海量的数据，并且经常作为大数据处理过程的一部分。本书主要讨论的内容即大数据的存储，包括大数据存储的各个方面。本章是全书的绪论，将对大数据存储系统进行简单的介绍，探讨大数据存储的基本形式和关键技术。作为全书的总纲，本章在末尾部分也对本书后续章节内容进行了介绍。

1.1 大数据存储系统简介

本书将讨论大数据存储系统的相关技术以及最新的研究成果。大数据处理系统的基础部分就是大数据存储，其中文件系统的存储是大数据存储最基本的部分。大数据概念的提出是从网络大数据开始的，搜索引擎是网络大数据处理的典型重要应用。当然，当前的大数据应用范围有了很大的扩展，大数据存储不仅包括网页的存储，也包括更加广泛的其他一般性的数据存储。可以这样说，凡是需要保存大量数据的，都可以被称为大数据存储。

大数据存储的具体应用如下。

（1）大量互联网数据的存储

互联网数据的存储可以被认为是大数据的第一个应用，推动了大数据技术本身的发展。互联网数据的规模庞大，需要大量的存储和处理能力。这推动了大数据处理技术（包括大数据存储技术、大数据分析技术、大数据查询可视化等）的形成。互联网数据已经对人类的生产、生活和社会关系产生了重要的影响。大数据存储首先需要应对的就是大量互联网数据的存储。

（2）大量个人数据、组织与机构数据的存储

数字化生活导致各种个人电子设备层出不穷，手机、数码相机等都会产生大量的个人数据。在平时的工作和生活中，时时刻刻都在产生大量的个人数据，如在工

作中使用的信息系统，几乎把工作过程中产生的数据都进行了保存，以备之后进行处理。随着越来越多的公司以及机构接入互联网中，组织和机构的数据规模也开始变得非常庞大，这部分的数据存储也成为大数据存储的重要组成部分。

（3）科学计算的计算流程与计算结果的存储

数据一直是科学计算一个非常重要的组成部分。随着高性能计算机性能的不断提高，很多科学实验会产生大量的数据，这也需要大数据处理技术的支持，以便对数据的最终结果进行计算，以及对其物理意义进行解释。科学计算所需要的数据以及计算的结果也成为大数据存储非常重要的组成部分。

（4）数据挖掘与人工智能

很多新一代的应用需要对数据进行处理，以获取数据包含的知识。这一类应用包括数据挖掘以及人工智能。如果没有大数据处理技术，很多数据挖掘和人工智能的应用无法实现。举一个直观的例子，人工智能中有一类非常重要的应用，即图像物体识别，包括从视频中分析出人脸，之后还可以进行分析追踪。如果没有大数据处理技术，那么人脸识别是不可能实现的。大量的数据都需要被保存下来，以便进行后续的分析。

（5）数据归档

这一类的应用体现还不是很明显。但是数据归档对于保存数据来说，是非常重要的。数据归档可以将一部分当前不需要的数据保存到一个不容易丢失的位置。数据归档不是单纯地保存数据，还要为数据建立索引，以便在需要的时候快速找到相应的数据。

上述应用只是大数据存储应用的一个极小的部分。大数据的应用不局限于上面讨论的各种应用，实际上大数据的应用已经体现在各个方面。大数据存储是大数据应用最为重要的组成部分，没有大数据存储，大数据的应用就无从谈起。

本书主要介绍大数据存储的各种体现形式，以及大数据存储在各个具体方向的进展。下面首先从大数据存储的基本形式着手介绍大数据存储。

1.2　大数据存储的基本形式

大数据存储的基本特点是存储的数据量巨大。因此通过一台机器对数据进行存储往往是无法实现的，这是因为单台机器能够存储的数据容量都是有限的。在这样

的条件下，大数据存储需要通过分布式存储的方式完成。与传统的数据存储一样，大数据存储也有不同的体现方式。与单机的存储一样，大数据存储的基本形式也可以被分为文件系统的存储、键值对的存储，以及数据库的存储，分别是对单机上对应存储形式的扩展。在大数据存储中，最为广泛使用且存储容量最大的存储方式是分布式文件系统，这是对单机文件系统的扩展。对于单机的存储，除了文件系统的存储形式，还有其他存储形式，如在计算机系统中经常使用的键值对的存储，对这个存储模式进行扩展，可以获得相应的分布式存储的方式，即分布式的键值对存储。此外，还有一个重要的存储形式——数据库的存储，可以将有格式的信息放入数据库中，这是一种非常易用的存储形式。当前大部分的应用需要数据库的支持。数据库的存储形式使建立应用程序变得非常方便。下面对各种大数据存储形式进行简要的介绍。

（1）分布式文件系统

首先是分布式文件系统。搜索引擎抓取的数据会被保存在分布式文件系统中。分布式文件系统是大数据系统中一个非常重要的组成模块，其地位就像单机的文件系统在整个单机系统中处于非常重要的位置一样。分布式文件系统将单机的文件系统进行扩展，甚至可以扩展到数千台机器或者全球统一的分布式文件系统。分布式文件系统之所以重要，是因为随着大数据的发展，大量的非结构化数据需要处理，而非结构化数据没有统一的形态，不能通过结构化（如结构化数据库）的方式来表达，通过文件进行存储是必需的。从这一点来看，分布式文件系统的应用非常广泛。

在具体的展现形式方面，分布式文件系统也需要构建一个目录树结构，用户访问时首先需要通过目录树进行文件数据的定位。此外，分布式文件系统跟单机文件系统一样，也需要提供文件的访问方式，包括打开文件、读取文件、写入文件和关闭文件等。

（2）分布式键值对的存储

除了分布式文件系统，大数据存储还有其他形式，包括分布式键值对的存储、分布式数据库的存储。数据库首先需要定义存储数据的格式，在进行存储的时候往往需要使用一些主键找到对应的值，因此数据库的方式能够表达较为复杂的结构信息。而键值对的存储虽然简单，但是在计算机系统技术方面占有非常重要的地位。这是因为键值对的结构虽然简单，但是可以支持非常复杂的应用形式。简单的结构也能够保证总体的存储体系结构可以扩展到非常大的规模。键值对在单机中已经有非常广泛的应用，很多数据库的底层实际上使用的是键值对的存储。因此，非常有必要将键值对的存储扩展到分布式的环境，以支持大数据的存储以及计算应用。实际上，在很多应用中键值对的存储模式已经足够丰富，也非常方便程序员使用。在实际的生产实践中也发现键值对的存储是很容易被扩展到分布式环境的。这就使得分布式键值对的存储成为大数据存储的一种基本形式。分布式的键值对存储同样也可以作为分布式数据库存储的底层。

（3）分布式数据库

当然，最为广泛的数据存储形式还是数据库的存储。关系数据库的建立和发展为计算机应用打下了良好的基础，这是因为很多应用程序员并不希望了解底层的细节，而是希望使用数据模型模板来保存数据记录。在很多情况下，他们往往会按照关系数据库的要求把数据保存到关系数据库中，关系数据库具有对数据进行建模的抽象能力，可以为应用程序带来良好的支持。关系数据库的关系模型有一定的复杂度。但是这个关系模型本身可以提供一些必要的应用程序的支持。这会大大简化应用程序员的工作，应用程序员可以更加关注于应用的本身。关系模型可以用来建立很多实际数据的抽象模型，适用于很多实际的应用场景，如很多表格类的应用可以在政府、机构、学校、图书馆等场景下使用。这一点是非常明显的，因为像 Excel 这样的应用程序在实际中就被广泛使用。很多互联网应用的后台就将数据保存在数据库中，前端通过应用程序访问数据库的形式，将最终的信息展现在网页上。可以说，数据库是绝大多数广泛使用的应用程序的后台支撑。从数据库的应用支持本身来说，非常有必要将数据库扩展到分布式的环境中，现在已构造出可以保存大量应用数据的分布式数据库。除了能够保存大量数据，也需要在这上面支撑关系运算，从而可以通过多台机器甚至上千台机器协同工作，提高应用程序的性能，支持更多的用户。

以上 3 种就是大数据存储的基本形式，可以看到，这些基本形式与现有单机的数据存储基本形式是类似的，这实际上取决于应用本身的特点。但是大数据的存储具有非常高的要求。简单地将单机的存储扩展到分布式环境，或者扩展到一个非常大的并行计算规模是不够的。在进行系统扩展时，需要解决一系列的关键技术问题。下面列举和分析大数据存储的各种关键技术。这里讨论的关键技术也构成了本书的主要内容。

1.3 大数据存储的关键技术

大数据存储的关键技术实际上是非常多的，本书只选取其中最为关键的部分进行介绍，包括扩展性技术、可靠性和容灾保障技术、数据共享技术、重复数据删除技术及纠删码技术。下面就对这些技术进行逐一的介绍。

（1）扩展性技术

扩展性技术的含义非常简单明确，就是将大数据的存储尽可能地扩大到更大的规模。一些大数据存储对扩展性的要求非常高。一些数据存储系统甚至要求将数据分布到几千台机器上，这几千台机器之间需要通过高速的网络进行连接；而一些应用系统甚至要求数据在多个数据中心进行分布。这就对扩展性提出了更高的要求。分布式环境下的扩展性，特别是对于存储来说，有两个层面的含义：一个层面是数据存储的负载均衡，另一个层面是数据访问的负载均衡。数据存储的负载均衡指每台机器上存储的数据量差不多。数据访问的负载均衡指每台机器提供的负载是差不多的，不会存在大量的热的数据分布在少数几台机器，这也是为了提高系统的总体访问能力。此外，也要求在容量不够时加入新的机器，以自然地扩展到更高的容量，提供更好的访问能力。大数据存储的扩展性技术包括存储方面的负载均衡、访问方面的负载均衡，以及整个系统的可扩展性。

（2）可靠性与容灾保障技术

大数据存储的可靠性的含义是在某一些节点出现错误时，所保存的数据仍然存在，数据不丢失。可靠性的最低要求是系统出现错误时数据不丢失。一些系统要求有可用性，就是在整个系统出现错误时向外提供的服务不发生改变，可以提供正常的服务。可用性的要求比可靠性的要求高。为了达到可靠性和可用性的要求，最基本的方式就是通过副本的方式将数据副本保存到不同的物理机器中。这样的话，当其中一个或者几个物理机器发生错误时，其他机器仍然可以提供数据访问服务。容灾保障技术是另一个更高层面的可靠性技术。容灾保障技术希望能够保证在发生灾难时整个系统不发生数据丢失，甚至可以继续提供数据服务。这里的灾难包括自然灾害等，这些灾难会导致整个数据中心的下线。由此可以看出，容灾保障技术对整个技术体系提出了更高的要求。容灾的基本方式也是通过数据副本的方式。

（3）数据共享技术

数据共享技术是一种应用层的技术，可以应对大数据需要支持多个应用的需求。数据共享需求是普遍存在的。共享数据指用户将自己的数据提供给其他用户使用，使得与他人共同享有这份数据以及在该数据上进行的修改，例如现有的协同工作系统就在这样的数据上进行工作。在日常生活中，用户经常会有对数据进行共享的需求。例如，对于家庭聚会的照片，用户通常希望将其共享给家庭中的所有成员；对于朋友集体出游的照片，用户希望将其共享给整个朋友圈子。在大数据存储和处理方面，数据共享是连接整个系统不同处理部分的关键环节。例如，在科学计算方面，大量的数据会逐渐产生，而上一级处理生成的数据会被作为下一级数据处理的输入。因此，在不同的科学计算步骤之间就需要共享数据，以供后一级使用，同时也可供科研人员调试使用，以确认计算流程的正确性。由此可以看出，数据共享技术能够保证数据在多个使用者之间正常流通。

（4）重复数据删除技术

最近几年，大数据存储系统凭借优秀的可扩展性、可用性、可靠性、易管理性、高性能和低成本等优势，获得了越来越广泛的认可，成为在网络应用的构建中代替传统专用存储系统的解决方案。但是，实际上大数据存储，特别是它的一个重要的存储分支——云存储，存储了来自不同网络应用和不同用户的海量数据，这些数据中存在大量的冗余数据。除了云存储，其他大数据存储系统也会有大量的冗余，如在科学计算的数据中，大量的数据都是冗余的，而其中不冗余的部分是进行计算的关键。当这些冗余数据被存储到云存储系统或者其他大数据存储系统中时，不仅浪费了大量的存储空间，更重要的是浪费了用户和云存储系统之间有限的网络带宽资源。将重复数据删除技术应用到大数据存储系统中，用于发现并删除数据中的冗余，可以有效提高存储空间以及网络带宽的利用率，进一步降低大数据存储系统的成本，提高大数据存储系统的可扩展性和整体性能。

（5）纠删码技术

纠删码技术和副本方式相同，也可以提高可靠性，但是它还能大大降低所需的数据存储容量。纠删码技术在云存储系统中的应用已经成为比较热门的话题。一旦云存储环境下的数据节点出现故障，如其中的关键数据出现损坏，那么后果很可能是毁灭性的、令人无法接受的。因此如何对这些数据进行有效存储，并避免数据损失也就格外受人关注。随着大型数据存储系统中数据量的不断增加，原本根据独立磁盘冗余阵列（Redundant Array of Independent Disks，RAID）级别（RAID1-6、RAID01 和 RAID10）进行的冗余数据存储，在很多情况下已经不再适用了。这些系统最多只能允许两个磁盘或节点出错。但是随着存储部件数量的增长、广域网的飞速发展和故障模式的增多，存储系统的设计者们希望未来设计出的系统能够允许同时出现更多的磁盘或节点错误，而不影响系统的正常运行。那么如何更有效地对大型数据存储系统中的数据进行保护，允许同时出现多个磁盘或节点错误，避免其因系统中的存储设备失效而丢失数据，成为当前数据可靠性保证技术的研究热点。

1.4 本书的组织

本书首先从基本原理着手，逐步过渡到最新技术的讨论。由于分布式文件系统的重要性，本书的基本原理部分首先引入对分布式文件系统的讨论。这部分的讨论以谷歌文件系统（Google File System，GFS）为基础，当前的大部分分布式文件系统采用类似的体系结构。实际使用的很多开源系统（如 Apache 的 Hadoop 分布式文件系统（Hadoop Distributed File System，HDFS））也采用了类似的结构。在讨论完分布式文件系统之后，将分各章节介绍典型的大数据存储系统以及相关的关键技术。这包括其他数据存储形式，即将键值对存储进行扩展，使其可以运行在大规模的集群环境下。由于分布式数据库的内容非常多也很复杂，并且和键值对存储有一定的关联性，限于内容和篇幅的关系，本书不再讨论分布式数据库的技术。本书后面的章节将会讨论各种具体的关键技术，包括数据共享技术、数据容灾技术、重复数据删除技术、纠删码技术及其改进。

本书具体的章节分配以及内容简介如下。

第 2 章：分布式文件系统。

这一章以谷歌文件系统为基本的讨论对象，讨论构建分布式文件系统所需要的各种关键技术。在讨论的过程中，也会涉及通用分布式系统采用的各种技术，这些是构建分布式系统的通用技术，不仅仅适用于分布式文件系统。通过这一章的讨论，读者应当能够对大数据存储有一个初步的概念，并且对分布式系统需要解决的各种问题有直观的了解。

第 3 章：分布式键值对存储。

分布式键值对的存储可以说是对单机键值对存储的直接扩展，可以通过哈希的方式或者 B+树的方式进行扩展，这取决于所建立的键值对存储是否需要支持范围查询。这一章分别对这两种技术进行了介绍。另外，数据库技术涉及的内容非常多。事实上，关于分布式数据库完全可以编写独立的一本书。很多大数据的存储虽然基于数据库，但是仅用到与分布式键值对相关的一些特性。因此关于数据库的存储本书不再涉及。

在读者对大数据存储知识有了初步了解之后，本书余下的部分将分系统地介绍大数据存储系统的高级技术与应用。

第 4 章：面向社区共享的网络文件共享系统。

大数据的一个重要应用是数据共享。这一章将讨论构造一个面向社区共享的网络文件共享系统。该共享系统基于一个多根多版本的分布式文件系统的架构，主要需要解决的问题是分布式文件系统与用户管理的结合问题，以及分布式文件系统中的多版本数据的问题。数据使用方面的工作是关于基于社区的数据共享与数据管理的工作，从而满足数据共享的需求，并达到权限管理的目的。

第 5 章：存储容灾系统。

大数据存储系统不仅需要做到大容量数据的存储，也需要保证数据不丢失。这一章讨论了存储容灾系统，介绍了在容灾中使用到的各种技术，以及快速的服务恢复方法。容灾的含义是可以容忍灾难的发生，灾难可能会导致同一地理位置上的数据中心停电，或者整个数据中心会被摧毁。在这种情况下，如何保证数据一直持续存在是非常重要的。

第 6 章：大数据存储系统的删冗。

大数据存储系统如果一直保留所有数据，存储容量将很快变得无法控制。重复数据删除技术是一种非常重要的技术，其可以充分利用有限的存储容量来保存更多的数据。这一章将对重复数据删除技术展开讨论，包括二级存储（Secondary Storage）的删冗以及主存储（Primary Storage）的删冗，分别以两个具体系统的方式展开讨论和研究。二级存储的删冗主要针对重复数据的计算，而主存储的删冗还需要考虑对应用性能的影响。

第 7 章：大数据存储纠删码技术与优化。

这一章讨论纠删码技术。纠删码技术是不同于多副本技术的另一种容灾策略，它的基本思想是：通过纠删码算法对 k 个原始数据块进行数据编码得到 m 个纠删码块，并将这 $k+m$ 个数据块存入不同的数据存储节点，完成数据可靠性机制的建立。

这一章讨论选择框架思想，即利用目前出现的柯西矩阵的生成方法和对柯西矩阵求调度的算法形成求取优化调度方案的选择框架，以提高柯西里德-所罗门（Cauchy Reed-Solomon，CRS）编码效率。该选择框架得出的优化调度方案，可以用于任何以 CRS 编码为容灾策略的存储系统。

第2章 分布式文件系统

分布式文件系统是对单机文件系统的扩展。文件存储作为数据存储的最基本形式，在一个计算机系统中占有重要的地位。本书讨论的是大数据的存储，而分布式文件系统是组成分布式大数据系统的一个非常重要的部件。分布式文件系统将单机文件系统进行扩展，甚至可以扩展到数千台机器或者全球统一分布式文件系统。本章首先对文件系统进行分析，然后将单机的文件系统扩展到一个由数千台机器构造的分布式文件系统架构，最后对与分布式文件系统相关的课题进行讨论，包括文件系统的可靠性、扩展性和一致性。

作为数据存储的基础，文件系统的重要作用毋庸置疑，而对于大数据存储来说，分布式文件系统也是其基础。本章不讨论如何应用分布式文件系统，而是对分布式文件系统的实现基础展开讨论，即如何利用所需的接口以及底层的物理计算资源实现一个分布式文件系统。

2.1 文件系统的结构与扩展

本章的讨论将从文件系统的名字空间和数据读写开始。这部分针对的是通用的文件系统[1-2]，因为分布式文件系统需要提供与文件系统一样的接口与访问方式，不同的是规模上的区别。从文件系统开始讨论便于理解分布式文件系统与本地文件系统的区别，从而进一步理解在分布式环境下需要完成的工作。

2.1.1 文件系统的名字空间与数据读写

（1）磁盘文件系统的功能与实现层次

为了更好地理解如何实现一个分布式文件系统，有必要先对文件系统对外提供的功能进行一番梳理。文件系统在整个系统软件当中处于一个非常重要的地位，文件系统虽然是操作系统中的一个功能模块，但是操作系统的很多功能十分依赖文件系统。一个最为直接的原因就是所有数据需要长期保存在磁盘上，因为磁盘是一个永久的存储。对于内存来说，因为不是永久的存储设备，一旦掉电，内存上的数据就会丢失，因此需要长期保存的数据必须被保存在磁盘中（当然，也有其他的永久存储介质，如新型的固态硬盘（Solid State Disk，SSD）介质）。想象一个系统的启动过程，启动过程在系统加电时必须要有文件系统的支持，因为只有在文件系统的帮助下，操作系统才能把自身从磁盘装载到内存中，之后才可以进入正常执行流程[3-4]。显而易见，在这个过程中文件系统起到了重要的作用。另外，在正常的操作系统工作过程中，也需要文件系统的支持，因为大量的可执行程序以及操作系统的一些必要的系统模块的维护需要在文件系统当中进行。

实际上理解文件系统的功能与实现，还是相对比较容易的。在理解文件系统功能上，需要从两个方面着手，一个是文件系统对上层提供的功能，另一个是文件系统所依赖的基础。从前一个应用方面来看，文件系统需要对上层提供底层磁盘的抽象。对于抽象这个层次来说，没有必要局限于底层的磁盘驱动所能够提供的功能，而是尽量要从文件系统的使用者的角度去考虑问题。文件系统的使用者一般使用目录树的结构。从后一个实现基础的方面来看，磁盘所提供的接口是磁盘块的接口，而磁盘块的接口可以被看作一个磁盘数据块的数组。一般来说，一个磁盘块的大小一般为 512 B，每次读写时都是对 512 B 进行读写。所有的磁盘块可以被看作一个 N×512 B（其中 N 表示磁盘块数量）的大数组。对这种数据块的数组的方式进行读写时，对于驱动程序来说，处理起来会比较方便，但是对于上层应用以及用户程序来说，数据块的接口还是过于底层。应用程序往往会有自己的语义。这种过于底层的接口对于应用程序来说并不是很方便，对于用户来说也比较难以理解。因为从底层的磁盘语义到上层的应用程序语义，二者的差别还是非常大的。这样，构建文件系统的目的就非常清楚了，就是为上层的应用程序或用户提供比较好的语义接口，并且文件系统通过自己的工作将其翻译成底层的数据块的接口，从而将数据保存到磁盘中，或从磁盘中读取数据。

图 2-1 描述了磁盘、文件系统、操作系统以及应用程序在系统中的层次结构。从这个层次结构中可以明显看到磁盘的读写语义接口与上层文件系统的语义接口的不同。下面对上层的文件系统的语义接口的构成以及对文件系统实现的影响进行分析。

（2）文件系统的名字空间

对用户提供读写的接口时会涉及名字空间的概念。名字空间就是文件系统的文

件与目录的集合。在一般的文件系统中，文件和目录都被组织成目录树的形式，一个目录包含了多个文件以及相应的子目录。名字空间对于用户来说是非常容易理解的，这与传统的使用文件夹进行文件整理的方式是类似的。一个完整的目录树构成了一个名字空间。在一个操作系统的内部，不见得只有一个名字空间，例如在 Windows 操作系统中，每一个磁盘都可以被组织成一个文件系统的名字空间。在引用不同的名字空间中的文件时，必须附带上对应的磁盘的名字。但是，在类似 UNIX 的操作系统中，所有的文件系统会被组织到同一个名字空间中，从同一个根目录“/”开始组织各个子目录以及存放对应的文件。

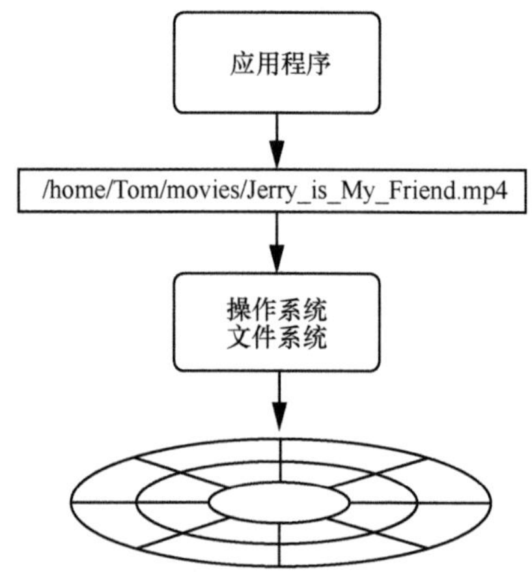

图 2-1　磁盘、文件系统、操作系统与应用程序在系统中的层次结构

图 2-2 展示了 Windows 与 UNIX 系统中典型的文件系统名字空间。从图 2-2 可以看到，这两个名字空间本质上都是以目录树的形式展现给用户。不同之处在于，在 Windows 环境中，一般采用不同磁盘的名字空间不同的方式，而在 UNIX 环境中，即使是不同的磁盘，其名字空间也被挂载在同一个单一的名字空间中。区分名字空间对于理解文件系统还是相当重要的，这使得用户可以了解当前文件所在的上下文，了解对应的文件所处的位置以及相应的读写特性。

由前文可知，磁盘实际上是数据块的一个数组，而名字空间是目录树的形式，这两者从形式上看是完全不同的。对于磁盘来说，最终还是需要通过目录树的形式，也就是通过名字空间的形式向外提供服务。文件系统在其中起到的作用是将名字空间中以字符串形式表达的文件名对应到磁盘中的数据块。这样，用户就可以通过文件系统的读写接口读写磁盘上的数据。

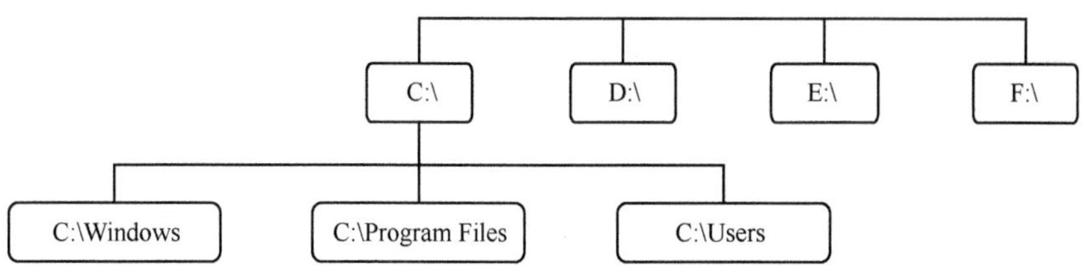

（a）Windows系统中的文件系统名字空间

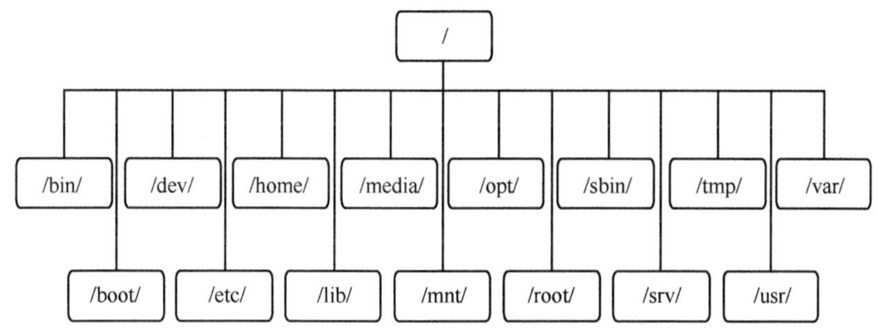

（b）UNIX系统中的文件系统名字空间

图 2-2　Windows 与 UNIX 系统中典型的文件系统名字空间

（3）名字空间与数据定位

将文件系统的名字空间的读写接口转化为磁盘上的数据块的读写接口，是文件系统最为本质的功能。为了实现这个功能，需要对文件系统的内部数据进行组织。文件系统本质上就是将一个文件名转换成对一系列数据块的描述。在达到这个目的的过程中，文件系统的目录树起到非常重要的作用。在目录树的磁盘数据结构组织中，会为每一个文件以及目录存储相应的元数据。这些元数据会保存对应文件进行读写所需要的相关信息，包括文件大小、文件所占用的具体数据块等。对目录的描述也是一样的，目录的数据块会保存该目录下所有的文件及子目录。因此，目录的数据块也需要在元数据当中进行描述。由此可以看到，有了元数据的帮助，就可以对文件和目录进行读写了，这也是文件系统最基本的功能。为了实现这样的功能，需要文件系统在磁盘上进行目录树的数据结构的组织与设计。现有的文件系统通常使用 inode 方法，即索引节点的方法，将所有文件元数据保存在 inode 的节点表中。文件系统被格式化之后，就会在固定的位置存放 inode 的信息，此时每一个 inode 对应一个文件或目录。一个文件系统就是将一个文件名对应到一组磁盘块结构的映射，即：文件名→（磁盘块 1,磁盘块 2,⋯）。

上面的对应形式虽然有所简化，但是反映了文件系统最为本质的功能。有了这部分的元数据之后，根据这样的信息就可以展开对磁盘的读写工作，也就完成了对文件的读写工作。这部分的工作具体如何在磁盘文件系统中展开，建议读者阅读相应的关于操作系统的书籍，在每一本操作系统的教科书中，都会有专门的一章来讨论磁盘文件系统的组织与实现。本章讨论的重点是分布式文件系统，因此没有必要就磁盘文件系统进行展开。

注意，上述将文件名映射到具体的读写位置的功能，对于分布式文件系统也是一样的。因为分布式文件系统也是一个文件系统，也需要提供与文件系统等同的功能，只是必须要运行在分布式的环境中。在分布式文件系统当中也需要提供域名空间的形式和数据读写的功能。

2.1.2 文件系统的扩展方式

既然分布式文件系统还是一个文件系统，那么与单机文件系统一样，也需要提供名字空间。这样，上层应用程序在看到分布式文件系统时，可以通过调用分布式文件系统提供的功能，对分布式文件系统中的文件进行读写。同单机的磁盘文件系统一样，要理解分布式文件系统同样需要从两个方面着手，一个是前面所说的分布式文件系统的功能（与单机文件系统一样），另一个就是分布式文件的构建基础。单机文件系统的构建基础是单个的磁盘，但是分布式文件系统的构建基础就不只是多个磁盘的问题了。实际上分布式文件系统会运行在几十、数百甚至数千个服务器节点上。在这些节点上可以安装完整的单机的操作系统，如现在广泛使用的 Linux 操作系统。这种情况下，完全可以让单机文件系统自行管理磁盘上的数据结构的组织，而不需要由分布式文件系统直接控制磁盘数据块的读写。因此，当前的大部分分布式文件系统并不需要直接与磁盘打交道，只需与每一个服务器节点的单机文件系统打交道即可。

从数据定位的角度看，与单机的磁盘文件系统一样，分布式文件系统同样要对名字空间中文件的具体存储位置进行定位。分布式文件系统与单机文件系统最大的区别就是分布式文件系统加入了多台服务器节点。因此，分布式文件系统在定位时不仅需要定位到磁盘上的某一个磁盘块，还需要定位到具体的服务器节点。定位到服务器节点是分布式文件系统额外需要做的工作，可以说，分布式文件系统最本质的功能就是将文件名以及文件中的数据范围定位到具体的服务器节点。分布式文件系统中的关键数据定位可被表示成如下映射方式：（文件名,文件的数据读写范围）→具体的服务器节点。

完成上述定位到具体的服务器节点的工作之后，就可以在单机文件系统的帮助下，对磁盘数据进行读写，进而完成对分布式文件系统中某一个具体文件的数据读写。当前的绝大多数分布式文件的数据读写方式是这种数据读写方式。

可以说，分布式文件系统是对单机文件系统的直接扩展。分布式文件系统的扩展方式有很多种，对应于单机文件系统的实现层次的扩展。由于单机磁盘文件系统的实现有多个不同的层次，因此可以在各个层次进行扩展。单机的文件系统的分层包括底层的磁盘驱动层、文件系统本身的命名空间组织层，以及为上层的应用程序提供读写的用户接口层。在这 3 个层次上都可以扩展，并有不同的概念来描述在分布式环境下单个磁盘文件不同层次的扩展技术。底层磁盘的扩展方式以及文件系统本身命名空间组织扩展方式是两种典型的对文件系统容量进行分布式扩展的方式。下面分别介绍几种不同的扩展方式以及对构建分布式文件系统的影响。

（1）存储区域网络

对于分布式文件系统来说，其中最为直接的方式就是将底层的磁盘进行扩展，构成一个大规模的磁盘系统。这种方式是企业级存储通用的扩展方式。由于是通过磁盘方式进行的扩展,可以将底层的多块磁盘通过网络组合成一个大的虚拟的磁盘，并且还可向外提供磁盘的接口。这样的扩展方式通常被称为存储区域网络（Storage Area Network，SAN）。

图 2-3 给出的是存储区域网络的结构。在存储端，磁盘被直接插入内部的高速网络中，前端的服务器可以直接看到磁盘的接口。为了能够访问这些暴露出来的接口，可以让前端应用服务器直接与每一块磁盘进行交互，对每一块磁盘进行独立访问，但是这会导致前端应用服务器的工作变得烦琐。一般来说，存储区域网络通过磁盘控制器的方式，将多个磁盘联合在一起，构造成一个大的虚拟的磁盘。对于前端应用服务器来说，需要处理少数但容量巨大的磁盘。这也被称为网络磁盘的虚拟化。通过 SAN 的方式进行存储系统的扩展的一个直接的好处是对于前端应用系统来说，其面对的存储设备与原先的单机的存储设备并没有本质的不同。所有的磁盘驱动、操作系统以及应用程序除了面对一个容量巨大的磁盘，其他特征都与原来的硬件环境相同。这种方式对于上层的所有软件（包括操作系统）来说都是透明的，可以直接运行而不需要进行修改。

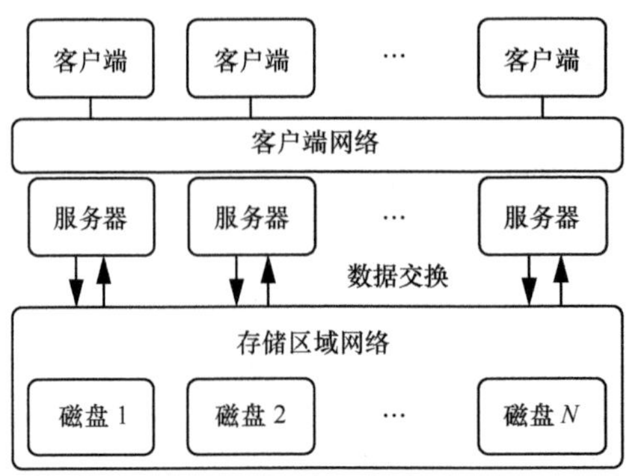

图 2-3 存储区域网络的结构

但是，上述存储区域网络也存在一定的缺陷。在成本方面，存储区域网络一般使用专门的磁盘以及磁盘控制器。专门的磁盘可以被直接插入网线，并被接入网络中。磁盘控制器需要重新设计，并且需要一个总的磁盘控制器帮助完成磁盘虚拟化的工作。这样的设计往往会直接固化在硬件或固件（固定的程序）中，造成建立的系统成本很高。在服务接口的提供方面，由于暴露出来的是磁盘的接口，因此不能像 FTP 或 Samba 一样供远程的用户或应用程序直接使用，而是需要将一台服务器作为文件系统的服务器，并在磁盘上建立文件系统才可以向外提供接口。在可扩展性方面，由于存储区域网络的扩展性来自其硬件的连线以及内部网络的规模，不太可能扩展到巨大的规模，因此存储控制器的计算能力相对有限。其服务能力是有限的，非常适合在企业内部作为文件系统或数据库存储使用。然而，在云计算、大数据处理方面，面对超大规模的用户数目，以及需要进行海量数据处理任务时，就往往显得力不从心了。

当然，为了能够更好地利用虚拟磁盘上的存储空间，在建立文件系统时可以不使用现有的针对单机磁盘的文件系统，而是针对多个磁盘构建新的文件系统。这样的文件系统往往被称为 SANFS（SAN File System）。因为底层是由多个分布式网络上的磁盘共同组成的大的虚拟磁盘，所以 SANFS 可以提高文件系统在分布式环境下的性能，例如将元数据以及数据可以尽可能并行地放置在更多的磁盘上，以支持磁盘的并行读写。这种具体的工作方式对于上层应用是透明的，应用程序并不需要知道底层的数据分布情况。对于文件系统来说，则需要通过直接操作这些信息来实现文件系统的功能，满足分布式文件系统的快速访问、数据可靠等特性。这种情况下，SANFS 虽然是一个分布式系统，但是可以直接访问物理磁盘，其中的实现难度可想而知。在分布式环境下，往往不需要直接接触物理资源，这反映在分布式存储上就是不需要直接接触具体的物理磁盘的读写。因为分布式系统往往构建在大规模的集群当中，集群中的每一个节点都是完整的计算机，可以安装操作系统。而这个操作系统肯定会包含相应的单机的文件系统，以管理本地磁盘上的数据。分布式系统可以利用本地的一些应用程序与操作系统管理物理资源，在构建时基于抽象的服务构建即可，这会大大降低实现的难度，提高系统的稳定性。

（2）网络附加存储

上述磁盘扩展方式是数据存储的一种典型扩展方式，其通过数据块的接口进行扩展。也可以在文件系统的层次上进行扩展，这样对外就可以直接提供文件的服务，上层应用程序可以透明地使用文件系统所提供的功能。这种方式是一个一体化的解决方案，不需要主机服务器再执行操作系统的工作。这样的扩展方式可以让远程的节点通过网络协议来访问存放在服务器中的数据，因此被称为网络附加存储（Network Attached Storage，NAS）。

图 2-4 展示了网络附加存储的组织结构。从图 2-4 可以看到，客户端可以通过标准的网络接口访问服务器上的存储空间。这里的标准网络接口普遍包括两个完整的文件系统语义协议，一个是专门针对类似 UNIX 系统的网络文件系统（Network File System，NFS）协议，另一个是专门针对 Windows 系统的 Samba 协议。当然，随着网络协议的发展，一些面向对象的协议或针对特定应用的特殊的协议相继出现。

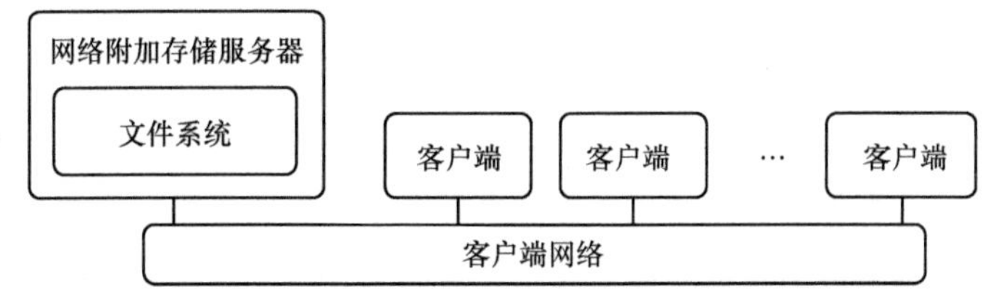

图 2-4　网络附加存储的结构

上述协议都是远程的节点访问分布式文件系统中的数据时，需要在网络上交互的约定协议。这样的话，与磁盘层次的扩展不同，在文件系统层次上的扩展可以考虑两个方面的内容，一个是服务器与客户端交互的协议方面的设计，另一个是后台服务器方面的设计。

在协议设计方面，现有的协议包括 NFS、Samba 等标准的文件系统的协议，也包括 Swift、JSON 等面向对象的协议。在协议优化方面，主要研究如何减少协议本

身带来的负担。例如在很长的一段时间内，很多传输协议都是基于 XML 接口的，但是这样的协议接口负担太重，因此现有的很多协议对此进行了简化，大大降低了协议的开销。

协议的一些特性也直接影响了网络上数据传输的性能。例如，在 NFSv4 协议中加入了对物理资源的描述的协议。这里需要引入带外（Out-Bound）存储访问和带内（In-Bound）存储访问的模式。这个概念涉及传统的磁盘访问方式。对于传统的磁盘访问来说，驱动程序以及文件系统都知道自己访问的是一个唯一的磁盘（可能是虚拟的）。因此，文件系统的客户端进行访问时，直接将访问的请求发送给文件系统即可。但是，如果涉及多个磁盘或多个节点，就需要查看客户端如何访问多个磁盘了。如果客户端不知道有多个磁盘或多个节点，直接将访问请求发送给一个已知的服务器，并且由这个已知的服务器访问后台的存储，这种方式就是带内的访问。对于客户端来说，带内的访问具有透明性，不需要知道后台服务器的配置情况。相应地，由于不知道数据分布的情况，客户端发送请求和获得请求的时间就比较长，性能会受到一定的影响。但是，如果客户端知道数据分布的情况，在发送请求时就可以自行决定将多个请求发送给哪一些服务器，即可以并行发送请求，充分利用网络带宽，从而缩短数据获得的时间。这种让客户端了解后台节点的分布情况，并以此提高访问性能的方式被称为带外访问的方式。带外访问的方式可以提高性能，但代价是失去了客户端访问服务器端的透明性。传统的 NFS 协议只能支持带内的访问协议，虽然客户端设计起来比较简单，但是性能相对较低。在新版的 NFS 协议中加入了带外访问的特性，可以提高访问性能，但相应的客户端设计就变得复杂了。

对于以文件系统方式提供的存储服务来说，后台服务的设计可以通过一台服务器或多台服务器进行。如果使用一台服务器提供服务，只需要在这台服务器上提供对应的协议解析服务即可，因为这个时候所有的文件系统操作服务可以直接调用底层的本地文件系统对数据进行读写。这样，服务器端可以选择使用单机的存储系统，或者选择由多个磁盘构成的 SAN 作为底层的存储。这是通常的在企业内部使用的 NAS 服务提供方式。相比于 SAN 系统，这种方式提供了方便的文件系统调用接口，在提供多种协议的情况下可以支持异构的操作系统访问。这些协议都可以支持多个客户端的同时访问，可以避免 SAN 需要再次建立一个文件系统进行转发的额外工作。与 SANFS 这样的文件系统相比，这种方式的设计更具灵活性，避免了带内操作的性能下降，并且降低了实现的难度。另外，这种方式的后台存储服务也将不局限于单个节点或小规模的节点，而是可以通过大规模的集群分布式文件系统的方式将系统的总体规模扩展到非常巨大的程度。这样的规模完全克服了之前 SAN 方式的规模扩展性问题。另外，由于每一个节点都是完整的节点，这样的分布式文件系统不仅能够提供文件存储的服务，也可以提供大规模数据的处理能力，能够用于大数据处理。随着需要进行数据处理的数据规模的快速增长，通过分布式文件系统进行数据存储，通过前端提供 NAS 的访问功能，并在此基础上通过集群的计算能力支持大数据处理，成为当前标准的存储与处理方式。这部分的内容将在下面进行详细的设计与讨论。

2.2　分布式文件系统的结构

2.2.1　分布式文件系统的运行环境与特性保证

（1）分布式文件系统的构建基础

下面展开对分布式文件系统的实现的讨论。首先需要讨论的一个问题是文件系统的构建基础以及能够对外提供的服务。传统的单机文件系统的构建基础是一块单机的磁盘以及在这个磁盘之上的驱动程序，文件系统是作为一个操作系统的内核模块存在的。对于分布式文件系统来说，不是采用前述的 SAN 以及在 SAN 之上建立 SANFS 的方案，而是采用大规模集群的方案，每一个集群中的节点都是独立的服务器，可以单独运行操作系统。这里会涉及集群中的一些概念，这些概念对于后面的讨论以及阅读一些文献会比较重要，下面对其进行简单介绍。

节点（Node）：一般是一台服务器，有时也会被直接称为服务器或计算机。节点的含义是具有完整处理能力的计算机，其具有完整的处理器、内存、网络以及磁盘。在这里之所以被称为是节点，往往是与集群的一些连接关系相关的，在表达为连接图时，图上的点（Vertex）就被称为处理节点，简称节点。在分布式文件系统中，每一个节点都是完整的计算机，包括硬件、操作系统以及其上运行的应用程序。

网络（Network）：网络用于将节点连接在一起，网络对于建立分布式文件系统非常重要。关于网络部分的内容主要包括网络连接的技术以及网络连接的拓扑。网络连接技术一直在发展，对于分布式文件系统来说，重要的是数据中心网络的发展。

现有数据中心网络连接技术主要包括以太网以及 InfiniBand 网络。前者是所有网络服务器的标准配置，后者由于其极高的网络带宽以及极低的时延，在数据中心中的应用越来越普遍。网络连接的拓扑往往影响着数据中心的应用程序，包括文件系统的性能。常用的网络连接方式为胖树的连接方式，在中心的位置使用大规模的网络互连设备，进而在进行多机数据传输时仍然可以保证性能。

机柜（Rack）：机柜是一组节点的集合，简单来说，就是一组服务器被装到冰箱大小的机柜中。机柜在整个系统的硬件设计中也具有比较重要的地位，因为其是组成大型数据中心的基本单位，也是大型数据中心网络布线的基本节点。机柜的一般高度为 2 m 左右，可以容纳 20 多个 2U 的服务器。U 是服务器的标准高度单位，为 4.445 cm，机柜高度通常为 42U。机柜的概念对于软件来说通常不是那么重要，因为从软件的角度来看，只需要节点之间互相连通即可。但是，随着系统规模和数据规模的扩大，现有的分布式文件系统已经开始考虑机柜之间的拓扑关系，这不仅会涉及系统的性能，还会涉及系统的可靠性。

集群（Cluster）：集群是一组服务器的统称，一组服务器的规模可大可小。集群的描述虽然非常宽泛，但是在实际中，还含有位置较近、集群内的节点之间的可以高速通信的限制条件。一般来说，在设计分布式软件时都会针对一个集群进行设计。集群的大致规模在数千台服务器，例如雅虎公司可以维护一个分布式文件系统的集群，其规模为 5 000 台服务器。如果需要创建更大规模的系统，就需要考虑使用多个逻辑集群的方式，而不是使用扁平的单一集群。这种层次化的方法是设计超大规模系统的基本思考方法，可以极大降低设计的复杂度。

数据中心（Data Center）：一个数据中心通常表示一个在具体地理位置上建设的信息技术基础设施，通常会包含多个集群。这里的多个集群可能是为了完成不同的任务，或者只是因为相同的任务服务于不同的用户进行区分。在系统的构建方面，因为已经有了集群这个扁平的基础接口，绝大多数的系统不会再去考虑数据中心这个逻辑单元。但是，随着数据规模的扩大，越来越多的系统建设者开始考虑在一个数据中心内部如何进行系统构建的问题。

地理分布（Geographically Distributed）：随着大数据和云计算的发展，地理分布这个概念逐渐进入系统设计者的考虑范围。一个系统考虑地理分布的主要目的是容灾。近几年信息系统失效造成的损失越来越大，也越来越受到系统建设者的重视，在进行系统设计时不仅需要考虑数据中心的规模，还需要考虑跨数据中心的规模。

跨数据中心的规模在处理能力上不见得能够有多大的提高（考虑到网络时延的问题），但是跨数据中心的设计在可靠性方面将会大大提高。出现自然灾害（如地震、洪水等）或整个数据中心被损坏时，跨数据中心的系统仍然可以使用。这样一个能够容忍灾害发生的稳固的基础设施是大数据、云计算应用的运行基础，能够保证系统的极端的可靠性，也是下一代更大规模的系统建设的考虑因素之一。

以上对涉及分布式文件系统的设计与实现的基础环境因素进行了讨论，这些因素都会影响系统的设计。对于本章所需要实现的分布式文件系统来说，不需要考虑涉及多个集群的分布式文件系统，而是将注意力放在一个逻辑上统一的集群上，这也是构建更大规模的存储系统的基础。

这样，在构建基于集群方式的分布式文件系统时，对底层的物理资源有如下一些假设。

- 在集群的规模上，集群包含了数千个节点。这样的假设一方面符合构建集群规模的现实，另一方面是为了保证一个单一名字空间的文件系统可以在这个集群系统中正常运行。
- 从上面的讨论可以看出，由于每一个节点都是完整的节点，在实现分布式文件系统时就没有必要像 SANFS 那样直接访问物理磁盘，将访问和管理物理磁盘的任务交给本地的文件系统即可。所设计的分布式文件系统可以是应用程序，这会大大降低分布式文件系统的实现负担。
- 由于所运行的分布式文件系统的基础结构是大规模的集群，集群中的各种部件数目是十分庞大的，包括硬盘的数目、网络的数目、交换机的数目等。集群中的许多部件，特别是硬盘部件是非常容易出现错误的。因此，集群在运行的过程中非常有可能出现这样或那样的错误。如此大规模的集群出错是一个常态，每时每刻都可能出现错误。文件系统就是运行在这样一个时时刻刻都可能出现错误的硬件资源环境上。

（2）分布式文件系统的展现形式

这里的分布式文件系统的展现形式相对来说比较简单，对外提供的接口即文件系统的接口。文件系统的接口可以由标准的文件系统（如 NFS 以及 Samba）提供，也可以是特殊的编程接口。由于分布式文件系统的特点，如果使用标准文件系统接口，则非常有可能造成性能的下降（考虑前面所说的带内和带外的数据访问方式），而使用特定的文件系统接口则可以获得更好的性能。但是，因为分布式文件系统也

是文件系统，所以对外的展现形式必须有两个基本的模块，一个是关于目录树部分的展现形式，文件系统的各个内容（如目录以及文件）都通过目录树的组织方式展现给用户或应用程序；另一个是关于数据部分的展现形式，无论通过什么方式提供服务，必须能够支持对于文件数据的读写操作，否则不能称之为文件系统。从展现形式来说，分布式文件系统和单机的文件系统是类似的。

关于文件系统的展现方面，又会涉及名字空间的问题。这里就明显体现出了全局的名字空间和局部的名字空间的区别。对于分布式文件系统来说，其对外需要提供一个名字空间，而这个名字空间往往与本地的名字空间不同。因此，可以说分布式文件系统的名字空间与本地的名字空间在原则上是相互独立的。然而，在实践中，大部分的 NFS 服务器和 Samba 服务器直接使用本地的名字空间作为全局的名字空间。这只是在小规模系统中使用的简化的手段，随着系统规模的扩大，单个节点的名字空间不能支持大量的网络访问，这就需要一个独立的名字空间，与本地名字空间进行区别和隔离。

（3）文件系统的性能

从前面的讨论中已经可以看到，整个分布式文件系统的基础在于大规模的集群系统，节点的数目可以达到数千个。那么除了完成文件系统的基本功能，这样一个系统还需要具有什么样的特性呢？这涉及分布式系统的 3 个基本的特性，这 3 个特性在分布式文件系统中都有特定的含义。

① 可扩展性

第一个特性是关于性能方面的，性能自然是越高越好了。分布式系统的关于性能的一个特别的特性是可扩展性。可扩展性的含义是一个系统可以充分利用所有的节点资源，系统的性能可以随着节点数目的增加而提升。这里的性能提升最好是线性的、成比例的提升。但是，由于系统各个模块之间的耦合关系，往往不能达到线性。在建立系统时，一定要仔细分析构建系统的过程，消除其中的性能影响，保持系统的可扩展性。

对于文件系统来说，性能的可扩展性包括两个部分，一部分是单机文件系统的性能，另一部分是多个机器叠加之后形成的分布式文件系统的性能。对于分布式文件系统来说，单机文件系统的性能也是非常重要的，因为现有的分布式文件系统一般都是通过单机文件系统提供对磁盘的数据读写的。对于单机文件系统的性能提升来说，在现阶段往往需要通过设计新的文件系统来使用新型的硬件，例如通过新型的设计来充分利用 SSD 的性能。对于分布式文件系统的性能来说，重要的一点是要保证系统的负载均衡以及可扩展性。负载均衡的含义是在进行数据服务时，应用产生的负载会均匀分布在所有的服务器上，而不是仅仅分布在一小部分服务器上。对于任意一个分布式系统来说，这是最为基本的要求，即所有的服务器都应该发挥功效，而不是只有一部分发挥功效。对于分布式文件系统来说，负载具有两个方面的含义，一个是所有的服务器节点存储的数据容量相当，另一个是所有的服务器在提供服务时性能负载（不仅是保存的数据）相似。存储数据容量相当的含义是所有磁盘保存的数据量类似，数据存储量基本同步增加。性能负载相似在文件系统的设计过程中不容易被考虑到，但是在实际系统中非常容易出现一些热点的数据模块，造成对应的服务器节点负载过高，导致性能下降。从这一点来看，考虑系统的性能负载均衡是十分必要的，不能将过多的热点数据集中于少数的服务器节点之上。

② 可靠性

第二个特性是可靠性，其也是分布式系统需要达到的固有的特性。在一个具有数千个节点的系统中，因为少数节点的错误造成整个系统不可用、整个文件系统无法提供服务，是不可接受的。但是，底层的物理资源又非常容易出错，因此在设计系统软件时必须要考虑到这一点，使得所设计的分布式文件系统可以避免底层的物理资源的出错问题。同单机的文件系统一样，分布式文件系统保存的是应用程序以及用户所需要的数据，这部分工作实际上是任何一个分布式系统的基础。因此，在大多数情况下，上层的应用程序需要依赖分布式文件系统的可靠性来保证自身的可靠性。分布式文件系统的可靠性是建立可靠的分布式系统的基石。

与可靠性相关联的还有其他的一些属性，包括持久性、可恢复性、可用性等。仅仅谈论这些属性的概念是没有意义的，重要的是理解其背后的实质含义。可靠性是最为宽泛的概念，通常指的是数据保存在系统中不会丢失。

可靠性往往包含了持久性的概念。持久性的概念是针对内存以及硬盘的相对特性提出的。数据被保存在内存中，随着系统掉电情况的发生，数据会丢失，这种特性就是不持久的。相反，存储在磁盘上的数据可以长久保存，不会因为系统掉电而丢失，因此这种特性被称为持久性。可以看到，持久性的概念非常清晰，其也是保证数据不丢失的基本手段。因此，在保证可靠性的场合必须要依赖于持久性，这样即使发生了系统掉电的情况，至少还可以保证数据在将来可以被取回。

与持久性相关联的概念就是可恢复性。需要指出的一点是，数据具有持久性并

不能保证数据的可恢复性。数据虽然被保存在磁盘上，但是在进行读取时，很有可能读取不到。这往往是因为文件系统未考虑出错的情况，如果系统突然掉电，就会破坏磁盘上的数据。这种情况在早期的文件系统中经常发生。现在的设计者已经将可恢复性纳入考虑范围，文件系统的任何一个操作点发生错误都不能破坏整个文件系统的完整性。在出现掉电错误的时候，可能最近的几次操作会发生丢失，但是至少文件系统本身不会被破坏，可以启动使用。可恢复性对于很多系统也是非常重要的概念，如数据库等。一般来说，可以使用日志的方法来保证任何一个应用系统和平台系统的可恢复性。

可用性也是另外一个相关的概念。可用性不仅要求数据不丢失，还要求在出现错误的情况下服务不停止。这对系统的要求是非常高的。针对不同规模的错误情况，可用性有不同的级别。对于小规模的系统来说，需要在少数节点出现错误时提供可用性，系统的表现就跟没有任何节点出错的行为一样。这样的可用性级别是非常低的，因为很有可能由于一个机架的掉电（由于管理员错误断电）造成整个系统不能使用。在一个数据中心范围内的可用性就需要考虑这样的一个可能性，使得一个或几个机架上的上百台服务器出现错误时，整个系统还可以提供正常服务。对这种并发错误同时进行处理是可能的，因为在这样的环境下已经有数千台服务器，10%左右的服务器出错不应当影响整个系统的可用性。但是，在这样大规模的硬件环境中正常运行一个系统已经非常困难了，再进一步保证可用性的难度可想而知。在这个层级之上有更加严厉的可用性要求，即在整个数据中心出现错误、整个数据中心不可用的情况下保证系统的可用性。这就要求所建立的系统必须要跨数据中心，这样才能够保证一部分数据中心出现错误时整个系统的可用性。虽然这样的可用性非常极端，但是在实际环境中还是有可能出现的，并且出现错误时会造成重大的损失，因此这种级别的可用性也开始进入系统设计者的视野当中，在设计系统时开始考虑它。

③ 一致性

一致性的概念涉及系统的正确性，也与可靠性相关，比较不直观。我们通过可靠性引入一致性的概念。为了保证可靠性，在节点出现错误的时候，需保证数据不丢失，一个最为直接通用的方法是通过多副本的方式来保证可靠性。对于分布式文件系统来说，这就意味着需要将一份数据放置在物理位置不同的多个地方。对于这些逻辑上是同一份数据，而物理上是不同的数据副本来说，最为基本的要求就是需要保证这些数据所包含的内容是一样的。这里包含的内容是一样的可以被严格定义为具有一致性，即物理位置不同的数据副本包含的值是一样的。这一点看起来简单，但是实际上做起来是非常困难的。因为这里不仅需要考虑系统正常工作的情况，还需要考虑保存数据副本的机器可能的出错情况，以及网络的出错情况。在这些情况下，有可能无法写入数据，也可能发生数据丢失，不会出现的情况是这些数据之间不一致。但是，可以想见，一部分副本写入成功，一部分副本写入不成功，肯定会出现不一致的情况。因此，如果分布式文件系统采用副本的方式来达到高可靠性，同样要解决这里的一致性问题。

最高要求的一致性是指所有的数据副本都写入成功时，写入操作才算成功，否则会返回一个错误。为了保持这样的一致性，必须让数据以及写入操作能够到达所设定的所有的节点，但是这可能会降低系统的性能。因此，如何优化性能，同时还保证一致性是非常需要仔细考虑的问题。在实际的系统中，往往会因为一致性的问题影响性能，但是有时要求太高的一致性也没有必要，因此需要在一致性和性能之间做出权衡。一致性涉及系统的很多个方面，对于任何一个分布式系统来说都是不可避免的、需要解决的问题。在文件系统中，其典型的表现形式就是维护数据在多个物理位置具有相同的数值，使得其对外表现出的结果一致。

2.2.2　典型的单一名字空间的分布式文件系统

（1）分布式文件系统的设计模式与系统假设

分布式文件系统的设计和实现会涉及很多方面，限于篇幅以及讨论的层次，这里只对其中一些关键的技术点进行研究。在实际构建分布式文件系统时还会涉及真正的运行环境的复杂性，这里无法一一进行讨论。但是，这里研究的是分布式文件系统最为关键和核心的部分，如果没有这些关键和核心的模块，就不能完成分布式文件系统的建设。在实际的工作中，往往需要围绕这些核心的模块去建设其他模块，这样才能够完成整个分布式文件系统的实现工作，保证系统可以正常运行。

在开始设计分布式文件系统之前，先看一下对系统的假设。这里的单一名字空间的分布式文件系统是基于谷歌文件系统构造的[5]。这是一个非常典型的分布式文件系统，在当前的分布式文件系统的实现中，大部分采用了这个架构[6-7]。在这个分布式文件系统中，假设保存的是大量的大型文件，每一个文件的大小可能有数个 TB。

针对大文件设计分布式文件系统是非常有意义的，因为小文件分多个节点直接存放即可，每一个文件会被存放在一个节点的内部。如果将大量小文件存放在分布式文件系统中会造成名字空间的负担，以及每一次进行文件访问的时候都需要解析元数据，会造成文件读写的速度很慢。

另外，在进行大文件数据读写时，由于网络数据分析（如搜索引擎）的特点，这些文件的读写模式基本上都是写入一次、读取多次。对应的应用情况是从网络上获取数据并将其存放在分布式文件系统中，之后再从分布式文件系统中读取数据并进行分析。写入数据的过程是数据追加的过程，不会有太多随机写入的问题；读取数据的过程也大多是顺序读取的过程，不会有太多随机读取的问题。这就要求在设计文件系统时要优化这样的读写模式。无论是单机的文件系统还是分布式的文件系统，在设计时不太可能优化所有的读写模式，只能针对具体部署的应用的特点进行有针对性的优化。在优化时，不同读写模式的方法和参数不同，往往不能兼顾，实际构造的时候需要进行取舍。

（2）分布式文件系统的总体设计

下面对单一名字空间的分布式文件系统的总体设计进行分析。值得注意的是，这里假设系统是由数千个节点独立节点组成的集群。集群中的每一个节点独立运行完整的操作系统。因为分布式文件系统也是文件系统，所以在设计时也需要考虑文件系统的元数据（即目录树）以及文件系统的读写设计。在这里，更为关键的是对元数据存放位置的设计，因为这直接关系到后面的文件数据的读写。存放文件系统元数据的方式有很多种，在谷歌文件系统的设计中，使用的是最为简单直接的方式，即将所有文件系统元数据保存在一个节点中。当然，这样的设计是会有性能和可靠性的问题的，这两个问题的解决方法将在第 2.3 节介绍，现在的首要目标是让分布式文件系统运行起来。

因为所有的元数据被保存在一个节点当中，所以进行文件系统功能设计时就非常方便。与一个具体文件相关的所有元数据也可以被同时保存在相同的节点当中，这些元数据会指出对应的文件数据块所在的物理位置。由于网络大数据的特点，这里设计的文件系统保存的是大量的大文件的数据（例如将大量的网页数据合并成一个大的文件保存在文件系统中）。由于单个节点的容量限制，大文件很有可能不能被单独保存在一个节点内。而出于性能的考虑，也不应当把大的文件保存在单个节点之内，因为这会限制对单个文件进行并发读写的能力。因此，分布式文件系统中的大文件都是通过分块的方式存放数据。与谷歌文件系统一样，我们设计的分布式文件系统在面对大文件时，将数据分割为数个 64 MB 的数据块。这样，一个文件的元数据的构成为：(文件名字,数据块 0 信息,数据块 1 信息,数据块 2 信息⋯)。其中，每一个数据块的信息即保存的对应节点的信息。由于在保证性能的同时需要保证可靠性，因此一个数据块会被保存在多个不同的物理位置，也就是说这里的数据块的信息是多个节点的信息，即节点 0、节点 1、节点 2。这里假设每一个数据块都被分配到 3 个不同的物理节点中，由于节点数目为数千个，因此这样的分配是能够达到的。这样，这里的单一名字空间的分布式文件系统的设计就比较清楚了。

图 2-5 是单一名字空间的分布式文件系统的总体设计。从图 2-5 可以看到，系统中的数千个节点被分为两个不同的角色，一个角色用于保存元数据信息，可以称之为元数据节点；另一个角色用于保存文件中的数据块，被称为数据块节点。这样，每一次访问文件数据块时，整个文件系统首先根据元数据节点定位对应的数据块节点。之后，这部分元数据会被返回给客户端，客户端依据返回的信息访问相应的文件的数据。无论是对文件系统进行读取操作，还是对文件系统进行写入操作，都可以通过相同的流程完成。由此可以看到，这样的设计实现了分布式文件系统的两个最大的功能，一个是分布式文件系统的名字空间，另一个是分布式文件系统的数据读写。

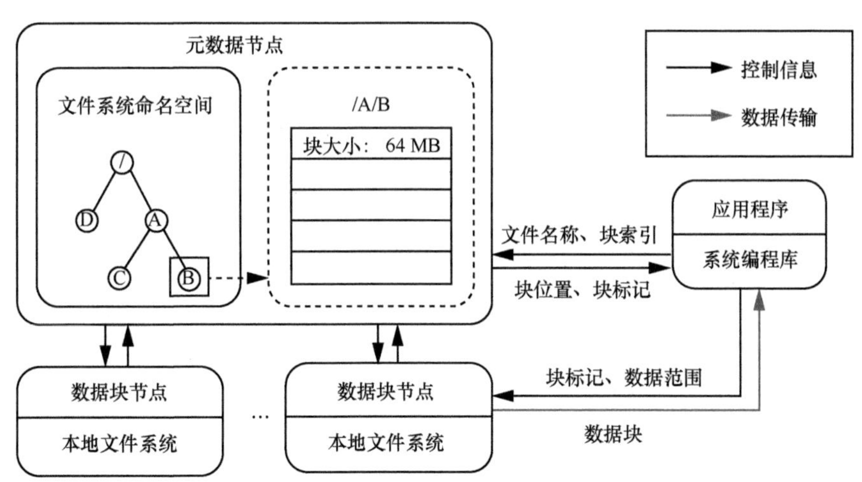

图 2-5　单一名字空间的分布式文件系统总体设计

上述方式是对整个分布式文件系统的初步设计，虽然比较简陋，但是已经可以帮助我们理解分布式文件系统的设计方式。下面将针对这个初步的分布式文件系统展开讨论，指出其在实际运行中可能出现的问题，并且在此基础上逐步修复，以完成对分布式文件系统的改进。需要注意的是，这里的改进是逐步进行的，不要破坏系统已经达到的指标。此外，在系统出现新的问题时应进行进一步的修复。

下面的分析围绕分布式文件系统的性能、可靠性以及一致性方面。对于任意一个分布式系统来说，性能和可靠性都是首先需要考虑的因素。至于一致性，在大部分情况下都是针对分布式文件系统进行讨论的。在完成分布式文件系统的一致性工作之后，其他分布式系统都可以建立在分布式文件系统之上，并且依赖分布式文件系统来完成一致性的工作。因此，这里针对分布式文件系统的一致性的讨论会成为建立分布式系统的基石。

2.3 分布式文件系统的关键技术讨论

上述分布式文件系统的总体设计是对单机文件系统的扩展。在分布式环境下还需要满足其他的一些特性。本节将讨论分布式文件系统的一些关键技术，包括如何提高分布式文件系统的总体性能，如何保证数据的可靠性，以及由此引起的一致性问题的相关解决方案。

2.3.1 关于性能的讨论

首先来看一下单一名字空间的分布式文件系统的性能方面的可能会出现的问题。从总体设计来看，最可能出现性能问题的是元数据节点，因为元数据节点只有一个，而数据块节点有数千个。但是，需要进行全面的分析，以确保每一个部分都不会出现性能问题。下面的分析（包括对可靠性的分析）都采用了分而治之的办法，分成数据块节点和元数据节点的情况。

（1）数据块节点性能分析

由于数据块节点不太容易成为性能瓶颈，因此首先分析如何在实现的过程中保证这一点。这里，数据块节点保持高性能需要满足的条件有两个，一个是保存在每一个数据块节点上的数据块数目相近，即保持存储容量的负载均衡；另一个是数据块节点进行数据读写时提供类似的读写速率，即保持存储服务能力的负载均衡。

对于前一个条件来说，无非就是将总的数据块数目近乎平均地分配到每一个数据块节点上。保证这一点的策略有很多种，一种最简单直接的策略就是进行随机分配，即在每一次需要创建新的块时，就通过随机数算法随机挑选一个数据块节点保存数据。那么如何评价这个策略的好坏呢？实际上，从直观上理解，这样的分配策略大致是负载均衡的，因为服务器的数目足够多，数据块的数量足够大，大部分情况下选择好的随机数发生器可以保证数据块的数目在各个节点之间保持大致均衡。当然，也可以通过更加细致的做法保证数据块分配上的均衡。这里采用的方法也是非常直接的，即每一个数据块节点向元数据节点汇报自己本地维护的数据块的数目情况，而元数据节点依据这样的信息决定应该将下一个数据块分配在哪一个数据块服务器中。这种做法是可行的，并且不会影响元数据节点的性能，因为这里的汇报数据量很小，并且元数据节点本来也需要与每一个数据块节点进行通信，以保证每一个数据块节点的工作正常。这样，数据统计工作可以内嵌在系统监控的基础设施内部进行。另外，在进行负载均衡计算时，几千个数据选择数据容量最小的数据块节点也是非常快的，不会影响性能。这样，除了随机的算法，我们还有一个确定性更高的算法，能够保证数据块在各个数据块节点之间平均分配。

对于后一个条件，实际上不仅要求数据块分布是均衡的，而且要求热点的数据块不能分布在相同的物理节点上，否则也会影响性能。由此可以看到，这不仅需要统计每一个数据块节点的数据块数目，而且需要统计每一个数据块的访问频率以确定数据块的热度。数据块的频率是一个更加动态的信息，会随着系统运行情况的变化而发生变化。为了保证热点数据的负载均衡，采用的方法与数据块均衡的方法类似，也是每一个数据块节点向元数据节点汇报自己的数据访问情况。元数据节点收到信息后，可以衡量是否出现了热点数据访问，如果出现了热点数据访问，就将一些热点数据块迁移到其他负载较轻的节点上。由于元数据节点拥有这样的全局信息，因此其总是能够做出这样的判断，并进行负载均衡。这些数据的总数也不是很多，元数据节点进行负载均衡的计算过程不会负担过重，也就能够保证不会影响元数据节点本身的服务性能。

从上面的讨论中可以看到，一个是数据块节点的数目众多，另一个是这些负载的信息量不会很大，二者可以很好地保证元数据节点能够得到全局的信息，并做出负载均衡的策略。这样，通过元数据节点的帮助，能够比较完美地解决整个系统的数据块分布以及数据块访问的负载均衡问题，也就保证了数据块读写的高性能。

（2）元数据节点性能分析

下面需要解决的是比较难以解决的元数据节点的性能瓶颈问题。由于元数据节点只有一个，没有额外的节点能够分担元数据节点的工作，因此需要对其性能进行仔细的考虑，分析影响性能的因素及提高元数据节点性能的方法。

首先可以计算元数据节点中可能的元数据总量，看看元数据节点真正需要负担的数据量如何。可以借用谷歌文件系统中关于元数据的统计，即每一个 64 MB 的数据块的元数据大小约为 64 B。这样的数据量是可以接受的，因为这些元数据的主要目的是指出存放对应数据块的物理节点的位置，这些位置信息包括定位到某一个具体的节点以及在该节点下如何寻找到数据块。由于我们假设系统中有数千个节点，所以单个数据块的元数据信息不会占用太多的空间。对于一个具有 10 PB 数据的大规模的单一名字空间的分布式文件系统来说，总体的元数据大小为 10 GB 左右。这样的数据量对于现在任何一台服务器的内存来说，不存在任何存储问题。因此，一个方法是将所有的元数据保存在内存中，而不是放在磁盘上。我们知道，内存和磁盘的性能有 3 个数量级的差别，特别是内存的时延远远小于磁盘的时延。而文件系统元数据的操作是小数据的操作，这样小数据的操作会受限于系统中的关键模块的时延。因此，使用内存的方式进行元数据的服务能够大大提高系统的服务能力。然而，这种方法会带来一个可靠性问题，因为数据被保存在内存中，一旦系统掉电，将会丢失所有元数据。而元数据在文件系统中处于特别重要的位置，元数据的丢失会导致严重的后果。总之，通过在内存中进行元数据的服务，可以提高元数据服务器（主服务器）的服务能力。由于内存与磁盘之间的性能差距，使用内存的方法进行元数据的服务，使得单台元数据服务器可以服务数千台数据服务器。

除了上述使用器件进行性能加速的方法，还有其他的系统性方法可以解决性能问题。与其他文件系统一样，分布式文件系统也可以使用缓存的方法提高系统的性能。这里的元数据也是可以进行缓存的。由于每一个数据块的数据所对应的元数据量是非常少的，因此客户端在请求时，可以请求多个数据块的元数据，例如请求 100 个数据块的元数据，其数据总量也不过是 6.4 KB。对于这样的数据量，仅仅需要一个网络请求就可以获得。由于只需要一次网络请求，获得数据的时间等同于请求一个数据块的元数据所需要的时间。在获得一批数据块的元数据之后，可以将其缓存在客户端，客户端在请求下一个数据块或附近的数据块时，就不需要再通过访问元数据服务器来获取对应的元数据了。通过缓存的方式可以大大降低对元数据服务器的访问频率。访问频率降低后，一个元数据服务器就可以服务更多的数据服务器。在实际的系统中，这也是经常使用的提高性能的手段。但是，通过缓存的方法提高性能也有一定的缺陷，即不一致性，这个缺陷是所有采用数据缓存进行加速的方法都有的。现在，一个逻辑上的数据（即文件系统的元数据）会有不同的物理位置，一个是在元数据服务器中，另一个是缓存在一个或多个客户端中。一致性的要求是所有数据都应该是一样的，否则不同客户端看到的分布式文件系统的状态是不一样的，这是不允许的。现在，不同位置的元数据可能产生了不一致的情况，必须要进行解决。这里不一致的原因是在客户端中缓存了旧版本的数据，而在服务器端（即元数据服务器端）保存的是所有元数据的最新的状态。在正常的工作情况下，客户端可以依据自己获得的元数据寻找相应的数据服务器。但是，客户端会出现元数据过期的情况，这会导致其缓存的元数据出错。此时，系统中的主服务器会帮助完成对信息的更新，客户端只需要在探测到不一致（如数据块服务器没有保存相应块的信息）时，与主服务器通信并更新即可。

总之，在性能方面，通过上面的分析可以看到，通过将元数据保存在内存中，以及将元数据缓存在客户端，可以大大提高元数据服务器的性能。这是两种通用的方法，前者通过物理硬件的方式提高性能，而后者可以通过系统优化提高性能，这两个方面在实际的系统中都是需要考虑的。虽然在引入两者时会引入一定的新的问题，但是仍然可以通过合适的技术手段进行弥补。

2.3.2 关于可靠性方面的讨论

下面就着手解决分布式文件系统的可靠性问题。在实际的分布式系统中，可靠性问题与可用性问题是紧密相关的，但是有不同的着重点。可靠性问题一般是指数据不丢失，即出现问题时可以通过适当的技术手段恢复数据。但是可用性的要求更高，可用性不仅要求保证数据不丢失，还要求保证在需要时可以对数据进行访问。也就是说，即使是在整个系统的内部出现了节点以及网络的错误，数据对外是可以继续提供服务的。针对这里的分布式文件系统，我们笼统地用可靠性来指代可靠性以及可用性，不再进行区分。我们需要尽力实现可用性，但是在某一些特别困难的情况下，或者基于实际系统实现的考虑，只保证数据的可靠性也是可以接受的。

在澄清上述概念之后，可以看看实现可靠性需要处理的问题。实际上系统的各

个组成模块都会出现问题，如磁盘、网络、节点、机柜，甚至数据中心等。在这些情况下，我们需要尽力保证数据的可靠性。这里我们先不考虑整个数据中心的损坏，先看看其他模块的失效如何处理。若磁盘出现损坏，数据不可能从当前的磁盘中获得，因此不能仅仅依赖一块磁盘来保证数据的可靠性。同样，数据的可靠性也不能仅仅依赖一个节点。这就告诉我们必须要做数据的副本，将同一个数据分散保存在多个节点的多个磁盘中。通过副本的方式可以实现在某一部分节点失效时，整个系统还有其他数据副本可用，保证了数据的可靠性。可以说，数据副本的方式是保证系统可靠性的基本手段，在本书后面的讨论中，将具体分析如何使用副本的方式解决不同的可靠性问题。

落实到这里的分布式文件系统中，可靠性问题同样可以被分为两个部分进行讨论，一个是数据块服务器的可靠性，这个看起来比较容易解决；另一个是元数据服务器的可靠性，因为只有一个元数据服务器，可靠性原则上是不能解决的，我们需要看一下如何通过扩展来解决这个问题。

（1）数据块服务器的可靠性提高方法

数据块服务器的可靠性原则是在保存一个数据块时一定要将其保存在多个数据块服务器中，不能只保存在一个数据块服务器中。现在的数据块服务器的数目非常庞大，可以有足够多的选择来保存某一个特定的数据块。因此，为了保证数据块的可靠性，需要稍微修改一下在元数据服务器中的关于数据块定位的元数据，不是将一个数据块定位到多个节点，而是将一个数据块定位到 3 个或更多个数据块服务器。下面的讨论暂且假设使用的副本数目为 3，实际情况中，特定的 3 个服务器同时失效的概率是非常低的，因此可以认为保存了 3 个副本，就保证了对应数据块的可靠性。

另外，为了保证数据块的可靠性，需要在系统中加入一些额外的操作，主要的工作包括探测数据块服务器的失效情况以及失效之后恢复数据块副本的数目。对于探测失效情况的工作，可以通过多种途径获知失效情况，例如在数据块服务器与元数据服务器之间通信，或者在数据块服务器与客户端之间通信时都可以探知某一个数据块服务器是否失效。这里，由于网络的丢包等问题，这样的探知不会十分准确。虽然不准确但也不会存在太大的问题，因为系统的元数据服务器可以基于自己的信息来定义数据块服务器是否可以正常工作，如果出现不正常情况，可以启动副本恢复的流程。不准确性导致的最终结果只是多几个数据副本，不会造成整个系统的不可用。

与解决性能问题一样，元数据服务器在解决可靠性问题中也扮演了一个关键的系统节点裁判的角色，判断另一些服务器的工作状态。这一点非常重要，因为只有明确指出其他服务器的状态，才能够明确开始相应的处理步骤。显而易见，如果不是由单一节点决定系统中的其他节点是否处于正常工作的状态，而是由两个节点决定，那么针对某一个具体的数据块服务器，这两个节点分别依据自己的本地信息决定这个数据块服务器否正常工作。在这种情况下，很容易出现一个节点认为这个数据块服务器是正常工作的，另一个节点认为这个数据块服务器工作不正常，这就会出现问题。两个节点对整个系统的状态没有一个统一的认识，若这个状态是一个关键的状态，就很有可能使得整个系统变得不可用。这里的元数据服务器只有一个，正好可以解决这个问题，不会导致节点对系统的状态有不同的认识。但是，这个假设的前提条件是元数据服务器不会出现问题，是永远能够正常工作的。这个假设不合理，后面会讨论利用其他技术提高元数据服务器的可用性。

完成数据块服务器工作状态的探测之后，下一步的工作就是在探测到某一个数据块服务器失效时进行数据块副本的恢复。由于现在的探测工作是元数据服务器负责的，那么数据块恢复的工作也可以交给元数据服务器。这个方法也相对简单直接，在探测到数据块服务器失效之后，元数据服务器可以获知副本数目下降的那些数据块。这些数据块在其他数据块服务器中实际上还保留了其他副本，因此可以从数目众多的数据块服务器中选择新的数据块服务器，指导还拥有这些数据块的服务器将数据传输到新选择的数据块服务器中。由于每一个数据块都是相互独立的，并且数据块服务器的数目众多，因此实际上所有的数据块可以实现并行恢复，基本上与每一个数据块服务器的容量无关。数据副本的并行恢复过程是相当快的。

这里我们基本上产完成了关于数据块服务器的可靠性保证的讨论，包括对数据块服务器失效情况的探测以及恢复数据副本数目的流程。但是，实际上还留下了几个更为棘手的问题，包括数据块之间的数据一致性问题，以及数据块可靠性将依赖元数据服务器的可靠性的问题。下面先对数据块一致性问题做一个简要的讨论。这里，由于将数据块保存在多个数据块服务器中，那么一个最基本的要求就是所有的数据都应当是一样的。如果出现不同的数据块服务器保存相同的数据块，但是保存的内容却不一样，那么客户端从不同的数据块服务器获得的数据是不一样的。客户端在这种情况下显然无法继续工作，因为其无法决定哪一个数据块服务器返回的数据是正确的。这是一个由可靠性问题引入的一致性问题，往往至少与可靠性问题具有一样的处理难度。我们将在第 2.3.3 节具体讨论一致性问题，下面先讨论元数据服务器的可靠性问题。

（2）元数据服务器的可靠性提高方法

下面来看看提高元数据服务器的可靠性的方法。这里需要面对的至少有两个问题，一个前面已经说过了，将元数据保存在内存中是不合适的，一旦系统掉电，将丢失元数据，并且整个系统也无法使用；另一个是元数据本身包括其磁盘都会损坏，元数据同样不能只放在一个节点中。

先看第一个问题的处理手段。既然放在内存中的元数据可能会丢失，一个显而易见的处理手段就是将其保存到磁盘中，这样系统掉电之后还可以从磁盘中重新读取元数据。因此，这里的关键问题是如何保存元数据才可以保证系统的高性能，即如何将元数据快速写入磁盘以及快速从磁盘中恢复。对于磁盘的读写特征来说，从带宽上来讲，顺序的读写要远远大于随机的读写，要高出 2～3 个数量级，这是磁盘的机械特征所决定的，因此在将元数据写入磁盘时一定要考虑这个特征。显然，在内存中完成操作之后，立刻在磁盘中继续完成操作以达到持久性的目的是不可取的。这会引起大量的数据随机写入，急剧降低性能。另一种方法就是等待一个周期，然后将内存中的数据镜像一次性刷入磁盘中，这充分利用了磁盘的顺序写入性能。这种方式的困难在于周期不好确定，并且一次写入全部元数据所花费的时间是比较长的。例如 10 GB 的元数据，磁盘顺序写入的带宽为 200 MB/s，读者可以自行算一下写入所需的时间。采用周期写入的方式可能会丢失比较多的元数据（考虑到未写入时发生掉电情况）。另外，在写入时，若元数据服务器不可用，或者需要采用写时复制的方式做复杂的处理，那么这段时间内的客户端写入操作可能丢失。因此需要一种元数据的写入方法，使得写入时尽量使用磁盘的顺序写入，并且在出现突然错误时也不会丢失太多客户端写入的元数据。

这里有一种极为有效的方法，就是在将元数据写入内存时，同时在磁盘中记录该操作的日志。这种方法可以保证操作日志写入时使用的是磁盘的顺序写入，不会引起任何的磁盘随机操作。一旦发生了故障或错误，只需要从磁盘中把操作日志读出，重新在内存中操作一遍，重构内存数据结构即可。重构过程的磁盘读写也是顺序的。日志记录的方法需要每次记录所需要进行的操作，而不是直接修改对应的数据，这是常用的保证元数据持久性的方法，在许多系统中被广泛使用，包括数据库以及文件系统。这样的话，在发生数据丢失时，最多丢失一条操作日志，即使是这样，也只是在磁盘中留下一条不完整的日志记录。这对于客户端来说，对应的操作是没有完成的。因此，容易判断恢复过程中哪些操作已经完成，哪些操作尚未完成。

但是单纯使用日志的方法还是会存在问题。想象一下，整个系统在长期运行的过程中会积累大量的日志。这种情况下，一旦发生故障，恢复需要从头开始，所需要的时间是非常长的。为了解决这个问题，就需要结合使用将整个内存数据刷出到磁盘镜像（内存数据快照）以及日志记录两种方法。系统在运行的过程中定时刷出内存中的所有元数据镜像，并且同时记录系统所进行的操作。那么系统的最新状态就是最近一次完整的内存镜像加上最近的操作日志。系统恢复时可以先读入最近的镜像，并在此基础上完成最近的日志操作，获得最新的元数据。这种方法不仅可以保证元数据正常操作时的高性能，所有操作基本不丢失，也可以保证恢复过程快速完成。

图 2-6 给出了文件系统元数据的快速记录与恢复的方法。元数据会定期进行快照，并且在两个快照之间进行日志记录的操作。如果出现错误，则从最近的快照开始，重放对应的日志就可以得到最新的元数据。

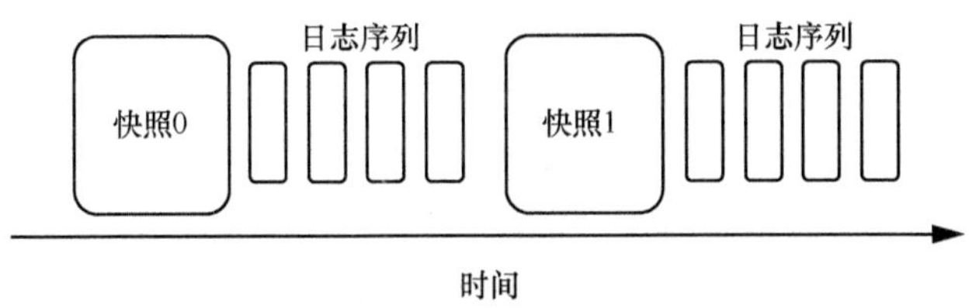

图 2-6　文件系统元数据的快速记录与恢复

解决了元数据服务器保存元数据到内存的问题之后，就需要解决元数据服务器整体失效的问题。这个时候没有太多的办法，只能加入一台新的服务器作为后备，可以称这样的服务器为元数据服务器的影子服务器（这是典型的主备副本容错方案）。影子服务器在正常的操作过程中只备份元数据服务器的操作。前面已经讨论了元数据服务器的操作流程，即元数据的整体镜像与日志结合的快速元数据保存方法，这种方法也可以用于影子服务器对元数据的保存。这样的话，元数据的操作流程依次经过了元数据服务器以及影子服务器两个节点的保存。完成这样的保存工作，就可以保证在元数据服务器出现错误时，影子服务器中还有一份数据可用。另外，由于影子服务器与元数据服务器是同时运行的，如果出现元数据服务器失效，可以

立即切换到影子服务器，将影子服务器升级为元数据服务器继续工作，这不仅保证了可靠性，还提供了可用性。

讨论到这里，一部分读者可能会意识到即使使用影子服务器也不能彻底解决元数据失效的问题。原因很简单，即我们无论如何也不能彻底解决影子服务器本身的可靠性问题。系统中显然会出现两个服务器都失效的情况，这个时候就不能保证元数据的可靠性。使用影子服务器的影子服务器显然不是一个好办法，因为这也不能彻底解决问题，还引入了额外的复杂性。好在两个特定的服务器同时失效的概率非常小，可以合理假设它们的失效是相互独立的。因此，基于这个前提，不需要再次引入新一级的影子服务器，在系统正常工作以及出现仅一个元数据服务器或影子服务器失效时，就依赖这两个服务器中的一个来提供元数据的服务。但是还是需要提供后备的措施，即对可能出现的两个服务器同时失效的情况进行预备处理。方法也很简单，即影子服务器可以定时将数据备份到系统中的其他多个服务器，其他服务器不需要进行元数据的服务工作，只需要保存数据即可。这种情况可以降低系统的复杂性。如果两个元数据服务器同时失效，可以从磁盘中恢复元数据到新的元数据服务器。这可能需要几十分钟的时间，好在这种情况发生的概率相当小，虽然可用性较低，但极端情况下这样处理是可以接受的。

以上讨论详细完善了关于系统可靠性的处理方法,但是还引入了一些新的问题。其中一个问题之前已经提到了，就是如何保证数据块副本之间的一致性。另一个问题没有提及，那就是元数据服务器之间的一致性。因为现在有一个元数据服务器，以及一个元数据的影子服务器，所以必须要保证它们之间的一致性。对于前面的一致性，将在第 2.3.3 节讨论，而对于后面的服务器之间的一致性的保证，还需要一些额外的机制。在实际的系统中，往往使用像 ZooKeeper 这样的外部软件来帮助。这是一个完全独立的内容，就不在这里进行讨论了。

2.3.3 关于一致性方面的讨论

这里重点需要解决的是如何维持数据块副本的一致性。下面看一下数据块副本之间的一致性如何进行维护。这实际上也需要一个系统化的方案，因为需要考虑的情况非常多：任意一个节点、任意一个网络都会出现问题，并且它们的组合数目更加庞大，无法也不可能穷尽所有的情况，需要一个系统化的模型方案来统一解决这个问题。这里就需要引入一项极为重要的技术，即副本状态机的技术。

副本状态机的工作流程如图 2-7 所示。它基于某一个对象的状态 s，为了保证可靠性，这个对象有多个副本。在这个对象上可以进行一系列的操作，这些操作都作用到每一个副本上。在满足下面 3 个条件时，所有副本的最终状态都是一样的。

- 所有副本的初始状态都是一样的。
- 所有副本都按照相同的顺序进行相同数目的操作，每一个对应序号的操作都是相同的。
- 所有的操作都是确定性的。

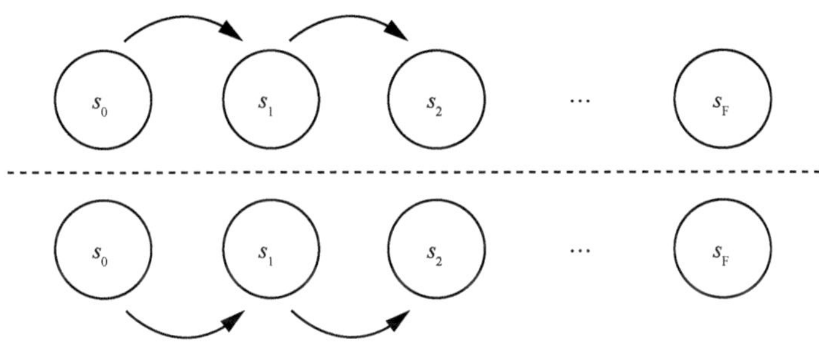

图 2-7 副本状态机模型

这样，我们可以在一组状态机上进行一系列的操作，并且保证经过相同的步骤之后，最终的状态也是一样的。这里的结论是显而易见的，只需要用数学归纳法观察这个状态机就可以理解这个过程以及结论。这里需要说一下关于操作的确定性。操作的确定性的含义是相同的操作作用在相同的状态上所获得的结果是一样的。确定性操作能够保证副本状态机的最终状态一致。一个简单的例子就是这里所有的操作都不引入随机数，比如随机往文件里写入一个值，这样的操作就不是确定性的。这种操作导致的结果就是即使进行了相同的操作，最后的结果也会不同。当然，在实际系统中这种操作也非常普遍，这个时候的处理手段就是在某一个副本（往往是主副本）上执行这个操作，然后将这个操作的结果传给其他副本，而不是把操作传给其他副本。

使用副本状态机来保证数据块的一致性，其出发点就是保证上面的 3 个条件。第一个条件的保证是非常容易的，因为所有数据块的初始状态都为空，没有任何数据。第三个条件，即所有的操作都是确定性的，这一点也很容易保证，因为所有的关于数据块的操作无非就是对数据块的读写，读操作不会改变数据块的内容，写操作是一些关于偏移以及写入的数据，这些操作无疑都是确定性的。那么关键的地方就在于如何保证第二个条件，即所有的操作按照相同的顺序作用在所有的状态机副本上。

因此，这里关键的一点就是将所有的操作规定一个顺序，然后所有的状态机都按照这个顺序执行操作。等价地说，需要将所有的在一个数据块上的操作都进行定序，标记一个序号（标记为第 0、1、2、3…号操作）。如果能够有一台机器负责定序，那么定序问题也是非常容易解决的，即首先将所有的数据都发送给一个节点，然后这个节点定出一个序号，这个序号就是全局定序的序号。如果定序由两个节点完成，就需要在这两个节点之间进行协调，而这种协调是很难的，这在维护元数据服务器与其影子服务器之间一致性时就能看到，不如让单台服务器去定序简单。下面就需要看一下这样个方案是否可行。首先，对于定序的节点，比较好的选择是保存这个数据块的 3 个数据块服务器中的一个。如果选择元数据服务器节点，会大大加重元数据服务器节点的负担，因为元数据服务器节点将需要为所有的写入操作定序，这在性能上是不可接受的。第二个问题是这个节点是固定的还是浮动的。显然，固定一个节点是不可能的，这个节点一旦失效，定序的问题就没办法解决了，因此这个定序的节点需要在这 3 个数据块服务器之间进行轮换。同样地，必须要获得一个轮换的顺序，使得这 3 个服务器都确定知道当前的定序服务器。不能在时间上出现重叠，重叠的话序号就不能确定了。这实际上还是一个比较难以解决的问题。好在现在是定一个服务器，而不是直接定操作的顺序，定一个服务器的负载要比定操作的负载轻很多。这样的话，确定一个定序服务器的工作可以交给元数据服务器，并且这种方法也能够保证即使某一个定序服务器失效也不会出现问题。这样就可以由元数据服务器来确定一个新的定序服务器。当然，定序服务器的选择也要具有可靠性，前提条件是元数据服务器是可靠的，对于这一点，通过前面的一系列技术手段，元数据服务器的可靠性已经提高到可接受的程度。通过前面的讨论，所有的副本状态机中的操作顺序按照两个因素来确定，一个是由元数据服务器指定的定序服务器能够进行定序的时间区间，另一个是定序服务器自己确定的操作顺序。一个操作的顺序的标号为一个二元组：[定序服务器的定序时间区间,定序服务器给出的操作顺序]。

这里的时间区间相当于定序服务器从元数据服务器中获得一个定序租期，在租期过期之前需要续订。如果续订不成功，就说明定序服务器已经发生了更改，原来的定序服务器就不能继续进行定序的工作了。

可以看出，通过这个二元组，能够对某一个数据块的所有操作定义出一个全局的顺序。之后，保存这个数据块的所有节点按照这个全局的顺序操作对应的数据块。至此，前面副本状态机的 3 个条件都可以满足了，可以通过副本状态机的方式操作 3 个副本，并且可以保证经过相同的有限步骤之后，3 个副本都是一致的。

通过上述的讨论可以看到，通过副本状态机的方式可以实现数据块的一致性。随后就可以讨论真正的数据写入流程。依据前面的副本状态机的基本思路，可以勾勒出一个细致的写入流程，如图 2-8 所示。之前的讨论中，对于写入流程的描述十分粗略，为了能够尽可能地了解写入流程，对每一个步骤进行细化是十分必要的。当然，这里的每一步都是必需的步骤，读者自己也可以通过分析获得。

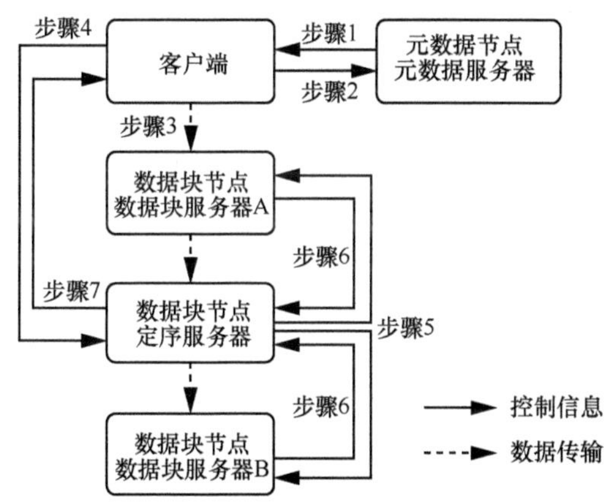

图 2-8　分布式文件系统的数据写入流程

步骤 1：客户端向元数据服务器申请需要具体写入的 3 个数据块服务器列表。

步骤 2：元数据服务器返回数据块服务器列表包括这 3 个服务器的具体位置以及哪一个服务器为当前的定序服务器。

步骤 3：客户端可以将所有的数据传输给所选择的数据块服务器，可以做一个小优化，即通过流水线的方式传输数据，客户端只需要将数据传输给一个数据块服务器，而数据块服务器形成一个流水线来接收数据。需要注意的是，这里的数据接收完成不代表写入完成。

步骤 4：客户端现在可以发出写入操作，因为已经知道了定序服务器，将这个写入操作发给定序服务器即可。此时，定序服务器已经被授权可以进行定序的工作。

步骤 5：定序服务器完成定序工作，如果只有一个客户端写入，直接按照接收的

写入操作顺序定序即可；如果存在多个客户端的并发写入，那么定序服务器自行定义出一个顺序即可。定序服务器按照自己定序的结果写入数据，并且将这个顺序告诉其他数据块服务器，让其他数据块服务器也按照同样的顺序写入数据。

步骤 6：定序服务器等待其他数据块服务器的返回，在其他数据块服务器返回之前是不会响应客户端的。

步骤 7：在其他两个数据块服务器返回正确写入之后，定序服务器返回成功操作给客户端，指示本次写入操作成功完成。

值得注意的是，以上各个操作步骤并没有说明任意一步失败需要如何处理。在实际工作流程中，其中的任意一个步骤都可能出现错误。任意一个步骤出现了错误，就会导致后面的一系列步骤不能进行下去，最后，要么是客户端超时探测到错误，要么是定序服务器返回错误。定序服务器也可以通过超时的办法探测其他错误。探测到错误之后，客户端可以重复上述过程，直到写入成功为止，或者尝试几次之后报告给应用程序无法写入。由于整个系统的数据块服务器数目众多，一般来说，经过少数的几次重复就会成功，否则就是整个系统出现严重错误。这里，若出现错误，就不能保证 3 个数据块副本的一致性了，但是这是可以接受的，因为客户端已经明确获知了写入的错误情况，对于写入错误的数据，读出的内容是没有定义的，应用程序不能使用，需要特殊处理，这也是标准的文件系统的语义所允许的。当然，也有可能所有的工作都完成了，只是最后一步没有返回给客户端，那么客户端仍然可以认为写入失败而进行重写。在分布式系统中，这种悲观的做法往往是正确的做法，但是对性能会有所影响。

到现在为止，基本上已经将一个分布式文件系统的基本架构，对性能的分析，对可靠性的分析以及对一致性的分析讨论完整了。虽然还留了一些不太容易解决的问题，如两个活动的元数据服务器的问题，但是，总体来看，整个文件系统在上述的设计以及技术完善下可以正常地工作。只不过现在应用程序需要去适应这个分布式文件系统的特殊的一致性语义。我们也知道，在分布式情况下，为了性能有时这也是不得已的选择。

2.3.4 其他特性讨论

（1）分布式文件系统的数据删除操作

前面的讨论基本上已经覆盖了常见的文件系统的所有操作，包括元数据的操作以及数据的读写操作。读者可以体会这些操作在分布式文件系统中如何进行，如创建文件、创建目录、写入数据或读出数据。但是有一个最基本的操作还没有涉及，这个基本操作就是文件的删除操作。这个删除操作并不好实现。这也是分布式文件系统与单机的文件系统的一个比较重要的不同之处。

在传统的文件系统中，删除时并不需要真正地把数据删除，因为实际操作的是磁盘的数据块。文件删除的操作首先将文件从目录树中删除，之后再将文件所占用的数据块放置到空闲数据块列表中，完成删除操作。因为在单机文件系统中只有一个节点，所以这个流程在节点内部是可以顺利完成的。即使节点在执行的过程中出现错误，在重启之后，这个过程也可以继续完成。如果读者对日志文件系统有所了解，就很容易理解这个过程在单机文件系统中是如何处理的。

在分布式文件系统中，依据前面的设计，元数据与数据块是分别存放的，分别放置在元数据服务器以及数据块服务器中。现在的问题就是在删除文件的流程中，需要知道数据块所在的数据块服务器，因此不能直接删除文件的元数据。但是，如果数据块服务器不在线，那么对应的数据块不能从数据块服务器中删除，进而元数据服务器中的元数据也不能被删除。这就会对删除操作带来困难，进而无法完成。这种情况本质上来说是多个服务器维持一个逻辑上完整的对象，因此删除工作在这些服务器同时在线、正常工作的条件下才能完成。但是，保存数据块及元数据的所有服务器不可能总是持续在线的，肯定存在某些服务器不能在线的情况，这就造成删除不成功。这个时候，元数据必须等到所有数据块删除完成之后才能被删除，但是实际上这也会成为一个问题，因为某一些服务器如果彻底损坏，这些服务器是不会再上线的，对应的元数据就无法通过自动的方式删除。此时，元数据又会被永远保存在元数据服务器中，这也是不可接受的。

这个矛盾看似没法解决，但是实际上只需要删除元数据服务器中的元数据即可。在支持这个简单的删除操作时，分布式文件系统需要一整套垃圾搜集的办法。这里的垃圾搜集与 Java 语言中的垃圾搜集类似，垃圾也被定义为系统中没有元数据描述的数据块。有了垃圾搜集之后，文件的删除操作支持起来就十分简单了，只需要将数据从文件系统的元数据空间中删除即可，这样关于这个文件的所有数据就会变成垃圾，将会依靠垃圾搜集的方法进行回收工作。

垃圾搜集的工作不仅是对文件删除进行支持，实际上垃圾搜集的工作是分布式文件系统的一项必需的工作。在数据块服务器暂时下线，恢复之后继续上线的过程

中，元数据服务器可能已经发起数据块副本恢复的工作，那么这些新上线的数据块很有可能成为垃圾。另外，数据写入失败，并且客户端重新发起写操作时，原来写操作失败的数据块也会成为垃圾。这些情况在大规模系统中是不可避免的。

下面来看一下垃圾搜集的简要流程。首先是垃圾搜集工作的频率一般不会太高，因为假设的条件是一个集中管理的集群，节点条件相对较好。因此垃圾搜集的工作可以由元数据服务器完成。元数据服务器发起垃圾搜集时，会询问每一个数据块服务器持有的数据块的情况。由于每一个数据块都有一个唯一的标识，依据这个标识，元数据服务器可以查看在其保存的元数据中是否有对应的记录。如果没有对应的记录，对应的数据块就可以被认为是一个垃圾（有这个数据块，但是在元数据中没有引用），通知对应的数据块服务器将其删除即可。这个工作并不需要全局的信息，元数据服务器可以分别与每一个数据块服务器进行交互，清除其垃圾数据块即可。

（2）分布式文件系统的数据原子追加操作

分布式文件系统除了上述基本的操作，由于其本身的特征以及可能的应用程序的需求，会提供一些额外的功能。例如，在我们设计的分布式文件系统中还可以提供一个数据原子追加的操作，并且还具有不同于传统的文件系统一致性语义。这里的追加操作是这个文件系统特有的，原因是在谷歌（Google）的一些应用中，例如针对搜索引擎爬虫的应用，只需要下载数据，将数据追加到大文件的最后即可，并不需要一个明确的文件写入地址。这样可以引入一个原子追加的操作，使用原子追加不仅可以保证按照应用程序的意愿将数据追加到文件末尾，也可以提高文件系统的总体性能。

在图 2-8 所示的数据写入流程中也可以加入原子追加的工作，只需要在定序服务器中进行一些额外的处理即可。此时，定序服务器不需要判断文件的写入位置，而是要判断写入的数据是否会超过对应数据块的界限，如果超过就不能追加了，否则会引起追加错误。如果能够对当前这个数据块的内容进行追加，定序服务器将数据追加到当前的数据块，并将写入的偏移告诉其他两个数据块服务器。其他两个数据块服务器将数据写入同样的位置。当然，如果有任意一个副本出现错误，客户端将再次执行这个操作，那么就可能存在多次追加操作的数据。但是，在追加成功的条件下，3 个数据块服务器能够保证数据是作为整体原子性写入的。这个时候的一致性模型（文件系统的一致性语义）又产生了变化。在原子性写入成功的那一个区域，所有的数据是客户端追加的数据。但是，由于数据超过块边界时，数据块服务器主动放弃追加，因此这部分数据就是不一致的，并且追加不成功的区域也是不一致的。若数据小于一个数据块大小，追加时会在该数据后面补充一部分数据，使得其与数据块大小相等。然而在 3 个数据块服务器中，补充的那部分数据不需要保持一致。这里造成的后果是在追加成功的那些区域中，部分数据确实是一致的，并且与用户提供的追加数据一样，但是也存在一些不一致的数据（即补充的那部分数据）。这种情况对性能是有好处的，但是会带来新的数据区域不一致问题。应用程序必须要自行进行处理，例如自行对数据进行校验，以获得有意义的数据。

（3）分布式文件系统的快照

随着现代操作系统以及上层应用的丰富，现在的文件系统变得越来越复杂，增加的功能也越来越多。这一点也体现在了分布式文件系统之上。为了能够解决文件系统由于误操作引起的数据丢失问题，现在的文件系统开始加入快照的功能。快照功能简单地说就是记录文件系统的某一个历史状态，等将来有需要时可以将文件系统的状态回滚到历史上的某一个时间点。

下面分析如何在一个分布式文件系统的范围内支持一个文件系统的快照，或某一个目录及文件的快照。同样地，这个问题可以分为两个部分考虑，一个是如何对元数据进行快照的操作，另一个是如何对数据进行快照的操作。对于元数据来说，快照比较简单，只需要复制一份元数据即可，而对于数据来说，需要进行写时复制（Copy-on-Write）的操作。但是，由于现在有多个并发写入的客户端，因此需要对写入的客户端进行控制。好在这个分布式文件系统有一个定序服务器对写入进行控制。如果元数据服务器取消了定序服务器的定序权利，那么客户端进行写入操作前，需要从元数据服务器中获取下一个定序服务器，此时元数据服务器可以阻止客户端的写入操作，进而完成写时复制的操作。

具体来说，可以通过以下流程完成对数据的快照操作。首先是客户端发出一个快照的操作，这个快照的操作实际上就是一条存放在元数据操作日志序列中的一条日志。元数据服务器收到这个请求时，取消所有定序服务器的定序权利，或者等待定序服务器定序权利周期结束后不再发出定序权利。等到所有定序服务器都不再有效时，文件系统可以保证涉及的所有数据写入操作不能够成功，此时元数据服务器会将这条操作日志写入磁盘中。对内存中的数据结构进行复制，将元数据复制为两份，但是两份元数据都指向原来的数据块。这种复制完成之后，内存中就会生成新的快照，可以支持不同快照的读取操作，并且互不影响。对于整个文件系统来说，快照在这个时候就算是完成了。但是，之后的数据写入操作需要进行特殊的处理。如果有一个新的写入操作，那么这个写入操作必须先跟元数据服务器打交道，因为客户端需要知道是哪 3 台数据块服务器。这个时候，元数据服务器可以在客户端直接操作数据块服务器之前让这 3 台数据块服务器完成数据复制的工作，并且更新数据块与元数据的对应关系。之后，就可以让客户端进行写入操作，完成数据的快照工作。上述流程的关键在于各项工作的操作顺序，如果顺序不对，就很容易造成错误。在其他分布式系统中的操作顺序也非常重要，值得注意。

2.4 本章小结

现在，我们大致上完成了对一个分布式文件系统的各个方面的讨论。可以看到，这里的思路是从文件系统的基本需求开始，先进行一个简单的设计。但是这个简单的设计可能存在许多的问题，因此需要逐步修补各种问题，最终完善我们的设计。在逐步完善的过程中需要注意两点，一个是完善的出发点是分布式系统的特点，包括系统的可扩展性、负载均衡、可靠性、可用性、一致性、安全性等方面的内容；另一个是对采用的技术可能带来的问题进行全面的考虑，避免对已经解决的问题带来影响，否则需要修正所采用的技术。

另外，在进行设计时，对实际环境的限制也需要仔细考虑，例如这里是在一个可控的集群环境中设计分布式文件系统。如果是在广域网中设计分布式文件系统，就可能完全是另外一个故事了，可能需要完全不同的设计。不同的环境限制会带来不同的考虑，有时也需要对不同因素进行折中。例如，本章关于分布式文件系统的一致性问题的考虑，严格追求一致性语义会导致不必要的性能损失，有时交给客户端自行处理不见得不是一个可接受的方案。

最后，对于读者来说，这里讨论的性能问题及其解决方法等内容不见得是最重要的知识点，更重要的是分析问题的方法。这一点特别重要，分布式系统在不同的系统假设下会有不同的结论，需使用不同的技术来达到目的。关注这里的分析方法，将其应用到新的问题中并获得合理的解决方案，这一点比获知具体的方法和技术要重要得多。

参考文献

[1] RITCHIE D M, THOMPSON K. The UNIX time-sharing system[J]. ACM SIGOPS Operating Systems Review, 1973, 7(4): 27.

[2] MORRIS R J T, TRUSKOWSKI B J. The evolution of storage systems[J]. IBM Systems Journal, 2003, 42(2): 205-217.

[3] STALLINGS W. 操作系统——精髓与设计原理（第七版）[M]. 陈向群, 陈渝, 译. 北京: 电子工业出版社, 2012.

[4] TANENBAUM A S, WOODHULL A S. 操作系统设计与实现（第 3 版）[M]. 陈渝, 谌卫军, 译. 北京: 电子工业出版社, 2007.

[5] GHEMAWAT S, GOBIOFF H, LEUNG S T. The Google file system[C]// The 19th ACM Symposium on Operating Systems Principles. New York: ACM Press, 2003: 20-43

[6] WEIL S A, BRANDT S A, MILLER E L, et al. Ceph: a scalable, high-performance distributed file system[C]// The 7th Conference on Operating Systems Design and Implementation. Berkeley: USENIX Association, 2006.

[7] WEIL S A, BRANDT S A, MILLER E L, et al. CRUSH: controlled, scalable, decentralized placement of replicated data[C]// The 2006 ACM/IEEE Conference on Supercomputing. Piscataway: IEEE Press, 2006.

第3章 分布式键值对存储

键值对存储是最简单的结构化存储形式，它仅包含键以及对应的值这两个部分。这种简单的结构形式使得键值对存储得到非常广泛的应用，这是因为很多应用都不需要太复杂的数据结构。现在，分布式键值对的存储已经形成了非常大的规模。与单机的键值对存储一样，分布式的键值对存储也分为是否可以支持范围查询两个大类。如果不需要支持范围查询，不管是单机的存储还是分布式存储，都可以通过哈希方法来存储键值对；如果需要支持范围查询，则可以通过元数据路由的方式，在分布式环境下建立与单机类似的 B+树的存储结构。

第 2 章研究了如何在一个分布式的环境中建立一个分布式的文件系统，遵循的思路是先分析文件系统的本质功能，然后提出一个简单的设计作为出发点，之后逐步进行完善，达到最终的可行设计。本章也通过相同的思路来建立分布式的键值对存储。键值对存储虽然是一个非常简单的存储模型，但是其体现了系统架构方面的很多特征，可以说是构建许多其他系统的基础。例如，对于分布式数据库来说，很多数据存储以及数据索引的方法都建立在键值对的存储基础之上。

3.1 键值对存储概述

（1）键值对的存储模型与操作

先来看一下键值对存储提供的使用接口。键值对存储就是通过一个键（Key），把与这个键捆绑在一起的值（Value）提取出来，或者进行写入的工作。因此，简单来说，最基本的键值对存储具有如下两个访问接口。

Put(Key, Value)：这个接口将 Key 以及对应的 Value 存储到系统中。

Value=Get(Key)：依据 Key，获得对应的 Value 的值，如果没有对应的 Value，则返回为空（一个特殊的值）。

上述两个接口是基本的接口，为了保证接口的完整性，键值对存储通常也需要提供删除接口，即 Delete(Key)。删除接口使得整个系统可以进行数据缩减。键值对存储往往还存在另一个比较特殊的接口，这里称之为范围查询接口，即

Query(Start_Key, End_Key)。范围查询接口可将位于 Start_Key 和 End_Key 这两个键之间的所有的值提取出来。范围查询接口在某些应用中可能没有必要，但是大部分数据库应用对这个接口的依赖还是比较强的。是否提供范围查询接口直接影响着键值对存储的内部存储结构。从数据结构的角度来看，这一点十分关键。如果不支持范围查询，使用哈希的数据结构就可以快速实现其他 3 个接口；如果需要支持范围查询，那就需要一些排序的数据结构（如排序的数组或 B 树、B+树等）来支持，而无法直接通过哈希表的方式实现。

（2）单机键值对存储的内存与磁盘

在讨论分布式环境下如何完成键值对存储之前，先看一下单机环境下如何完成键值对的存储。这对完成分布式环境下的存储是有启发意义的。

在单机环境中，需要考虑使用不同的介质来存储键值对，一般就是将键值对存储在内存及磁盘中。内存是易失性保存的介质，而磁盘是持久性保存的介质。为了保证数据的持久性，一般需要将其保存在磁盘中。另外，为了保证能够快速访问数据，如何充分利用内存也是一个非常关键的问题。在单机环境中，必须同时考虑内存和磁盘这两个位置的键值对的存储方式。内存是可以迅速进行随机访问的设备，对于任何位置的读写以及以何种方式进行读写，其性能是一致的，性能差异不会像磁盘那么明显。硬盘则是另外一种设备，其读写速度远远低于内存，并且，其顺序读写与随机读写的性能有数量级上的差别（2～3 个数量级）。

为了实现单机的键值对存储，内存中的数据结构以及硬盘上的数据结构都是非常重要的。内存中的数据结构有两个作用：一是可以作为一部分数据的缓存，在对这部分数据进行读取时，可以迅速获知对应的数据，这需要应用具有一定的局部性；二是可对需要存取的数据进行索引，并将索引的元数据保存在内存中。索引数据可用于寻找数据真正的存放位置，即通过键先在索引数据中获取具体的实际位置，再从具体的实际位置中读取真正的所需要的值。使用这种方式往往可以减少磁盘读取频率，从而加速对硬盘的访问。

硬盘中的数据组织是键值对存储的关键，需要进行高效的组织，使得应用程序能够快速进行数据读写。硬盘中的数据是最终的数据，在出现错误时需要通过扫描硬盘中的数据结构来重新获得内存中的索引数据。硬盘中的数据组织可能与内存中的数据组织不同，可以通过内存镜像的方式将内存中的元数据直接导出到硬盘中。将数据保存到磁盘中的主要目的是在发生停电等事故时，通过磁盘中的数据重建内存的索引结构。

（3）单机键值对存储的常用数据结构

针对键值对这个具体的需求，数据存储结构通常有如下 3 种基本形式，其他数据存储结构往往是这 3 种基本形式的变体或组合。

- 通过哈希表的方式进行存储。这种方式最为简单直接，其以键值对中的键作为哈希的主键，并将值插入哈希表中，或者在哈希表的表项中设置值的物理位置（索引）。使用哈希表的方式能够很快找到具体的值的位置，甚至是值本身。但是，考虑到磁盘的特性，使用哈希表的方式会导致大量的磁盘的随机读写，会消耗大量的磁盘转动时间来达到寻找信息的目的。因此，哈希表的一个适用场景是在内存中作为索引，帮助应用程序获得具体的值的位置。此外，哈希表会把有序的序列变成非有序的序列，因此从这一点来说，使用哈希表的方式实现的键值对存储一般不支持范围查询操作。
- 通过排序表的方式进行存储。排序表的数据结构表现形式非常多样，最简单的是排序的数组或链表。复杂的数据结构包括排序的多叉树，如 B 树或 B+树等。这种方式的存储会将键值对中的键作为排序的主键，依据键之间的比较来获得对应的值所在的位置，或者直接获得对应的值。从获得数据的角度来看，这种方式在进行写入（Put）以及读取（Get）操作时，需要的查找复杂度是 $O(\log(n))$级别的，其中 n 为数据的规模。这与前面所述的哈希表方式有很大的不同，因为通常认为哈希表方式读写的计算复杂度是一个常数。使用哈希表方式进行数据获取时只需要常数复杂度的计算就可以定位，更加快速。但是，排序表支持范围查询，这是哈希表无法获得的良好特性。在具体的实现上，排序的结构无论是在内存中还是在磁盘中维护起来都比较复杂。例如，若在一个排好序的数组中间插入一个单元，那么可能需要移动大量的数据。另外，在内存以及磁盘中维护一个 B+树等也是一个复杂的操作流程。由于排序表具有这些特点，其往往被用作索引的数据结构，可以支持范围查询。
- 通过日志的方式进行存储。如果将上述两种数据结构（哈希表和排序表）用于磁盘存储，往往会引入随机读写，因此无法获得太高的效率。上述两种数据结构对磁盘来说都不怎么友好。对磁盘友好的数据结构反而是最简单的日志方式，即在磁盘中按照顺序逐条记录需要写入的操作。这种方式中的修改操作不是直接修改数据，而是在另外的位置按顺序记录日志，避免了随机的磁盘写入操作。日志记录的方式在许多系统中具有非常重要的地位，包括数据库以及文件系统。但是，显而易见，日志方式仅支持写入操作，不支持键值对存储的读取操作，或者说支持读取操作的复杂度很高，需要遍历所有日志。这是由于单纯的日志没有索引，不能从键的信息中获得关于值的位置的任何信息。因此，无法单独使用日志方式进行存储，需要其他索引结构来支持，如前面所说的排序表或哈希表。现在快速的键值对存储往往使用日志作为最基本的存储数据的形式，但是仍然需要配合哈希表或者排序表作为索引来找到对应的数据，或者通过日志归并的方法保存数据（相当于做了一次排序）。

图 3-1 展示了单机系统内部 3 种保存键值对的数据结构。这些数据结构各有特点，适用于不同的场景，也适合不同的存储介质。在实际的使用环境中，需要依据应用的特点（上层）以及存储介质的特点（下层）选择合适的数据结构。

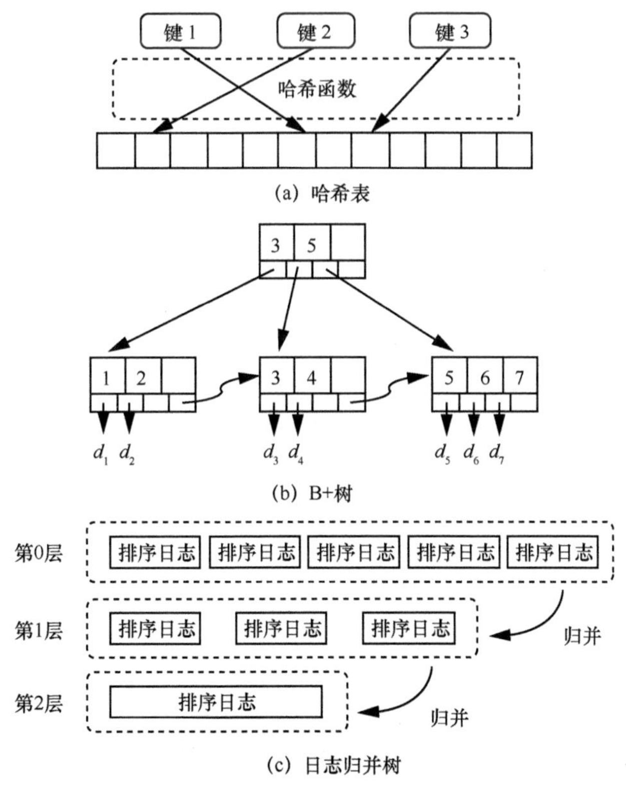

图 3-1　3 种保存键值对的数据结构

（4）键值对存储的数据结构联合使用

一般来说，上述的单一方法可能都无法提供应用程序所需要的特性或性能目标，往往需要结合两种或两种以上的方法才能达到应用程序的需求。例如，在需要保证一定可靠性的条件下提供快速的数据存取操作，可以采用哈希表以及日志相结合的方式完成。在内存的哈希表中记录了数据在磁盘日志中的具体位置，通过日志的方式将数据记录在磁盘中。

图 3-2 给出了结合了哈希表和日志两种数据结构的键值对存储方式。在写入数据时，首先将数据写入磁盘的日志中。完成这一步后，就可以认为写入操作已经完成，并且已经将数据完整地写入系统中，可以向客户端返回写入成功的消息。之后，在内存中的索引项也被更新，在下一次读取时就可获得最新写入的数据。在读取数据时，先寻找内存中的数据结构，获得值在磁盘中的位置之后再读取对应的值。为了提高读取数据的速度，可以依据内存的大小进行数据缓存。这里需要指出的一点是，数据的删除操作其实等同于数据的写入操作，即 Delete(Key)操作可以通过 Put(Key, NULL)操作来完成。写入的日志为删除操作本身，而在内存的哈希数据结构中，对应的数据项则被删除。当然，这种存储方式会在磁盘的数据结构中留下许多本来应该删除的数据，会浪费磁盘空间。这些数据可以被认为是垃圾数据，可以通过后台的垃圾搜集程序进行删除。

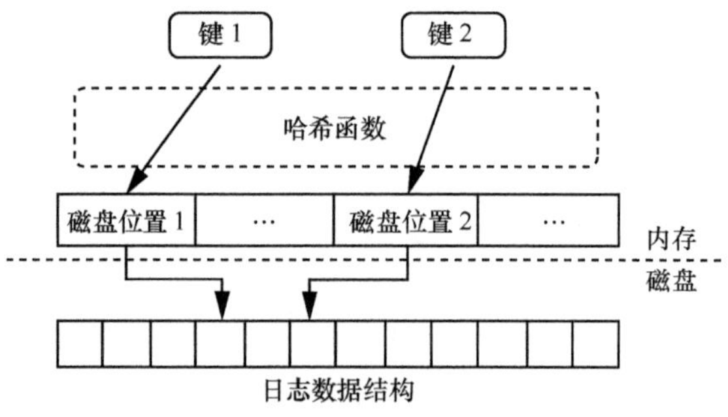

图 3-2　结合了哈希表和日志的键值对存储方式

以上较为简单地回顾了在单机环境下进行键值对存储的相关技术。限于篇幅，这里所说的技术是最基本的形式，在实际的系统设计中还会涉及大量的细节，例如磁盘块的对齐、SSD 多通道的利用等。掌握单机的键值对存储的相关技术及思想，对于读者进一步理解分布式键值对存储是非常有帮助的。一些新的存储技术往往是在现有的技术上进行扩展，并为满足一些特殊的需求而加入一些特殊的设计。

3.2　分布式键值对存储的实现

在使用哈希表方式建立的分布式键值对存储中，有一个比较重要的系统——Amazon 的 Dynamo 系统[1]，这个系统采用了一致性哈希的方法。下面逐步分析如何使用一致性哈希的方法完成键值对的分布式存储。

（1）分布式键值对存储需要解决的关键问题

分布式的键值对存储同样需要提供与单机的键值对存储相同的接口，其中的关键问题是如何通过一个键的信息找到值所在的位置。由于存在单机的键值对存储引擎，如果能够确定某一个键所对应的节点，那么在单机上确定值的位置的工作可以交给本地的键值对存储引擎。因此，在分布式环境下进行键值对存储的关键问题是如何完成下面的映射工作：键→机器（Host），即如何从一个键的信息获得对应的机器节点的信息。与第 2 章讨论的分布式文件系统一样，分布式键值对存储也需要解决分布式环境中的一些特有问题，即可扩展性问题和可靠性（容错）问题。

为了找到合理的方法来完成上述映射，可以借鉴第 3.1 节讨论的单机的键值对存储方法，分析是否可以直接将它扩展到分布式环境中。对于上述 3 种数据结构，只有哈希表和排序表才能方便地寻找到键的位置，而日志是没有这种特点的。可以考虑对这两种数据结构进行扩展，从而将其应用于分布式环境中。

（2）直接使用哈希建立映射

一个最为直接的方式就是使用哈希建立映射。从前面的讨论中可以知道，实现分布式键值对存储的一个关键是将键的信息翻译为节点的信息。一个最为直观的方式就是使用哈希函数直接将某一个键通过哈希函数映射到一个机器的编号。使用的方法如下。

Host = Hash(Key)%N，其中 N 为节点的总数，%表示取模函数。Hash(Key)>>N，即使用哈希函数得到的值的范围为 $0\sim2^{64}-1$，该范围内整数的个数远远大于总的节点数目。

通过这种方式，数据访问（读取数据或写入数据）速度是很快的，这是因为在常数时间内就可以完成数据节点的寻找，之后交给本地的键值对存储引擎即可。但是，这种方式不能解决系统的可扩展性的问题。

这里考虑增加一个节点的情况。原来的节点为节点 0 到节点 $N-1$，现在增加一个节点 N。那么对于所有大于或等于 N 的哈希值 Hash(Key)，例如原有哈希值为 N 的数据，将会被分配到新的节点（节点 N）中。除了哈希值为 0～$N-1$ 的数据不需要移动，其他数据都需要移动，也就是说，移动的数据量几乎等于数据总量，具体如图 3-3 所示。

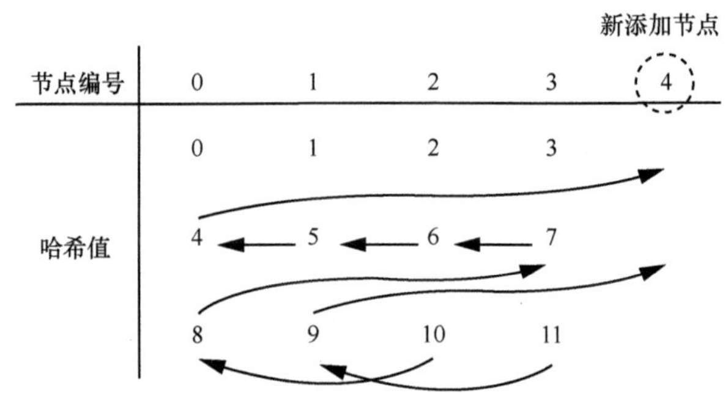

图 3-3　直接使用哈希建立映射的示意图

那么实际上移动多少数据才合适？什么样的数量才是必要的？整个系统唯一发生的变化是加入一个新节点。考虑到在节点加入前后都需要保证系统的负载均衡，至少要求所有节点保存的数据量相当。那么，这里必要的工作是移动数据到新的节点，使得移动之后新节点的数据量与其他原有节点的数据量相当。原有节点之间就不要再移动数据了，否则会导致移动的数据过多。当然，移动数据完成前后都需要通过哈希表的方式找到数据，否则就不能算是完成一个键值对的存储。这看起来是一个不太容易达到的目标。下面就讨论几种可以实现这个目标的方案。

（3）使用桶哈希完成映射

上述直接哈希的方法最大的问题是获得最终节点的方法过于固定，即直接计算出最终节点的编号，这导致增加节点时需要重新计算节点编号，造成大量的数据移动。如果希望继续使用哈希，可以对这个方法做出一定的改进，即加入一次间接映射，不再将哈希获得的值直接定位到最终的具体节点。完成哈希后，在定位最终节点前需要加入一个中间层，这个中间层被称为哈希桶。桶的数目要远远多于节点的数目。例如，如果需要将键值对保存在数千个节点之内，可以将哈希桶的数目限制在百万级别。即使是百万级别，哈希桶的编号范围（0 到百万）仍然只占所有能够表达的 32 位整数范围（40 亿）的一小部分。

如图 3-4 所示，这里的哈希桶可以被当作虚拟节点，即数据首先被映射到虚拟节点，然后再将虚拟节点映射到物理节点。映射到虚拟节点的方法与直接使用哈希建立映射的方法一样，在获得哈希值之后再对虚拟节点的个数进行取模即可。但是，在进一步将虚拟节点映射到物理节点的过程中就不能继续使用直接的取模方式了，这是因为直接取模带来的数据移动与直接哈希表的方式一样，需要移动大量的数据。虽然现在的虚拟节点数目众多，如果在虚拟节点与物理节点之间建立映射关系，保持这种映射关系的元数据容量并不是很大。例如，即使有 100 万个虚拟节点，每一个虚拟节点被映射到 3 个物理节点（为了保证可靠性），那么，这样的映射关系实际上也只占用了 12 MB 的空间（每一个物理节点占用的空间为 4 B）。对于现代的机器来说，这部分的空间占用是非常少的，这样的对应关系交给一个节点来生成是非常快的。因此，这部分的配置数据可以作为一个系统的配置文件让系统中的所有节点知晓，也可以被访问的客户端知晓。客户端在进行数据读写时，可以先将数据映射到虚拟节点，然后再依据这里的配置信息找到对应的物理节点。

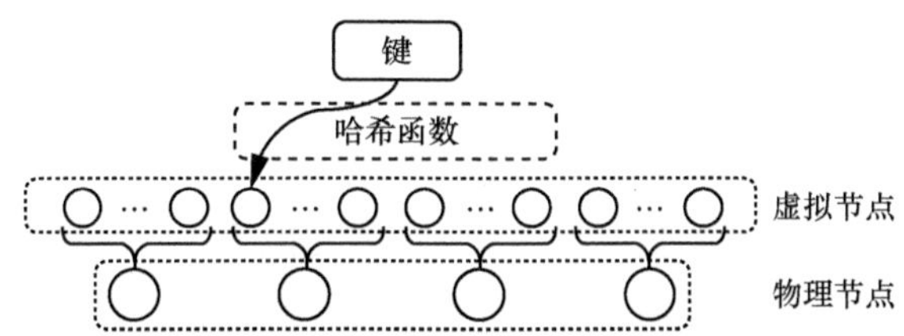

图 3-4　使用桶哈希的方法完成数据到节点的映射

这样的改变有助于对系统进行扩展，即在扩展系统时，只需要从原来的物理节点中抽取一部分虚拟节点并放到新的物理节点中即可。这使得数据随着虚拟节点从原有的物理节点移动到新的物理节点，不会在原有的物理节点之间移动数据，因为虚拟节点没有在原有的物理节点之间移动。这种移动只需要移动必要的数据，因为只移动了必要的虚拟节点。由于虚拟节点的数目远远多于物理节点的数目，因此可以保证在移动的前后，每一个物理节点包含的虚拟节点的数目近乎相等。

（4）使用一致性哈希完成映射

除了前面的桶哈希方法，在实际系统中也经常使用一种被称为一致性哈希的方法来解决分布式系统的可扩展性问题[2]。从最基本的结构来讲，桶哈希与一致性哈希一样，都是先使用哈希方法将键值对映射到一个虚拟节点，而后再映射到一个物理节点。不同的地方在于一致性哈希方法能够形成的虚拟节点的数目更多，多到直接是哈希值的表达范围。假设哈希值的范围是一个无符号整数的范围，则一致性哈希的映射流程如下。

一致性哈希方法的基本实现原理是将键按照一定的哈希算法映射到一个圆环中。这个圆环是人工构造的，上面均匀分布着大量的连续整数（如 0～（$2^{32}-1$）），这些整数首尾相接，按照顺时针方向排列。

每一个存储数据的物理节点都依据一定的随机算法生成这个范围内的多个整数，如 100 个整数。可以称这个物理节点控制了圆环上的 100 个整数。需要注意的是，任意两个物理节点控制的整数都是不同的。这里的 100 个整数的选择比较随意，与分配的均衡性有关。可以用这些节点控制的整数表示物理节点对应的在圆环上的虚拟节点。这样，就可以获得一个由整数构成的圆环，以及在这个圆环上的由物理节点控制的虚拟节点。

下面需要确定从键值对到物理节点的映射关系。首先计算键对应的哈希值 Hash(Key)，这个哈希值同样落在上述整数范围之内。如果该值正好对应上述 100 个整数值之一，则由对应的控制了这个整数的物理节点负责这个键值对的存储；否则顺时针查找下一个虚拟节点，并由对应的物理节点对此键值对负责。由于所有整数都分布在这个圆环上，因此总是能够找到对应的虚拟节点，也就找到了对应的物理节点。下面使用一个例子来说明这里的计算流程以及数据的放置流程。

图 3-5 是一致性哈希的映射方法的示例。其中，整数范围被映射到一个圆周上，M（即最大的那个整数）的下一个整数为 0。在这个方法中，可以一并考虑容错特性。这里设置一个副本的参数 r，取 r=2（即做双备份）。某一个数据 x 被哈希映射到圆周上的点 p_{dx}，在圆周上顺时针移动，最先碰到两个不同物理节点在圆周上的映射点 p_{sa}'和 p_{sb}'，则这个数据对象 x 就会被保存到物理节点 a 和物理节点 b 中。同理，数据对象 y 被保存到物理节点 b 和物理节点 c 中，数据对象 z 被保存到物理节点 c 和 c 之后的另外一个物理节点中。在上述映射过程中，在设置的副本数目超过 1 的情况下，会出现碰到的连续两个虚拟节点都由同一个物理节点负责的情况，此时就需要继续顺时针寻找，直到能够获得另外一个物理节点，也就是说，如果副本数目为 n（n>1），那么就要找到 n 个不同的物理节点。在进行数据存储的物理节点数目十分庞大的情况下，例如有超过 2 000 台物理机器进行存储，那么这种寻找物理节点的要求总是能够得到满足的。

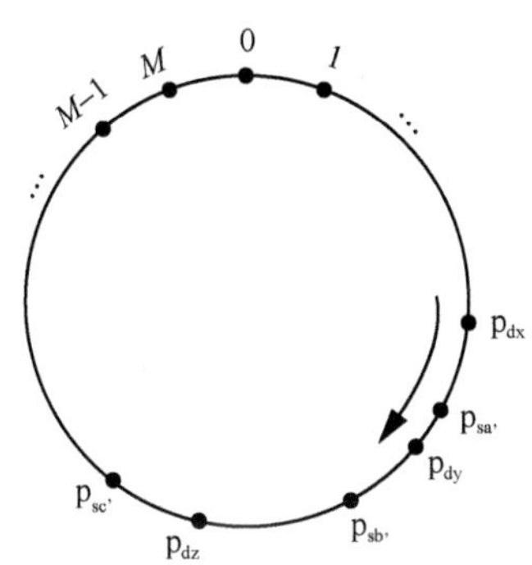

图 3-5　一致性哈希的映射方法示例

（5）一致性哈希的可扩展性讨论

在上述一致性哈希的工作流程中，最终的目的仍然是实现数据到物理节点的映射。一致性哈希的映射分为两个步骤，与桶哈希一样，哈希计算完成之后需要进行查表的工作，才能确定最终的物理节点。下面简化讨论一致性哈希的扩展能力。假设 r=1，即不做数据的备份。每一个物理节点在圆周上都只对应了一个点，物理节点 b 和物理节点 c 是系统中原有的节点，而物理节点 a 是新加入的节点，它们的映射关系如图 3-5 所示。在节点 a 加入之前，数据对象 x、y 都被映射到节点 b 上，数据对象 z 被映射到节点 c 上。在加入节点 a 后，数据对象 x 会从节点 b 搬移到节点 a，而其他数据对象不需要移动，特别是系统的原有节点之间不会发生数据的迁移，数据的迁移只会发生在旧的节点和新加入的节点之间。这是很显然的，因为在圆周上发生的变化就是新的物理节点所控制的虚拟节点的加入。与桶哈希一样，在一致性哈希中，数据发生移动的原因是有新的节点加入，而新的节点所对应的虚拟节点附近的位置才会发生数据的迁移，其他位置不会发生数据的迁移。从圆环上的数据量来看，每一个虚拟节点需要负责的数据是其逆时针开始的一段弧，一直到碰到前面一个虚拟节点。由于每一个物理节点控制的虚拟节点的数目是一样的，可以认为每一个物理节点控制的弧的总长度是一样的。这一点不仅适用于新节点加入之前，新节点加入之后同样适用。这样的话，系统的可扩展性就得到了保证，即扩展之前负载均衡，扩展之后同样负载均衡，在扩展的过程中只需要移动对应的数据到新的物理节点即可。这里，读者可以将圆环上的整数值当成桶哈希的一个桶，而数据移动的过程实际上就是桶移动的过程，这样就比较好理解系统扩展的流程了。一致性哈希的方法实际上提供了一种在桶哈希中移动数据的方案，不需要进行配置文件的更新。

通过上述方式，即使是使用 32 位整数作为整个哈希空间，将其承载的系统节点规模扩展到数千个甚至上万个节点也是完全没有问题的，因为能用到的整数空间在所有整数空间中占据的份额是非常小的。这个时候，在 32 位整数空间之内可以做到基本的均衡分布，而不会出现负载不均衡的情况，很好地实现了整个系统的可扩展性。实现系统可扩展性的另一个原因是每一个物理节点本身控制 100 个虚拟节点而不是一个，以达到每一个物理节点所控制的弧长大致相当。另外，这里的元数据的数目不会很多，元数据的数目等价于所有物理节点控制的所有整数的数目。例如假设一个物理节点需要的元数据大小是 400 B，即使有 5 000 个物理节点，总的元数据大小也只有 2 MB 左右，对于当前的计算机动辄 10 GB 以上的内存以及 1 Gbit/s 以上的网络带宽来说，这样的元数据是非常少的。与前面的桶哈希方法相比，一致性哈希方法不需要记录每一个虚拟节点到物理节点的映射，其记录的是每一个物理节点控制的整数的范围。

（6）一致性哈希方法的特性讨论

关于可靠性的讨论：为了保证可靠性，需要在将数据映射到物理节点的过程中，顺时针找到两个或更多的物理节点，这通过非常小的自然的扩展就能够达到。这样，在支持可靠性方面，不需要对一致性哈希做出大的更改，可以自然而然地找到多个物理节点去放置数据。桶哈希可以在配置文件中使用类似的方式来达到可靠性。

关于可扩展性的讨论：从前面的扩展过程可以看到，不管是桶哈希还是一致性哈希，都支持整个系统容量的平滑扩展。在进行扩展时，桶哈希的哈希桶的数目是固定的，只有一部分桶会被分布到新的节点中。一致性哈希在解决这个问题时使用了更加平滑的方式，新的节点自己生成控制的整数即可，之后就可以完成数据的迁移。一致性哈希由于其虚拟节点空间巨大，在保证负载均衡的同时，能够支持的物理节点的数目会更多。在扩展的过程中，基本的系统结构是不变的，以一种统一的方式支持整个系统节点数目的增加。

关于对异构集群的支持：异构集群在这里的含义是集群中每一个节点的能力并不相同，一些节点能够存储的数据比另一些节点多。那么，在这个时候采取数据量平均分配的方式就不太合适了。不管是桶哈希还是一致性哈希，都支持异构的系统节点。在桶哈希中，可以让一个性能强大的物理节点对应更多的哈希桶，而性能弱的节点对应少的哈希桶。这样，总体上还是使用桶哈希方法，只是针对不同节点的能力做了调整。一致性哈希也一样，在生成物理节点在圆周上控制的整数数目时，依据节点能力生成不同数目的虚拟节点，这样就可以支持能力不同的物理节点了。一致性哈希由于其虚拟节点的空间范围更大，能够对异构节点提供更好的支持。

3.3　通过查找表存储有序的键值对

（1）键值对数据表的分块以及分块查找信息

在使用一致性哈希或桶哈希方法进行键值对的存储时，元数据描述的是整个系统的参与节点的配置情况（包括虚拟节点与物理节点之间的映射关系），并没有考虑所需要处理的键的范围。一致性哈希不能针对键的范围进行查询（即前面所说的 Query 接口），即无法返回落在某个范围内的所有键及其对应的值，这与在单机环境中使用哈希表的方式存储键值对是一样的。为了能够支持范围查询，必须记录某个范围之内的数据被保存在哪些节点中。因此，为了在分布式环境下查询键的范围，需要对单机环境中的排序表（如 B+树）进行扩展。

范围查询的一个最基本的要求是对所有的键值对按照键进行排序，只有排序之后对应的范围查询才有意义，没有排序的内容是不能进行范围查询的。在分布式环境下，可以对一组数据进行排序工作，目前有一系列分布式排序算法可以实现。但是对于支持范围查询的键值对存储来说，往往采用预先排序的方式。预先排序的方式需要保证数据在每一个时刻都是排序的，即数据在插入时就需要插入正确的位置，避免后期还要进行排序。为了达到这个目的，实际上数据插入过程也是数据查询的过程，即要先找到合适的位置才能插入数据。由于哈希表的方式天然不是排序的方式，本质上不是一个排序表，因此，为了能够在分布式环境中完成范围查询，需要对单机排序表（如排序数组、B 树、B+树等）进行扩展，使其具有排序的特性，并适应分布式环境。

下面研究的内容实际上是谷歌的 BigTable[3]中采用的核心的数据存储方法。这里不讨论 BigTable 具体是怎么实现的，只是将其中的数据存储查询方式以键值对的形式展现出来。值得注意的是，BigTable 建立在谷歌文件系统之上，而这个文件系统与第 2 章讨论的分布式文件系统类似，这是整个 BigTable 可靠性的基础。在之后的可靠性分析方面需要注意这一点。

下面就来看一下如何通过建立分布式数据结构支持分布式环境下的范围查询。显然，这是一个非常庞大的排序表，不能使用一个节点来存储所有数据，需要将数

据放到多个节点中。那么这里首先要对数据进行分块。需要注意的是，不能随机分块，应该按照一个范围进行划分。划分完成之后，一个分块由一个节点负责。分块的依据是需要存储的键值对的主键，将一个主键范围之内的所有数据作为一个分块，保存在一个节点中。在需要对某一个键值对进行访问时，就必须要获得对应块所在的节点的位置。键值对数据表的分块及分块查找信息如图 3-6 所示。

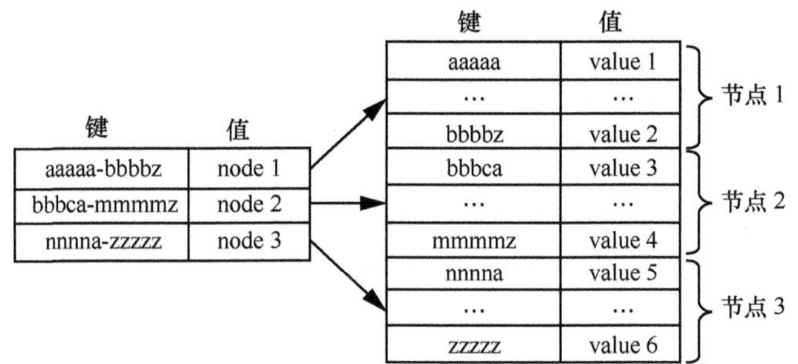

图 3-6　键值对数据表的分块及分块查找信息

这样，可以针对每一个块构造一个查找的信息，这个查找信息的格式是 (Key_Start, Key_End, Host)，即记录这个分块的起始键、结束键，以及这个范围内的分块由哪一个节点负责。如果能够找到这样的一条查找信息，就不难定位到具体的节点并获取数据。可以看到，这样的查找信息其实就是用于定位的元数据，和分布式文件系统一样，客户端首先要找到必需的元数据，之后才转到数据访问的过程。

上述过程在进行键值对查找的时候，首先要查找对应节点的信息，而最简单的方法是由一台服务器提供这样的信息。但是考虑到数据量，即使这里的查找对应节点信息的数据量（元数据）要比原来的数据量小很多，元数据仍然十分庞大，一台服务器无法负担。观察这里的查找信息，很容易看出查找信息本质上也是一个键值对的数据表。关键字 Key 是某一个数据分块的起始和结束，具体的 Value 则是节点的位置或节点的编号（通过域名信息可以获得具体地址）。另外，如果原始的键值对数据是排序的话，那么用来查找信息的元数据表也是排序的。这就提示我们可以使用同样的方式来处理元数据表。一个自然而然的想法是可以继续对这里的元数据表（保存数据查找信息的表）按照顺序进行切割，并且切割之后的信息同样是一个排序的键值对数据表。这就会形成一个新的元数据的层次，即对数据查找信息的元数据表本身建立查找信息元数据，相当于一个地址的地址。这样就会形成一个如

图 3-7 所示的寻找具体数据记录的分布式结构。这个结构非常类似于单机系统中 B+ 树的数据结构，只不过现在这棵树建立在分布式环境中。

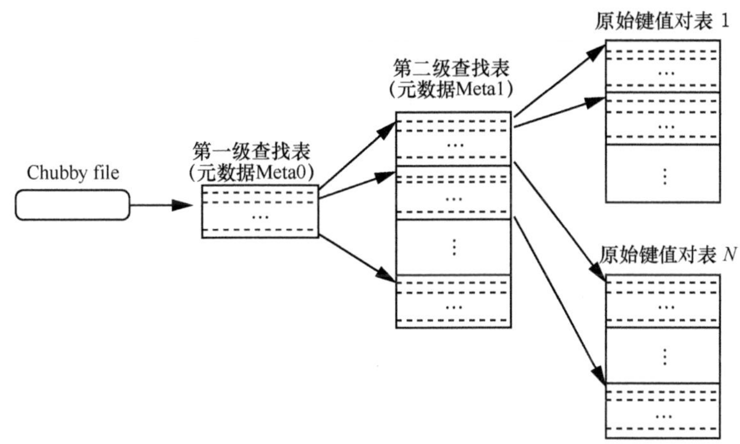

图 3-7　键值对数据表的两层查表结构

在图 3-7 中，可以将地址的地址元数据表定义为第 0 层的元数据表 Meta0，而地址的元数据表定义为第 1 层的元数据表 Meta1。如果 Meta0 还是十分庞大，就需要继续对其进行分割，但是谷歌的工程实践经验告诉我们不需要继续分级了。在 BigTable 的工程实践中，每一个范围的分块的大小一般为 64 MB 或 128 MB，即底层的文件系统的一个数据块或两个数据块的大小。这种两级的元数据索引的结构能够索引的数据块的数目为 2^{61} 个，足够表示数量非常大的数据表。这样，在实际应用中使用这样的两级元数据表的结构就可以了。

由图 3-7 可以看出，对于数据块的读写，首先要进行数据分块的定位。定位首先从一个根服务器开始，这个根服务器会指示 Meta0 所在的服务器的位置。之后，可以通过 Meta0 的管理服务器定位对应的 Meta1 的服务器。需要注意的是，Meta0 只有一个，而 Meta1 的服务器会有多个。读者可以自行思考一下，查找一个键时，如何通过其在 Meta0 的位置获得其在 Meta1 的位置，之后在 Meta1 的管理服务器中获得正确的数据服务器的位置。完成数据查找工作之后就可以通过具体的数据服务器完成对对应键值对的读写操作。这里的分布式数据结构非常类似于在数据结构课程中 B + 树的数据结构，叶子节点保存了所有的实际数据，也就是键值对的信息，所有的中间节点都保存了元数据。

（2）分布式键值对查找表的可扩展性讨论

下面讨论基于有序查找表结构的分布式键值对如何处理可扩展性问题。从能够表达的数据范围来说，三级结构（两级的元数据以及一级的数据）已经可以表达非常大的数据范围。因此不需要担心数据结构的数据范围表达能力。从负载均衡来看，需要实现的目标就是每一个数据分块的大小类似，以及每一个节点负责的数据分块的数目差不多。后面一点很容易保证，通过一台主服务器动态调整数据分块的数目，或者各个服务器之间互相交换性能数据即可。数据分块大小类似这一点可以通过设置系统的运行参数获得保证，即每一个数据分块的大小都是底层文件系统中一个或两个数据块的大小，可以参考第 2 章中分布式文件系统的分块存储方式。在某一个数据分块的数据增长过多时，一个数据分块可以分裂为两个数据分块。这个时候需要在元数据表中删除分裂前的数据分块记录，并且加入两条新的数据块查找信息的记录。如果这样的操作导致存放元数据的那个数据分块过大，那么元数据分块也会发生分裂，并且需要在 Meta0 中删除一条查找信息，增加一条数据分块的查找信息。反之，如果某一个数据分块过小（如删除了足够多的数据），就需要和相邻的数据分块进行合并，使得合并之后的数据分块仍然落在系统预先设定的范围之内，保证负载均衡。需要注意的是，在删除数据的过程中也有可能对元数据的数据分块进行修改和调整。可以看到，这里的数据增加的操作以及数据删除的操作与传统的 B+ 树的操作是非常相似的。

以上是关于系统可扩展性方面的考虑，经过动态调整，每个节点的数据分块的数目差不多，每个数据分块的大小也差不多，这样就保证了节点之间的负载均衡。动态调整是在系统的运行过程中可以调整键值对在不同节点之间的分布，也可以应对物理节点动态加入和退出的情况。新加入的节点也会达到负载均衡的状态，可以通过集中的控制节点（主节点）来完成将数据分块迁移到新节点的任务。另外，实际上动态调整中元数据都是需要修改的，一旦将一个数据块迁移到新的服务器，那么元数据服务器中对应的查找信息也需要修改。幸运的是，调整一个数据块时，只需要修改一条查找信息即可，这个负担是可以接受的。

（3）分布式键值对查找表的可靠性讨论

讨论完可扩展性问题后，接下来讨论可靠性问题。根据第 2 章的分布式文件系统的描述，可靠性问题的解决方法是采用了多副本的方式。基于一致性哈希的键值对存储，也是通过多副本的方式完成的。但是多副本的方式会带来一致性问题，这个问题并不比可靠性问题容易解决。对于通过一致性哈希来进行键值对存储的方法，没有讨论一致性问题如何解决，读者可以自行考虑一下如何使用副本状态机来解决这个一致性问题。但是，这里讨论的通过查找表构造排序的分布式键值对的存储方式并不需要使用副本状态机，也就避免了一致性问题。

这是因为所采用的方式是将所有数据保存在之前设计的分布式文件系统中，而不是自己做一个存储引擎。这种方式的好处是可以使用分布式文件系统的可靠性来帮助实现这里的可靠性。另外，分布式文件系统已经解决了其自身的数据块以及文件的一致性问题，那么基于此系统的键值对存储就不需要再次解决可靠性以及一致性的问题了。因此，每一个对键值对数据进行分块的服务器实际上是对分布式文件系统中的一个文件（或文件中的一个数据块）进行操作，负责对这个文件进行读写。由于一个键值对范围内的数据只由一个数据块服务器进行操作，因此避免了一致性的问题。

现在需要对通过查找表存储键值对的系统进行一番修改，以能够使用底层的文件存储。对于存储键值对的数据表来说，所有数据（包括真正的键值对数据以及提供查找信息的元数据）都以文件内部的数据块的形式存在。这样，在元数据所在的文件中，不仅需要记录用于存储键值对的数据分块（或元数据分块）的节点地址，也需要记录对应的在分布式文件系统中的文件以及文件中的某一个数据块（或数据所在的偏移）。实际上关于节点地址的信息不是一个关键的信息，具体的数据在文件系统中的位置才是一个关键的信息，因为负责进行服务的节点可以动态地生成，而文件位置则是真正数据所在的位置。这样的话，一个完整的元数据记录信息如下。

(Key_Start, Key_End, File_and_Offset, Host)

其中，File_and_Offset 包括了对应的分布式文件系统中的文件名字以及数据分块在文件中的偏移，Host 为对应的负责这个范围的数据分块的节点。节点部分的信息有可能缺失或者不正确，这会导致对应的节点失效。这部分信息不是关键，在出现失效的时候会有新的节点接管失效节点的工作，处理对应的数据分块的数据，进而可以生成新的 Host 部分的信息。这样的话，Host 的信息实际上没有必要保存在底层分布式文件系统的文件中。这里的元数据结构与前面讨论的元数据结构是相同的，不同的是这里使用文件和偏移的信息替换了节点的信息。这样的数据结构也在底层的分布式文件系统中建立了一棵 B+树，用于对键值对数据进行位置索引。

那么，在上述的文件格式下，如何进行数据的动态调整以及错误恢复呢？这就需要一个可靠的基础设施,即这里的数据存储使用的底层的可靠的分布式文件系统。因此，合理的假设是一旦将数据写入底层的分布式文件系统中，数据就不会丢失。由于我们把键值对存储的可靠性建立在分布式文件系统的基础之上，因此在键值对内部的可靠性工作会简化一些，可以不考虑数据丢失的问题。但是，这里还是需要考虑服务的可用性，即一台负责某一个键值对范围数据分块的服务器失效时，需要另一台服务器接替工作。无论是数据分块的恢复服务还是数据分块服务的动态迁移，都需要一个新节点进行接管。而新节点的接管工作的输入参数就是对应的在分布式文件系统中的文件名以及偏移，之后新的节点可以依据这样的信息启动服务，提供这个范围之内的键值对数据读写服务。错误恢复的过程就是新的节点在接到任务之后启动并负责对应的键值对范围的过程，而数据分块进行动态调整的过程则是旧的节点退出，新的节点重新启动的过程。当然，这里的动态调整以及节点失效后把正确的信息传递给新的节点的过程，还需要许多机制（如日志与恢复等）来保证，并且需要保证在每一个时刻最多只有一台服务器来负责一个数据分块。这些技术将在本书的后面部分展开讨论，这里不再赘述。

有了上述依据分布式文件系统中的文件名以及偏移位置启动对应服务的流程之后，为了保证整个系统的可用性，需要通过动态监测的过程启动服务以及进行动态调整，以达到负载均衡。这些工作可以交给主节点完成。主节点可以监控整个系统中的所有节点，同时也可以观察所有数据分块的分配情况。如果发现某一个数据分块没有节点负责，则随机从数千个节点中选择一个负担轻的节点去负责这个数据分块，并修改对应的元数据中的信息查找记录。假设只有一个主节点的情况下，这样的分配不会出现冲突，不会出现一个数据分块交给两个节点进行处理的情况，这样就可以避免一致性问题。

当然，这里还需要考虑的是主节点的可靠性问题以及可能带来的一致性问题。主节点不能是一个固定的节点，因为这个节点可能失效（可靠性问题）。系统中不能同时出现两个主节点，否则会造成系统内部状态的不一致，甚至可能破坏状态，使得系统无法继续运行（一致性问题）。这样的一致性问题与第 2 章中分布式文件系统的两个元数据服务器的问题是一样的，不能依赖内部节点选举出唯一的主服务器。这个问题需要通过分布式共识的方法来解决。为了简化讨论，我们假设系统中同一时刻最多只存在一个主节点。如果没有主节点，则通过某种机制迅速选举出一个主节点。并且，一旦确定了一个主节点，系统中的任何其他节点都不可能成为主节点。基于这个假设，整个分布式系统的可靠性、可扩展性就可以得到保证，进而完成了一个可以支持范围查询的分布式键值对存储。

3.4　本章小结

本章关注的重点是如何在分布式环境中进行键值对的存储。采用的方法是对单机键值对存储数据结构进行扩展，使其能够适应分布式环境。

可以看到，这里关键的一点是键值对存储有不同的存储方案，可以适应不同的应用场景。一个关键的因素就是应用程序是否需要支持一定范围内的键值对的查询。如果不需要支持，那就不需要对键值对进行排序，就可以使用哈希表方式建立索引以支持数据的获取。对于分布式环境来说，就衍生出了桶哈希以及一致性哈希等多种哈希表扩展方式。这些方式的数据查找工作都通过哈希函数进行。这种方式带来的额外存储空间非常小，并且额外的存储空间与数据量无关，只与节点的数目等配置相关。但是，如果需要支持一定的键值对范围之内的查询，原则上就需要对所有的键值对进行排序。在分布式环境下，排序的目的就是在系统中存储排序完成的情况，即用于定位的元数据表。这个元数据表同样也是一个排序的键值对，因此可以对这样的情况进行类似 B+树的扩展。在实际的系统中，也有像 Cassandra[4]这样的系统，其使用一致性哈希方法，但是使用了 BigTable 的数据结构。可以说，实际系统会依据不同的特点选择合适的技术。

从本章可以看出，即使是相同类型的应用程序，如果应用程序的接口有所不同，底层的实现方案可能会发生巨大的变化。因此，上层的语义也是影响整个系统设计的重要因素。另外，键值对的存储可以说是数据库存储的基础，而这里所说的两种支持键值对存储的查询结构，即哈希表和排序表，实际上也是数据库建立索引的方法，可以支持数据的快速检索。因此，本章的内容对读者理解数据库的实现会有很大的帮助。

参考文献

[1]　DECANDIA G, HASTORUN DENIZ, JAMPANI M, et al. Dynamo: Amazon’s highly availa-

ble key-value store[C]// The 21st ACM SIGOPS Symposium on Operating Systems Principles. New York: ACM Press, 2007: 205-220.

[2] KARGER D, LEHMAN E, LEIGHTON T, et al. Consistent hashing and random trees: distributed caching protocols for relieving hot spots on the World Wide Web[C]// The 29th Annual ACM Symposium on Theory of Computing. New York: ACM Press, 1997: 654-663.

[3] CHANG F, DEAN J, GHEMAWAT S, HSIEH W C, et al. BigTable: a distributed storage system for structured data[C]// The 7th USENIX Symposium on Operating Systems Design and Implementation. Berkeley: USENIX Association, 2006: 205-218

[4] LAKSHMAN A, MALIK P. Cassandra: a decentralized structured storage system[J]. ACM SIGOPS Operating Systems Review, 2010, 44 (2): 35-40.

第4章 面向社区共享的网络文件共享系统

本章针对现有的大数据云存储系统对用户间共享功能支持不足的问题提出了多租户的概念。在这个概念下，多个用户以租户的形式组成共享的单元，使得用户间的共享操作变得更为自然直接，并且能够支持用户主动寻找共享关系这一独特的功能。此外，针对多租户大数据云存储系统的特点，本章全面分析了该系统中对核心的数据存储服务形成支撑作用的数据管理构件部分的需求，针对其中的实现难点提出了合适的解决方法，使得整套系统的实现变得切实可行。另外，本章也实现了一套完整的多租户云存储系统——MeePo。通过在 MeePo 上的实验，验证了本章的设计方案符合高性能、可扩展性及可靠性要求，能够对多租户大数据云存储系统中的数据形成良好的支撑作用。

第 2 章和第 3 章分别介绍了分布式文件系统和分布式键值对的架构设计以及相关细节。另一个在大数据环境下能够用到的存储形式就是分布式数据库。分布式数据库涉及的内容很多，本书不再讨论，其基本的存储方法与分布式的键值对存储有一定的关联性，可以参考分布式键值对的存储方式。

从本章开始，本书将开始具体介绍大数据存储系统以及相关的独立技术，这些都是最近几年建设并且取得广泛应用的大数据存储系统或技术。从系统的角度来看，单项技术并不足以支撑系统的运行，需要综合运用不同的数据存储来共同完成目标。本章讨论的系统与分布式文件系统相关，是对分布式文件系统的扩展。

一般来说，分布式文件系统是单一名字空间的[1-2]，无论从哪个节点还是哪个用户访问，所访问的名字空间都是相同的。但是在实际应用时，单一名字空间可能是不够的，这就需要支持多个名字空间。一个典型的应用就是现在广泛使用的网络云盘应用。网络云盘可以支持多个用户，对于每一个用户来说，它就是自己的文件系统。为了支持这样的一个应用，需要构建一个分布式的多根多版本的文件系统。多根多版本的分布式文件系统的主要目的是支持大规模用户的使用。与传统的文件系统含义不同的是，多根多版本的文件系统的名字空间是多个的，而不是一个的。这里讨论的是建立一个多根多版本的分布式文件系统的架构，主要需要解决的问题是分布式文件系统与用户管理的结合问题，以及分布式文件系统中的多版本数据的问题。数据使用方面的工作是关于基于社区的数据共享与数据管理的工作，这样不仅可以满足数据共享的需求，同时也达到了对权限进行管理的目的。

4.1　面向社区共享的用户管理模型

多根多版本的文件系统主要针对社区共享模式中的用户管理以及社区管理的关键问题，着力于建立支持多种认证模式的用户认证方式，以及在社区模式下的权限管理方式与访问控制方法。在实际系统中，对于用户的使用来说，可以接入用户名密码方式以及开放认证接口 OAuth 模式、轻量目录访问协议（Lightweight Directory Access Protocol，LDAP）模式等方式，以便有效支持云存储与现有认证模式的结合。

在社区模式的权限管理方面，社区共享概念的引入会带来一个中间的管理层次，这就大大增加了管理的复杂性。因此在这个层面中提出一种基于社区与用户的管理模型，在社区用户以及社区数据的访问上建立基于角色的访问控制方式。在社区的权限管理模型中，用户被划分到不同的社区，并且一个用户可以属于多个社区。在角色的分配上，社区的用户被划分为社区的创建者、社区的管理员、社区的用户等多个层次，另外，对于整个社区系统，还需要建立系统管理员的角色来对整个系统进行维护。这样，通过多个方面的结合，可以在面向社区的云存储中建立完善的访问权限控制与社区管理模型。

（1）社区用户身份认证集成机制

在面向社区共享的云存储系统中保存着用户以及社区的各类重要文件。因此，用户的身份认证作为保护和区分用户数据的重要手段，是用户进入系统的第一个步骤。在面向社区的云存储系统的设计上，通过将认证与文件访问解耦，实现了对多种多样的认证方式。在社区云存储系统内部，统一使用令牌进行文件访问等操作，对外提供了一个抽象的认证接口。通过实现该认证接口，云存储系统得以使用已有的认证服务。

令牌作为系统对用户操作进行认证的一种载体，包含了用户操作的权限和是否被认证等信息。所有用户的操作都需要提供该操作的令牌，被操作的资源对这个令牌进行验证，只有通过验证的操作才能够执行。同时，令牌需要有一定的生命周期，过期的令牌需要重新获取，防止恶意用户获取令牌之后无限制地进行操作。在实际的云存储系统中包括 3 种类型的令牌，分别是用户令牌、元数据令牌和数据令牌。用户令牌用于验证用户是否是本系统中的用户，是否具有修改用户个人信息的权限；元数据令牌用于验证用户对元数据的操作权限，具有这样的令牌才可以对元数据做相关的操作；数据令牌用于验证用户对数据的操作权限，其含义与元数据令牌的含义类似。

社区的原生用户身份认证系统支持基本的静态密码认证方式，同时通过 MD5 加密、使用用户 ID 对密码加盐处理等技术手段确保了密码的安全性。原生的系统可以通过独立的云存储系统提供服务，但是需要每一个用户都在存储系统中注册，这对于已经建立用户系统的组织机构来说是很不方便的。因此，需要在社区存储中加入灵活的认证方式。为了能够保证与现有的系统相互认证与兼容，可以建立虚拟的认证机制，并支持 OAuth 认证方式以及 LDAP 认证方式。这些认证方式也是当前系统的常用认证方式。

（2）面向社区共享的云存储系统的用户角色

在面向社区的云存储系统中，每个用户都可以被看作一个主体，这个主体具有不同的属性，对应来说，就是角色，不同的用户具有不同的角色。在面向社区共享的云存储系统中，用户的角色可以被分为如下几类：系统管理员（Supervisor）、社区管理员（Group Administrator）、社区用户管理员（Group User Administrator）、社区数据管理员（Group Data Administrator）、社区用户（Group User）。

不同的角色在系统中具有不同的权限。具体来说，系统管理员是整个系统中具有最高权限的用户，可以对整个系统进行任何操作。社区管理员只是针对某个社区而言，不同的社区具有隔离性。社区管理员具有这个社区内的最高权限，可以管理这个社区的社区用户和社区存储空间上的数据。社区用户管理员主要负责管理这个社区中的用户，如同意或拒绝一个用户的加入等。社区数据管理员主要管理该社区中的数据和每个用户的数据访问权限。

每个社区对应一个社区管理员，社区管理员具有这个社区内的最高权限。普通用户是最基本的角色，只具有个人空间的所有权限。

一个用户可以具有多个角色，如一个用户可以同时是多个社区的管理员，同时也可以是整个系统的系统管理员。但最基本的，每个用户必须是一个普通用户，至少具有对系统中的数据进行读取的权限。

（3）面向社区共享的云存储系统中的社区模型

在面向社区共享的云存储系统中，每个存储空间都对应一个社区，包括个人空间。一个社区包括如下几个方面的内容：存储空间、数据访问控制、社区用户管理。具体的社区模型如图 4-1 所示。

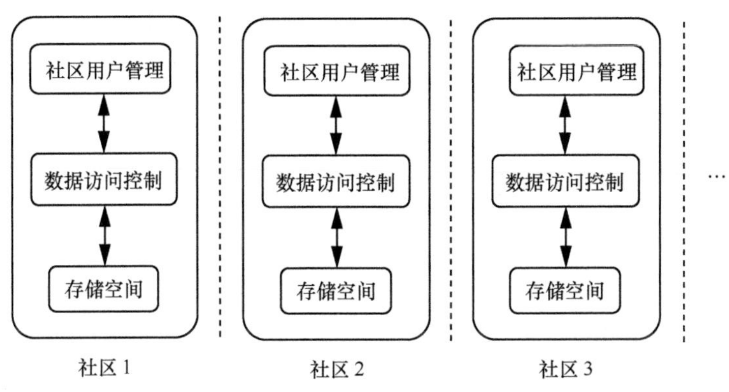

图 4-1　面向社区共享的云存储系统中的社区模型

每个社区的存储空间存储的都是实际的数据，具体就是这个社区的命名空间下的文件系统的目录树和文件数据。社区用户是指加入这个社区的用户。具体地，每个加入这个社区的用户可以具有上述社区管理员、社区用户管理员和社区数据管理员中的任意几个角色，但是一个社区的管理员只有一个。社区的用户管理由社区用户管理员负责。社区的数据访问控制主要用于控制社区中的成员对社区数据的访问，如每个用户对每个文件具有什么样的访问权限，这部分由社区数据管理员负责。

从图 4-1 可以看到，社区模型具有非常好的隔离性，每个社区的存储空间和对应的数据访问权限是完全隔离的，和对应的每个社区的用户管理也是完全隔离的，这样能够方便控制多个社区空间的数据访问。

在保证隔离性的同时，社区模型具有非常好的数据共享特性，社区中的成员通过管理员的权限控制可以共享社区中的数据。因为社区一般是具有共同爱好或同一个单位的人员聚集地，所以通过将数据按照社区的方式组织，能够很好地让用户加入自己感兴趣的社区中，方便管理数据和发现新的感兴趣的数据。

个人空间可以被看作一个特殊的社区，这个社区具有和其他社区不同的权限和管理机制。在这个特殊的社区中只有一个用户，即用户本身，同时这个用户具有这个空间的最高权限，即具有个人空间中的所有数据的所有权限。

对于个人空间来说，和社区空间的另一个最大的不同是，个人空间中的数据是可以共享给其他人或社区的，通过这种方式，可以把高质量的数据有针对性地在社交网络上进行传播，其他用户可以更好地发现自己需要的数据。

综上，通过将数据按照社区的方式组织，能够达到很好的数据在语义上的局部性，同时保证数据的隔离性。同时基于社区的数据分享能够很好地将数据有针对性地在社交网络上进行传播。

（4）面向社区共享的云存储系统中的社区管理

社区的管理主要包括社区的用户管理、社区的数据管理和社区的访问权限控制 3 个方面。

① 社区的用户管理

为了方便管理社区的成员，对每个用户设置一个状态，这些状态包括活跃（Active）、禁用（Blocked）、等待（Pending）、被拒绝（Rejected）、黑名单（Blacked）。处于 Active 状态的用户，能够正常访问社区空间的成员和数据。处于 Blocked 状态的用户，不能对社区空间进行任何操作。处于 Pending 状态的用户，表示当前申请加入社区的请求还没有被处理。处于 Rejected 状态的用户，表示用户申请加入社区空间的请求被拒绝了，但是可以继续申请加入该社区空间。处于 Blacked 状态的用户，表示被列为社区空间的黑名单，其加入该社区空间的操作会被直接拒绝。社区用户的状态转移如图 4-2 所示。其中 None 表示无状态。

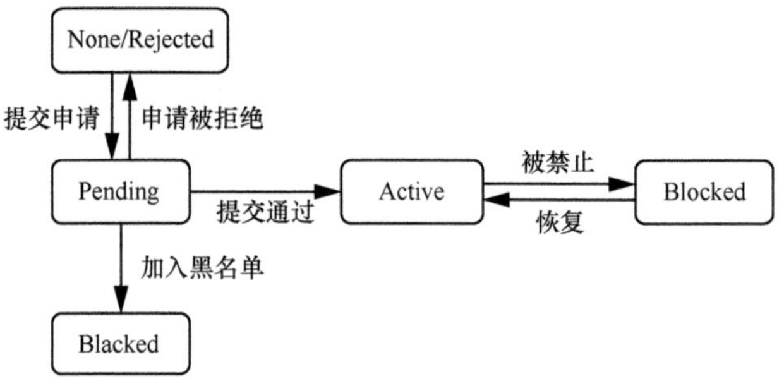

图 4-2　社区用户状态转移

社区中的一个用户可以具有不同的角色。在一个社区中，一个用户的角色主要分为普通社区成员、社区用户管理员、社区数据管理员、社区管理员 4 个。社区用户管理员主要负责管理社区的成员列表和成员的状态转移。社区数据管理员主要管理社区的数据。社区管理员具有该社区的最高权限，能够修改社区成员的状态、成员的角色，管理用户的数据访问权限等。除了以上 4 个角色，社区管理员还可以新建一个角色，同时设置这个角色对应的对数据的读写权限。

社区用户的管理主要包括以下几方面的内容：社区用户状态的管理和社区用户角色的管理。社区用户状态的管理就是如图 4-2 所示的用户状态转移。一个用户可

以担任多个角色，但前提是，其必须是这个社区的普通用户。例如一个社区的普通用户可以同时是社区用户管理员、社区数据管理员和社区管理员。

不同的角色具有不同的社区用户管理权限。社区管理员具有这个社区的最高权限，能够管理用户的状态转移和用户的角色，可以将一个用户从普通社区用户提升为社区用户管理员或社区数据管理员。社区用户管理员只能管理用户的状态。其他角色的管理员和普通用户没有权限管理用户。

② 社区的数据管理

社区数据的管理主要包括控制社区数据的审核和恢复。对于用户上传到社区内的数据，社区数据管理员可以对数据的合法性进行审核，删除有害的数据；对于用户误删的社区数据，社区数据管理员有权限将普通用户无法看到的回收站中的数据恢复。同时，数据管理员有权对社区内的数据进行必要的整理，以保证社区数据的质量。

对于社区管理员创建的新的角色，其访问数据的权限根据社区管理员赋予它的数据访问权限而定。

③ 社区的访问权限控制

社区内不同目录的数据具有不同的读写权限，如有些数据只对某些用户是只读的，对其他用户都是同时具有读写权限的。对此，每个社区需维护一个数据访问权限的控制表，采取不同的访问控制模型，对不同目录的数据进行访问权限的控制。

（5）面向社区共享的访问控制模型

在面向社区共享的云存储系统中，针对不同性质的数据，根据数据的特性分别采用不同的访问控制模型。具体地，对于社区内的大部分数据，默认采用基于角色的访问控制模型；对于社区内的特殊数据，如共享给其他社区的数据，管理员可以指定这部分数据采用基于文件的自主访问控制模型；对于云存储系统上的应用访问数据，采用基于任务的访问控制模型。下面主要基于以上 3 个方面进行必要的讨论。

① 基于角色的访问控制模型

对于社区空间中的数据，如果采用针对所有数据和所有用户维护一张访问权限的列表的方式进行访问控制，是非常复杂并且没有必要的。因为对于一个社区空间而言，其中的大部分数据是针对大部分用户且具有固定模式的访问权限的。如针对某个课程的社区空间中，对于学生而言，只需要将大部分数据设计成只读即可；对于老师和助教而言，需要具有读写权限，如老师可以具有修改学生名单的权限。对此，在面向云存储系统中，数据的默认访问权限是通过基于角色的访问控制实现的。

基于角色的访问控制模型的基本思想是将访问许可权分配给一定的角色，用户通过饰演不同的角色获得角色所拥有的访问许可权。在社区与用户的模型中，用户并不是其可以访问的社区数据资源的所有者（这些数据属于企业或公司），这样的话，访问控制应该基于员工的职务而不是基于员工在哪个组或是哪个数据的所有者来确定，即访问控制是根据各个用户在部门中担任的角色来确定的，例如，一个学校可以有教工、老师、学生和其他管理人员等角色。对此，面向社区共享的云存储系统的社区管理员可以新建一个角色，同时赋予这个角色对数据的访问权限，以满足这种按角色控制权限的需求。

社区管理员可以从用户的角度出发，根据管理中相对稳定的职权和责任来划分角色，通过给用户分配合适的角色，将访问权限与角色相关联。角色成为访问控制中访问主体和受控对象之间的一座桥梁。

角色可以被看作一组操作的集合，即不同的角色包含不同的操作组合，这些操作集由社区管理员分配给角色。那么，依据角色的不同，每个角色的用户只能执行给定的访问功能。用户在一定的部门中具有一定的角色，其所执行的操作与其所扮演的角色的职能相匹配。

社区管理员负责授予用户各种角色的成员资格或撤销某用户具有的某个角色。例如，当社区空间的数据规模逐渐变大时，一个数据管理员不能及时审核社区空间的数据，需要提升另外一个用户为社区的数据管理员，此时社区管理员只需将这个用户添加到数据管理员这一角色的成员中即可，无须对访问控制列表（Access Control List）做改动。同一个用户可以是多个角色的成员，即同一个用户可以扮演多种角色，比如一个用户可以是社区的数据管理员，同时也可以作为社区自定义的管理员。同样，一个角色可以拥有多个用户成员，这与现实是一致的，一个人可以在同一部门中担任多种职务，而且担任相同职务的可能不止一人。

因此，采用基于角色的访问控制模型，提供了一种描述用户和权限之间的多对多关系，可以将角色划分成不同的等级，通过角色等级关系反映一个组织的职权和责任关系，这种关系具有反身性、传递性和非对称性特点，通过继承行为形成了一个偏序关系。基于角色的访问控制模型中引进了角色的概念，用角色表示社区用户具有的职权和责任，灵活地表达和实现了社区云存储系统中的安全策略，使社区权限管理在具体的社区组织视图这个较高的抽象集上进行，从而简化权限设置的管理，

从这个角度看，通过这个模型，很好地解决了社区中用户数量多、变动频繁的问题。

在社区云存储系统中，大部分数据的权限具有固定的模式，对此，采用基于角色的访问控制方法，能够在用户数量多、数据文件多的场景下达到高效的访问权限控制，同时社区的管理员通过新建角色，达到了针对不同的社区进行定制化的权限控制的目的。

② 基于文件的自主访问控制模型

在面向社区共享的云存储系统中，为了达到通过社交网络传播热门数据，更快地让用户发现所需要的数据的目的，用户可以将一个文件共享给其他用户。同样，在社区空间中也可以将一个文件通过链接的方式共享给其他用户或社区。对此，针对这部分需求，社区的管理员可以对某个文件设置自主的访问控制。

自主访问控制模型是根据自主访问控制策略建立的一种模型，允许合法用户以用户或社区的身份访问策略规定的文件，同时阻止非授权用户访问文件，某些用户还可以自主地把自己拥有的文件的访问权限授予其他用户。自主访问控制又被称为任意访问控制。Linux、UNIX、Windows NT 或 Windows Server 等操作系统都提供了自主访问控制的功能。在实现上，首先要对用户的身份进行鉴别，然后按照访问控制列表赋予用户的权限来允许和限制用户访问文件。文件访问权限的修改通常由特权用户或社区管理员实现。

自主访问控制提供的这种灵活的数据访问方式，使用户可以任意传递权限。例如，没有访问文件 1 权限的用户 A 能够从有访问权限的用户 B 那里得到访问权限或直接获得文件 1。用户 A 将一个文件通过链接的方式分享给用户 B 的同时，需要指定用户 B 对该文件的访问权限。同时，在社区空间中，用户对文件的访问权限除了读写，还有是否有权限将文件分享给其他用户。社区的管理员通过控制用户的分享权限，能够实现在分享文件的同时保证文件的安全性。

在具体实现上，一般采用访问控制矩阵和访问控制列表来存放不同用户或社区的访问控制信息，从而达到对用户访问权限进行限制目的。

通过引入基于文件的自主访问控制模型，能够实现文件的分享功能，同时弥补基于角色的访问控制权限的一些缺陷。

③ 基于任务的访问控制模型

随着云计算的兴起，存储系统也需要对上层的应用提供一定的接口，使得上层的应用能够访问云存储系统中的数据。对应地，社区云存储系统提供的数据访问接

口要能够满足上层应用开发的需求。如上层的应用可以在社区云提供的云存储接口上开发一个文件协同编辑的软件。但是，这会带来一个问题，即如何限制上层应用对数据访问的权限，以保证数据的安全性，同时又不影响上层应用的运行。

如果要对应用程序做访问权限的控制，可以将应用看作一个特殊的“用户”。上述几个访问控制模型都从系统的角度出发去保护数据，在进行权限的控制时没有考虑执行的上下文环境。此外，上述访问控制模型不能记录应用对文件的访问信息，权限没有时间限制，只要应用拥有对文件的访问权限，应用就可以无数次地执行该权限。基于上述问题，我们引入工作流的概念，以解决应用对文件的访问权限控制问题。工作流是为完成某一目标而由多个相关的任务构成的业务流程。工作流关注的问题是处理过程的自动化，对人和其他资源进行协调管理，从而完成某项工作。当数据在工作流中流动时，执行操作的用户在改变，用户的权限也在改变，这与数据处理的上下文环境相关。上述访问控制技术无法予以实现，基于角色的访问控制模型也需要频繁地更换角色，且不适合工作流程的运转。为了解决这个问题，在社区云存储系统中，针对应用的数据访问，采用了基于任务的访问控制模型。

基于任务的访问控制模型以面向任务的观点，从任务的角度建立安全模型和实现安全机制，在任务处理的过程中提供动态实时的安全管理。在基于任务的访问控制模型中，文件的访问控制并不是静止不变的，而是随着应用的任务的上下文环境发生变化。

如果一个应用程序要访问社区云存储中的一个文件，必须要到社区云存储中注册，注册成功后即可拿到社区云存储的认证。同时，在注册时，要提交应用的工作流模型。社区后台通过对工作流的分析，将工作流划分为若干个任务，建立各个任务的相关性和生命周期。授权步表示一个原始授权处理步，指在一个工作流程中对处理对象的一次处理过程。授权步是访问控制所能控制的最小单元，包括应用的执行者集（应用的服务集合）和应用的许可集（对文件的权限集合）。

由于任务都是有时效性的，所以在基于任务的访问控制模型中，应用对于授予其自身的权限的使用也是有时效性的。在授权步被激活之前，它的保护态是无效的，其中包含的许可不可使用。当授权步被触发时，该应用程序开始拥有许可集中的权限，同时它的生命期开始倒计时。当生命周期结束时，执行者拥有的权限被收回。

④ 令牌管理的实现

一个用户对数据的访问大致要经历 3 个阶段。第一个阶段是用户认证阶段，确

认用户是本系统中的用户；第二个阶段是元数据认证阶段，确定这个用户是否有权利访问一个社区空间内的元数据；第三个阶段是数据认证阶段，确定这个用户访问数据的权限。

在具体实现上，认证和权限的确认是通过令牌实现的。一个令牌代表用户的身份认证或数据访问的权限。为了提高安全性，令牌需要具有生命周期，在一段时间之后令牌会失效，需要用户更新或重新获取令牌。具体地，系统中有 3 种不同的令牌，分别是用户令牌、元数据令牌和数据令牌。

- 用户令牌（UserToken）

用户登录系统后会获取一个用户令牌，表示当前用户已经通过认证，确认是本系统中的用户。

- 元数据令牌（MetaToken）

如果用户需要访问某个社区空间的目录树信息，需要通过 UserToken 到用户服务器中进行认证，确认该用户具有访问社区空间目录树信息的权限。如果认证成功，会得到一个元数据令牌。之后，每次对元数据的操作都需要提供元数据令牌进行访问，以确认具有访问元数据的权限。对元数据的操作主要包括对文件系统目录树的一些基本操作（如 list_directory、change_directory、create_file、create_directory 等）和对数据分享的操作。

- 数据令牌（DataToken）

如果用户需要访问某个文件的数据，首先需要到元数据服务器中进行认证，确认该用户对这个数据所具有的访问权限，并返回数据令牌，之后，用户每次对数据的操作都需要提供这个数据令牌。对数据的操作主要包括 read、write 等。

4.2 社区共享对多根多版本文件系统的需求

（1）多根多版本的数据存储模型

为了支持更大规模的分布式文件系统，存储更多的数据，使得数据可以在一组用户之间进行共享，有必要引入社区数据管理的概念。在社区共享的云存储中，一组用户组成一个社区的形式能够匹配大多数的组织架构，是应用非常广泛的用户架构模型。

与传统的云存储不同，也与传统的多用户分布式文件系统不同，面向社区共享的分布式文件系统给底层的存储系统带来了新的需求。在面向社区的存储中，从逻辑组织来看，随着社区概念的提出，用户的身份被添加了许多的属性。用户的属性现在可以从两个层面进行理解：一个层面是系统管理的角度，另一个层面是服务管理的角度。从系统管理的角度来看，用户可以被划分为具有超级权限的系统管理员以及除系统管理员外的其他用户。从服务管理的角度来看，在这个层面上可以不用考虑系统管理员进行系统维护的工作，而是从提供服务的角度来分析这个问题。从社区的角度观察用户的角色，可以将用户角色分为社区的管理员以及社区的普通用户。社区的管理员负责对社区中的数据以及用户进行管理，而普通用户则可以使用社区带来的存储服务。可以看到，从用户的角度来看，面向社区共享的分布式文件系统带来了针对社区用户、社区共享、用户管理、数据共享等一系列新的管理以及数据服务方面的挑战。从底层的服务来说，建立一个良好的数据聚散模型对于上层的应用来说是十分必要的。

现有云存储系统对用户间的共享功能支持不足，而这个问题可以通过前述的面向社区的概念进行支持。在这个概念下，多个用户以社区的形式组成共享的单元，使得用户间的共享操作变得更为自然直接，并且能够支持用户主动寻找共享关系这一独特的功能。在面向社区共享的存储中，需要建立基于数据存储服务的数据管理架构模型，这使得建立面向社区共享的存储变得切实可行。这个模型的核心技术是一个多根多版本的文件系统。通过多根的文件系统能够映射出云存储中的多个社区，在这个基础上可以完成社区存储的设计；通过多版本的文件系统可以解决社区共享中的访问冲突问题，使得多个用户可以同时访问一个共享的数据文件，并且能够有效防止用户误删除的操作。这个模型对数据在多个计算资源中进行散发存储定义了与物理资源逻辑隔离的模式，使得数据能够依据特定的需求散发到物理存储中。

（2）多根文件系统的底层存储模型

每个用户的个人存储空间和每个社区的存储空间都是相互独立、相互隔离的。从概念上来说，这些存储空间都有各自的一棵目录树（即命名空间），这些目录树共同构成了整个云存储的完整数据。因此，整个云存储的文件系统可以用如图 4-3 所示的多根文件系统来很好地描述。

传统的文件系统是一个单根的文件系统，即只有唯一的一个命名空间。所有的目录及文件都处于这个命名空间之内。多根文件系统就像由许多目录树组成的森林，

它存在许多的根。每个根都独立组织起一棵目录树，处于某棵目录树中的目录及文件都属于对应的根的命名空间。

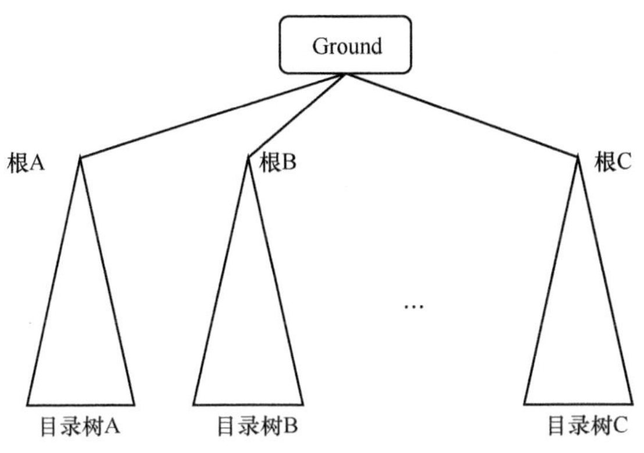

图 4-3　多根文件系统

在单根文件系统中，访问某个目录或文件只需指定其绝对路径即可。而在多根文件系统中，还需要额外指定要访问的目录树是哪棵，即选择一个根。对应地，在面向社区共享的存储系统中，要求用户在访问元数据信息时需要提供绝对路径，并根据访问的个人存储空间或社区存储空间指定根。在实现上，多根文件系统需要在单根文件系统之上加入额外工作。一个方便的实现方式是使用一个特殊的目录 Ground 作为所有根的父目录。这个特殊的目录仅仅对管理员以及开发时开放，在运行的系统中对社区的用户以及社区的管理员都是不开放的，从而达到严格隔离的目的，并支持在社区云存储中的访问控制操作。

4.3　多根多版本文件系统的元数据管理

（1）高效的文件系统元数据组织方式

大部分文件系统采用了树状的组织结构。最顶层的单个节点被称为根，除根外的所有目录及文件都属于某个父目录。树是一个二维的数据结构，利用一维的内存及硬盘空间对其进行存储管理需要经过一些转化工作。不使用数据库等工具而直接使用内存及硬盘并不是一个很好的选择，这会大大增加实现的复杂性。而数据库能提供更好的存储接口，如键值对存储与查询等，能大大降低方案的复杂度及实现难度。

一种方案是将目录或文件的全路径作为键、元数据信息（或其指针）作为值进行存储，如图 4-4 所示。这个方案的优点是存储方案直接，实现简单。但是存在的第一个问题是重复信息太多。某个目录下的所有子孙目录及子孙文件的键中都包含了该目录的全路径，子目录及子文件的数量越多，重复的信息就越多，进而直接影响存储的效率及查询的效率。第二个问题是获取某个目录的子目录及子文件列表时效率较低。在图 4-4 所示的例子中，如果要列/dir_b 下的子目录及子文件，需要找到所有以/dir_b/为前缀的键，然后筛选出在/dir_b/后有且仅有一层的键，如/dir_b/file_a、/dir_b/dir_c、/dir_b/dir_d，而/dir_b/dir_c 下的/dir_b/dir_c/file_b、/dir_b/dir_c/file_c、/dir_b/dir_c/file_d 则因为多于一层而不属于这个范围。容易看出，列目录下子目录及子文件的过程会受到该目录下所有子孙目录及子孙文件的干扰，从而大大降低操作的效率。

/	{name:, is_dir: true}
/dir_a	{name: dir_a, is_dir: true}
/dir_b	{name: dir_b, is_dir: true}
/dir_b/file_a	{name: file_a, is_dir: false}
/dir_b/dir_c	{name: dir_c, is_dir: true}
/dir_b/dir_c/file_b	{name: file_b, is_dir: false}
/dir_b/dir_c/file_c	{name: file_c, is_dir: false}
/dir_b/dir_c/file_d	{name: file_d, is_dir: false}
/dir_b/dir_d	{name: dir_d, is_dir: true}

图 4-4 全路径为键、元数据（或其指针）为值的存储示意图

另一种方案相对较为高效。每一个目录或文件都会被分配一个唯一的标识，在实际系统中通常采用较长的字符串以防止取值空间被用尽，为了说明方便，这里采用较短的****-****形式（这里的星号*是通配符，在实际文件系统中会被转化为对应的文件或目录的唯一标识）。目录及文件的元数据信息都被存储在一张表中，该表以目录或文件的标识为键，对应的值则为该目录或文件的元数据信息，如图 4-5 所示。而整棵目录树的组织，即标识之间关系的存储如图 4-6 所示。

0000-0000	{name:, is_dir: true}
0000-0001	{name: dir_a, is_dir: true}
0000-0002	{name: dir_b, is_dir: true}
0000-0003	{name: file_a, is_dir: false}
0000-0004	{name: dir_c, is_dir: true}
0000-0005	{name: file_b, is_dir: false}
0000-0006	{name: file_c, is_dir: false}
0000-0007	{name: file_d, is_dir: false}
0000-0008	{name: dir_d, is_dir: true}

图 4-5　目录组织关系存储示意图（元数据表）

0000-0000 +‘’	
0000-0000 +‘dir_a’	0000-0001
0000-0000 +‘dir_b’	0000-0002
0000-0001 +‘’	
0000-0002 +‘’	
0000-00002 +‘file_a’	0000-0003
0000-0002 +‘dir_c’	0000-0004
0000-0002 +‘dir_d’	0000-0008
0000-0004 +‘’	
0000-0004 +‘file_b’	0000-0005
0000-0004 +‘file_c’	0000-0006
0000-0004 +‘file_d’	0000-0007

图 4-6　目录组织关系存储示意图（目录树表）

简单来说，对于每一个目录，都在该表中加入一个由该目录标识和一个空格组成的键，其值可以为空。对于每一个目录下的子目录及子文件，都在该表中加入一个由该目录标识和该子目录或子文件的名称组成的键，其值为该子目录或子文件的标识。根作为一个特殊的目录，它的标识是一个固定的值，这里使用 0000-0000。在查找任意一个目录或文件的标识时，都先从根开始，逐层向下查找。以查找/dir_b/dir_c 为例，首先利用固定的根的标识查找由 0000-0000 和 dir_b 组成的键对应的值，即/dir_b 的标识，在图 4-6 中其值为 0000-0002。然后查找由 0000-0002 和 dir_c

组成的键对应的值，即/dir_b/dir_c 的标识，在图 4-6 中其值为 0000-0004。到这查找工作就完成了。

在列某个目录下的子目录及子文件时，这个方案的优势就体现出来了。这里利用了主流键值对数据库都支持排序存储的特性，即其存储的键值对都会如图 4-6 所示的那样，按照键的字典顺序进行排序存储。在这个特性下，由目录的标识和一个空格组成的键都会被排在由目录的标识和其子目录或子文件的名称组成的键之前。在列目录下的子目录及子文件时，可以先定位到由该目录的标识和一个空格组成的键值对上，然后向后逐个遍历键值对，直到遇到某个键值对中的键不再以该目录的标识为前缀为止。这中间遇到的每一个键值对都代表了该目录下的一个子目录或子文件，并且其名称就是对应的键去掉目录标识后剩下的字符串的内容。

可以看到，这个方案不像第一个方案那样需要重复存储许多路径信息。尽管目录及文件的标识需要占用额外的存储，但是当目录及文件很多时，这部分开销会比重复路径信息的开销小得多。此外，这个方案中列目录操作涉及的操作个数等于该目录所处的深度加上该目录下子目录及子文件的个数，与其下的子孙目录及子孙文件不再相关，因此效率上会大大高出第一个方案。

但是在第一个方案中查找某个目录或文件时只需要一步查询，而在第二个方案中，查询次数和目录或文件所处的深度呈正比，即多于前者。这个问题可以通过对目录或文件和其标识的对应关系进行缓存来解决，就像 CPU 中的 TLB（Translation Lookaside Buffer）所做的那样。由于第二个方案的有效性，可以在实际的系统中采用这种更加高效的元数据组织方案。

（2）多版本文件系统的支持

传统的文件系统通常不允许多个用户同时以写方式打开同一个文件。这是为了防止出现多个用户同时写入数据时，发生相互篡改，进而造成不确定的写入内容，如图 4-7 所示。在某些特定的进程（或线程）调度下，会出现最后的文件内容是不同用户提交的文件内容的片段拼接，造成存入数据的错误。

在许多协作系统中，通过特殊的文档编辑客户端，可以实现对多个用户的修改进行合并，如 Google Docs。这类软件在客户端层面将用户的修改转化为一个个修改操作，并将它们提交给服务器。在服务器端，服务程序对来自不同用户的操作进行合并，然后统一写入存储中。这种做法的好处是对用户的协作编辑提供了很好的支持，多个人可以同时修改文件而无须考虑如何将各自的修改和其他人的修改进行合

并。但缺点是只能使用特定的编辑软件在线编辑。在面向社区共享的存储中，由于存储是一个底层的基础设施，只能够对上层的应用提供数据存储服务，因此在实现上不可能对应用进行限制，也就排除了使用特定应用解决冲突的可能性。

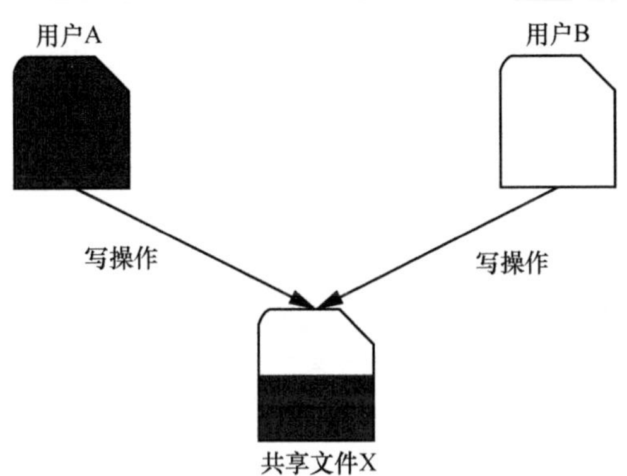

图 4-7　多用户文件系统的写冲突

在面向社区共享的云存储系统中，每个社区都可能由许多成员组成，而这些用户可能存在对社区存储空间中的某个文件同时进行读写访问的需求。像传统文件系统那样禁止同时以写方式打开同一个文件在实现上是可行的，但对用户来说会造成许多困扰。例如，如果某个用户长时间以写方式打开某个文件，那么其他想修改该文件的用户就需要长时间的等待。

此外，采用协作软件对多个用户的写操作进行合并的方式也是不现实的。一个存储系统并不能决定用户采用什么软件、以什么方式进行读写，它所能看到的操作只能是文件级别的读写操作，因此无法做到对操作的合并。

由此可见，面向社区共享的云存储系统无法对协作进行很好的支持，却需要对多个用户的同时访问进行支持，并保证并发的写操作不会造成冲突。这里的解决手段是对文件进行多版本支持。在多版本文件系统中，文件的每次修改不是对原文件内容的原地修改，而是采用写时复制的方式。每次修改发生时，原来的文件内容不会发生变动，而是变成历史版本进行保存，修改发生在原文件内容的复制中，修改后的复制文件成为文件最新的版本。同时进行的几个写操作会形成各自独立的几个新版本，并且都会被存储起来，从而避免发生相互篡改、造成数据错误，如图 4-8 所示。显然，多版本文件系统并没有完美解决协作的问题。正如前文所说，一个存储系统是无法做到这一点的。但多版本的机制保证了多个用户都能同时读写同一个文件，并且它们提交的修改内容都能被保存下来，为用户手动合并修改提供了可能。

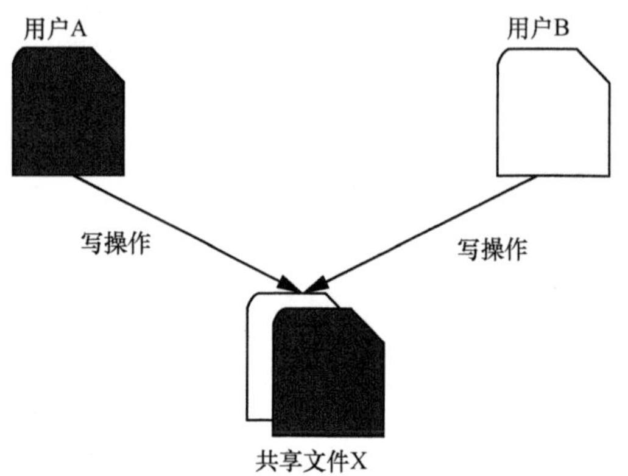

图 4-8　多个用户访问多版本文件系统中的同一个文件

此外，多版本文件系统还为用户提供了修改历史信息以及回滚到之前某个版本的功能。这为用户在访问过程中可能出现的误操作提供了保险。这样一个特性可以集成到社区云存储空间的回收站功能中。许多文件系统都会将被删除的文件放到回收站中，而不是直接删除。这样做的好处是能防止用户误操作造成数据的丢失。在面向社区共享的云存储系统中，回收站同样能起到这样的作用。此外，加上一些权限管理后，回收站还能防止社区成员恶意清空社区存储空间中的数据。如果限定只有社区的管理员才能清空回收站中的内容，那么即使社区中的某个成员将社区存储空间中的内容全部删除，这些内容也会被放到回收站中而不会被彻底删除，并且可以被恢复。在实现上，移除一个目录或文件到回收站类似于将其移动到某个特殊的位置。

4.4　多根多版本文件系统的优化方法

（1）数据存储的底层优化方法

在上述底层数据存储模型的基础上，还需要对数据存储的底层进行优化，使得能够有效地在底层存储设备上完成数据聚散操作。优化方法包括高效的元数据扫描与处理、元数据服务器的可扩展性优化、社区存储中的冲突解决机制。

（2）高性能的后台服务器程序实现机制

服务器程序的性能关系到整个系统的性能表现。良好的服务器程序能够充分利

用服务器的硬件特点，尽可能高效地执行与响应用户的请求，并且能够承载一定量的并发请求。反之，则会出现服务器资源利用不充分、性能表现低下的现象。在技术上，针对后台服务器的情况，主要可以采用多线程技术以及互斥锁优化技术来提高服务器的性能。

首先是多线程技术在高效后台服务程序中的实现。目前的主流处理器通常都具备多于一个的处理核心，主流的服务器都具备多于一个的 CPU。单线程程序无法利用多个处理核心的并行性，因此多线程并发处理是服务器程序的普遍特点，可以更加充分地利用服务器的所有处理核心。但是，线程的创建与销毁是个开销较大的操作。如果对每个操作都创建一个线程，在其完成后将其销毁，则会降低每个操作的执行效率。为了避免这种情况，通常的做法是预先创建一个包含多个线程的线程池，并使用一个请求队列向线程池输送请求任务，如图 4-9 所示。

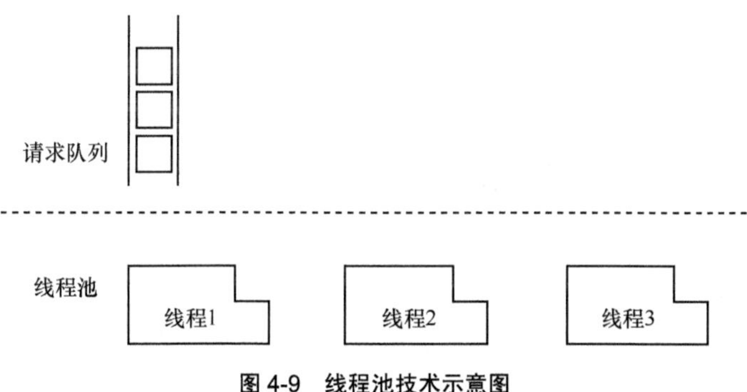

图 4-9　线程池技术示意图

请求队列通常遵循生产者-消费者模式：服务器的前端接收来自客户端的请求，将其放入请求队列；线程池的调度程序则不断地从请求队列中取出队列头部的请求，将其分配给线程池中任意一个空闲的线程执行。使用请求队列能够有效隔离前端和后端的逻辑，并且当某段时间内请求到达的时间早于线程池处理的时间时，请求队列能作为无法被及时调度处理的请求的缓冲区。

被分配任务的线程执行请求中的操作，当操作完成后，线程返回响应内容，然后变为空闲线程，并重新进入线程池等待被再次分配任务，如图 4-10 所示。线程池适用于有大量并发任务且任务的完成时间都不长的程序。在多租户云存储系统中，账号服务器及元数据服务器都具备这样的特点，因此线程池技术能够很好地提升服务器的性能。

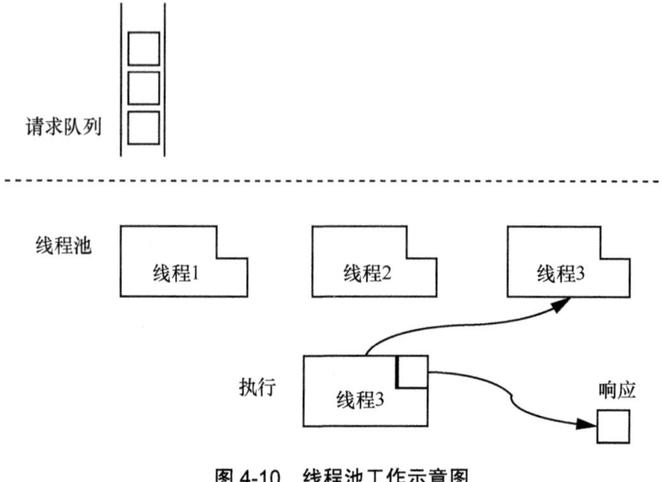

图 4-10 线程池工作示意图

（3）多根文件系统的元数据高效扫描与处理优化

在面向社区共享的云存储系统中，除了数据存储功能，还需要完成特定的计算功能。一些必要的服务对于存储是必需的。例如，云存储系统将存储作为服务，其收费方式通常是按网络流量、存储用量或两者结合的方式。因此，流量及用量统计对云存储系统来说必不可少。以存储用量的统计方案为例，用量统计有两种不同模式的实现方案，即异步扫描的统计方案及实时更新的统计方案。这两种方法各有自己的优缺点，在实际系统中可以综合使用异步扫描及实时更新的方式来完成数据更新工作。

异步扫描的统计方案是指系统采用间隔扫描的方式来统计用量。当因为用户上传或删除的操作而发生用量变化时，用量的统计数值不会立刻发生变化，而是需要等到下一个统计扫描周期到来，进行新一轮统计后才会体现该变化。这种方式的优点是能避免每次修改后都需要更新用量统计数值，在实现上较为简单。此外，对于每个修改操作而言，由于没有更新用量统计值的额外开销，因而更为高效。

但是这个方式的缺点也是显然的。因为异步统计的用量统计值和实际用量之间有时延，因此用量统计值是不准确的。这就使得用户可以在超过用量后继续上传新文件而占用更多的存储空间，直到下一个统计周期到来后统计出新的数值为止。尽管缩短统计周期能够减少这种情况的出现，但是频繁的统计反而会给系统造成过大的负担。

实时更新的统计方案是指每次修改成功后都会立即更新存储用量的变化情况。

因此，用户上传或删除的操作引发的用量变化都会立即体现在用量统计值上。这种方式的优点是其统计数值的实时性和准确性。用户能准确获得他所使用的存储空间的信息，并且当用户的存储配额用尽后，系统能第一时间禁止他占用更多的存储空间。但其缺点是会降低操作之间的并行性。几乎所有的修改操作都需要修改统计值，而如果要做到线程安全，则需要对统计值进行加锁，以保证没有多个线程同时修改它。因此，修改统计值这一步就成了一个串行点，会降低操作之间的并行性。

不过幸运的是，大量并发的修改操作很少见，并且统计值的修改十分简单快速，基本不会造成大量排队等待的情况。此外，尽管每个修改操作都需要更新统计值，会延长每个修改操作的执行时间，但这个额外的时延与网络时延相比，可以忽略。综合来说，实时更新的统计方案因为准确性高和实时性高的特点，要优于异步扫描方案，并且其带来的额外开销并不大，处于可接受的范围内。

对于社区空间使用状况的信息，采用的是同步更新的方式，这使得用户以及管理员能够迅速获得整个空间当前的使用状态信息。同时，系统中也内置了异步处理的框架结构，使得其他一些元数据信息，特别是涉及复杂的数据处理情形时，可以通过异步更新的方式进行处理。这也是数据聚散模型中提供的数据处理模型。

（4）元数据服务器的可扩展性优化

在面向社区存储的云存储实现方案中，所有的后台服务器都可以被分为账号服务器（用来管理所有的账号）、元数据服务器（用来存储多根多版本文件系统的元数据）以及数据服务器（用来存放最终的数据），其中元数据服务器及数据服务器的可扩展性决定了整个系统的可扩展性。

在元数据服务器的设计以及实现中，系统中可以包含任意多个元数据服务器，而它们互相之间较为独立。在没有因负载平衡需要而发生元数据迁移时，元数据服务器无须关注系统中是否有其他元数据服务器以及这些元数据服务器的状态。元数据服务器之所以具有这样的独立性，是因为在设计上，不同元数据服务器所存储管理的元数据之间是不存在交集的。具体来说，每个用户或社区的存储空间都构成一棵目录树，在实现中会将整棵目录树的元数据信息存储到一个元数据服务器中，而不是将其分割成多个部分分开存储。因此，元数据服务器所管理的元数据的单位是整棵目录树，并且有且仅有一个元数据服务器对一棵目录树进行管理和服务，如图 4-11 所示。这就保证了任意一棵目录树上的操作都只会

涉及系统中某个单独的元数据服务器，而不需要在多个元数据服务器之间进行跨越和协调。

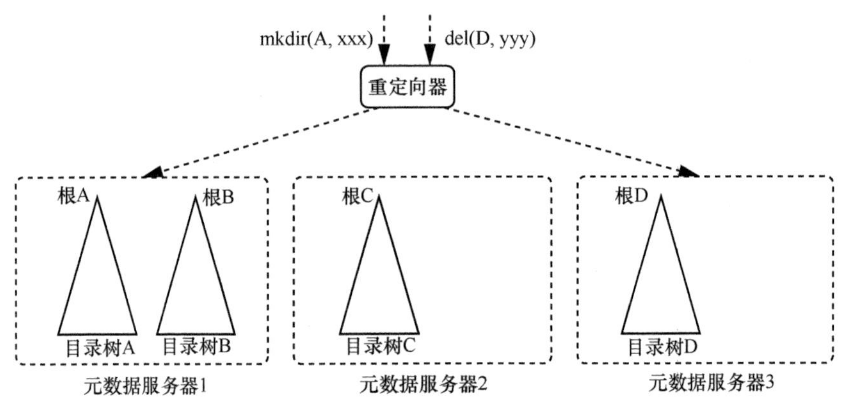

图 4-11 元数据服务器可扩展性实现示意图

通过这种方法，系统中可以部署任意数量的元数据服务器，而可扩展性问题就成了如何将用户的元数据请求定向到正确的元数据服务器以及负载的迁移问题。对于前一个问题，可以使用一张动态的路由表，根据用户所请求的目录树的信息将请求定向到管理这棵目录树的元数据服务器；对于后一个问题，最简单的方法是在离线的状态下将某棵目录树整体迁移。

对于数据服务器的可扩展性，也可以采用和元数据服务器可扩展性类似的方式，即让数据服务器所管理的数据之间没有交集。这样一来，系统中也可以设置任意数量的数据服务器，从而达到数据服务器的高度可扩展。

（5）社区存储中的冲突解决机制

冲突的直观定义是相互矛盾的操作。例如，一个用户在两台计算机上登录了自己的账号，并且对其中的内容进行不同的操作：在其中一台上对某个文件进行了修改，而在另外一台上删除了这个文件。这两个操作在向服务器提交时是相互冲突的，因为服务器上的最后结果要么是被修改后的文件，要么就是文件已经被删除，两者无法兼得。

如果说单个用户的两台计算机之间产生冲突的可能性较小，那么在社区云存储系统中，同一个社区的多个成员之间产生冲突的可能性就会大很多。在社区云存储系统中，社区的存储空间为所有成员共享，因此对其进行的并发访问会多于用户的

个人空间，其可能发生的操作冲突也比较多。当产生冲突时，其解决机制通常可以分为自动及用户手动两种。前者是指系统采用某种冲突解决规则来自动解决出现的操作冲突，后者则是在冲突发生时利用某种方式提示用户，然后用户可以根据自己的需要确定如何解决冲突。

值得注意的是，这里多用户（租户）采用的多版本文件系统已经自动解决了其中的一部分冲突类型。通常情况下，用户提交的文件修改都是基于服务器上该文件的最新版本进行的。但是当多个用户同时编辑时，这个情况就会被打破：某个用户所基于的版本可能在其提交时就已经因为其他用户的提交而变成了历史版本。此时这些用户提交的修改会形成冲突。但是，由于采用的是多版本文件系统的策略，因此这些冲突的版本都会被全部保留下来。也就是说，对于这类冲突，采用的自动解决规则是保留所有的版本。

而对于其他类型的冲突，可以采用先来后到的顺序依次进行操作。在上述文件修改和删除的冲突例子中，两种操作的结果取决于它们被服务器执行的顺序。如果文件修改在前、删除操作在后，则服务器会先将文件的最新版本变为修改后的内容，然后对其执行删除操作，最后的结果是文件被移除到回收站，而回收站中该文件的内容是最新修改后的内容；反之，服务器会先将文件移除到回收站，然后创建一个以修改后的内容为最新版本也是唯一历史版本的新文件，最后的结果是文件依然存在，但是其历史记录因为删除操作都被移除到回收站中。

4.5　MeePo 的设计与实现

（1）MeePo 的总体架构

基于上述模型和多根多版本的文件系统的设计，可以构建一个实际可用的面向社区共享的社区云存储。图 4-12 展示了跨多个数据中心的 MeePo 社区云存储的架构。MeePo 的架构设计主要考虑提供可扩展的存储能力、提供良好的大数据访问时延、容忍数据中心出错以及灾难恢复等特性，这些特性也是高效的在线关联大数据共享的基础。每个数据中心都是独立管理和运行的，多个分布在不同地域的数据中心协同工作，以支持社区云中的数据共享服务，用户可以使用客户端同时连接这些数据中心。这些数据中心之间的协同工作主要包括信息交换以及数据迁移。支撑 MeePo 的这些数据中心都由商业化的硬件和开源软件构成。这里的架构与一般的分布式系统的架构类似，分为前端与后台两部分。

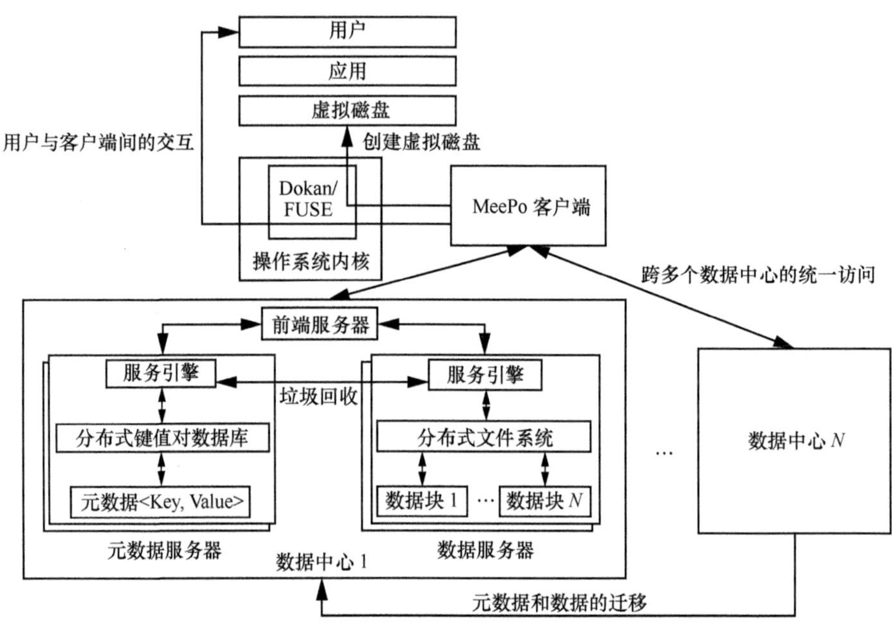

图 4-12 跨多个数据中心的 MeePo 社区存储云架构

我们也开发了新的系统软件并统一部署在这些数据中心里，以支持大规模的大数据共享需求。MeePo 存储云架构中的核心模块如下。

前端服务器：前端服务器被部署在数据中心中，主要被当作代理使用。前端服务器负责接收来自客户端的服务请求，根据这些请求的类型将它们分发给后台的元数据服务器或数据服务器，并将这些服务请求操作的结果返回给客户端。由于前端服务器不会保存任何系统的元数据或数据，因此，它们相对系统而言是无状态的。当高峰时期客户端发来的服务请求非常多时，可以动态地增加前端服务器的数量，以支持更多的 I/O 负载。

元数据服务器和数据服务器：在 MeePo 中，元数据和数据是分开存储和管理的，并被分配在两个不同的服务器集群中。元数据服务器负责存储和管理系统的元数据，包括用户虚拟存储的存储空间配额、用户群组信息、数据的访问控制信息以及数据服务器的布局信息等。元数据服务器还负责系统中垃圾回收工作的调度和管理。由于元数据大多可以用键值对<Key, Value>来表示，我们基于 HBase 构建了分布于多个数据中心元数据服务器之间的分布式键值对数据库。数据服务器负责存储和管理

用户上传到社区云中的原始数据，这些原始数据在数据服务器中是像 GFS 那样分块存储的。我们采用 MooseFS 来有效管理分布在数据服务器集群上的原始数据。这里存储服务器可以使用冗余磁盘阵列的方式达到高可靠性，从而保护数据。当然，也可以通过分布式文件系统的多副本来达到高可靠性。为了能够达到高可用的服务，使用分布式协议变得必不可少，如著名的 Paxos 协议[3-4]以及相关的实现[5]。

虚拟磁盘：虚拟磁盘被部署在客户端，以供用户使用社区云的共享服务。在个人计算机上，虚拟磁盘由专门的软件创建。根据个人计算机所部署的操作系统的不同（如 Windows、Linux、Mac OS 等），可以对应选择使用 Dokan 或 FUSE（Filesystem in Userspace）在客户端本地虚拟出一块磁盘。社区云中的原始数据都会在虚拟磁盘中被这些软件相应地映射为普通类型的文件，方便用户像操作本地实际物理磁盘中的其他文件一样操作这些数据。由于这些数据和虚拟磁盘中的文件只是映射关系，它们在本地并不占用任何存储空间。因此，用户看到的虚拟磁盘的存储容量实际上就是整个社区云所能提供的存储容量，这对于在虚拟磁盘中执行数据共享的用户来说，几乎是不受限制的存储容量。然而，对于移动设备（手机、平板）来说，使用 Dokan 或 FUSE 可能会带来额外的操作开销。因此，在移动设备上，原始数据到普通文件的映射都是通过开发人员手动建立映射表来完成的，不经过任何第三方软件。这样既可以避免使用 Dokan 或 FUSE 带来的额外开销，而又能保证使用移动设备的用户仍然能够弹性地使用社区云中的存储资源来享受数据共享服务。

如图 4-12 所示，客户端还可以为用户提供统一的数据共享操作，隐藏底层跨多数据中心共享数据的复杂细节。用户只需指定希望操作的虚拟磁盘中的文件，客户端就可以对应地完成相关操作过程，并将结果返回给用户。另外，多个数据中心之间也会频繁地进行元数据和数据的迁移。元数据和数据的迁移带来的好处之一就是容错：一份元数据或数据被存放到多个数据中心里，这样，当某个存有这些数据的数据中心出错或不可用时，并不会影响服务的整体运行。元数据的迁移带来的好处还有保证多个数据中心之间的元数据同步，使每个数据中心都能够看到一致的全局信息。这样，跨多个数据中心的统一的数据访问操作就会变得很容易实现。客户端可以将访问请求发到任何一个数据中心里，然后该数据中心根据保存的全局信息，告知客户端其访问请求能够被哪个数据中心接收并处理，之后客户端再将该请求发往这个数据中心，而不需要轮询地访问每个数据中心来完成请求。数据的迁移能够带来的另一个好处是备份热点数据，通过这种方式，客户端可以从距离其最近的数据中心中将热点数据取出并返回给用户，在降低访问时延的同时，均衡了热点数据的访问负载。

（2）MeePo 的关联数据共享

有了 MeePo 的基础架构后，社区云中的关联数据共享服务就可以被很好地支持。在 MeePo 社区存储云中，用户被划分到不同的用户组，数据也是以用户来划分的，一个用户组对应的所有数据被称为一个数据集合。社区云中的用户可以自由地创建新的用户组或加入已经存在的用户组中，创建用户组的用户被称为用户组的创建者，而其他加入用户组的用户则被称为普通成员。同时，在某个用户组中，上传某份数据的用户被称为该数据的拥有者。同一个用户可以加入多个不同的用户组，同一份数据也可以被上传到不同的数据集合。因此，同一个用户可以存在于多个用户组里，而同一份数据也可以存在于多个数据集合里。关联数据共享的基本概念就是，每个用户组里的用户可以自由地共享该用户组对应的数据集合，如图 4-13 所示。用户组之间以及数据集合之间是有交集的，而且用户组和数据集合是可以动态改变的。

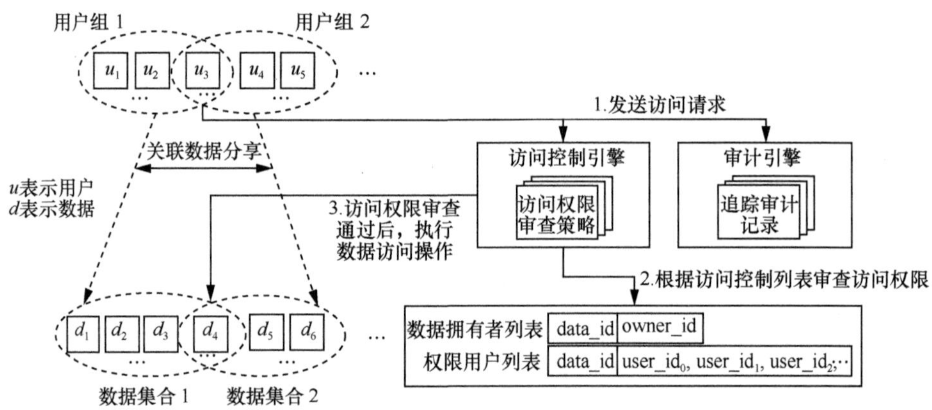

图 4-13 MeePo 社区存储云中的关联数据共享机制以及权限访问控制机制示意图

如果用 u_i 表示一个用户，d_j 表示一份数据，G_k 表示一个用户组，D_k 表示和这个用户组对应的数据集合。数据集合 D_k 中的所有数据都是由 G_k 中的用户上传的。那么，可以将关联数据共享定义如下。

$$G_k = \{u_i, i=1,2,3\cdots \mid \text{所有 } u_i \text{ 共同使用数据集合 } D_k\} \tag{4-1}$$

$$D_k = \{d_j, j=1,2,3\cdots \mid \text{所有 } d_j \text{ 都由 } G_k \text{ 中的用户上传}\} \tag{4-2}$$

这样的定义可以进一步理解为，在关联数据共享的社区云中，用户组的创建是

由数据驱使的。也就是说，某个用户组中的用户对该用户组所对应的数据集合中的数据有着共同的兴趣和共享需求，他们加入这个用户组是为了更好地共享该数据集合中的数据。他们可以使用组内其他用户上传到该数据集合的数据，也可以将自己的数据贡献到该集合中，以方便其他用户共享使用。如果某个用户对某个用户组所对应的数据集合中的数据没有兴趣或共享需求，那么他可以选择不加入这个用户组。这样，用户组中用户的聚集都是以共享用户组中的数据为中心的，这也是关联数据共享的特点。

在虚拟磁盘中，用户组以及用户组所对应的数据集合中的数据是以按等级划分的目录层级结构来组织的。虚拟磁盘的根目录由许多顶级目录组成，每个目录对应一个用户组，该目录下包含的所有子目录以及文件对应该用户组的数据集合。之所以采用这种层级的目录结构，是为了避免将百万甚至千万级别的文件放在同一个目录下，方便用户共享其所在用户组中的数据。社区云中的关联数据共享操作最终会转换为用户对虚拟磁盘中相应目录下的文件创建、读写、删除等文件操作。当用户操作某些数据时，只有这些数据会被加载到本地，不需要加载用户组中的所有数据。同时，由于用户通过虚拟磁盘看到的存储容量为整个社区云的实际存储容量，因此，用户几乎可以上传或下载任意数量的数据。另外，在虚拟磁盘中，每个用户还拥有一个独立的私有目录，该私有目录下存有该用户的个人数据。用户只能看到和使用自己的私有目录及其下的数据，而不能看到或使用其他用户的私有目录及其下的数据。这样，用户在利用社区云通过用户组共享数据的同时，也可以构建自己的私有数据集合。

（3）MeePo 中的访问控制

MeePo 采用了细粒度的权限访问控制策略，在保证用户高效享用关联数据共享服务的同时，确保数据的完整性和安全性不会被破坏。如果不采取任何数据访问控制策略，那么恶意用户会随意修改或删除其所在用户组中的数据，影响其他正常用户共享这些数据。因此，MeePo 中的权限访问控制策略是以数据和用户为基本单位进行访问限制的。

初始状态下，在一个用户组中，只有数据的拥有者能够修改和删除其上传的数据，其他普通成员只拥有对用户组中数据的读权限，数据拥有者对不是其上传的数据也仅拥有读权限。用户通过虚拟磁盘对没有权限的数据进行修改和删除的请求会直接被系统拒绝，这样可以防止恶意用户对数据的非法修改和删除。数据拥有者可以将其上传的数据的修改权限赋予其信任的用户组内的普通成员，被赋予权限的普通成员有权对相应数据进行修改操作，但是数据的删除操作只能由数据拥有者来完成。在 MeePo 中，数据拥有者不能将数据删除权限赋予其他用户。

在 MeePo 社区存储云中每个用户会被赋予唯一的编号，记为用户 ID(user_id)；每份数据也会被赋予唯一的编号，记为数据 ID (data_id)。MeePo 中权限访问控制策略的实施是建立在两个列表的基础上的，这两个列表分别为数据拥有者列表 (owner_list) 和权限用户列表 (privileged_user_list)。数据拥有者列表用来记录每份数据的拥有者，即每份数据是由哪个用户上传的；权限用户列表用来记录获得了对某份特定数据的修改操作权限的用户。数据拥有者列表以及权限用户列表都属于访问控制列表，因为它们记录了访问控制的相关信息。在 MeePo 中，数据拥有者列表和权限用户列表被存储在元数据服务器中，并由元数据服务器负责管理。每个用户组都拥有私有的访问控制列表和权限用户列表，供该用户组内的访问控制策略使用。

如图 4-13 所示，在数据拥有者列表中，维护的是<data_id,owner_id>的键值对，owner_id 表示的是某份数据的拥有者的 user_id；在权限用户列表中，维护的是<data_id, user_id>的键值对，每个键值对表示对某份数据具有修改操作权限的普通成员的 user_id，这样的普通成员可以有许多个，因此对应的是 user_id 数组。当某个用户请求修改某份数据时，元数据服务器会对该请求进行权限检查。如果发现该用户既不是这份数据的拥有者，也不在该数据的权限用户列表中，那么该修改请求就会被拒绝。用户删除某份数据的请求也会经过类似的权限检查。只有经过权限检查的请求才会被系统执行并成功返回，否则所有操作请求都会被拒绝，以保证数据的完整性和安全性。权限访问控制策略的权限检查过程如算法 4-1 所示。

算法 4-1 权限访问控制策略的权限检查

***Procedures*:**

***Assign the modify privilege*:**//将数据的修改权限赋予普通用户

Input*: *group_id*, *data_id*, *user_id*, *data_owner_id

/*data_owner_id 为发起授权操作的用户 ID*/

1. Check the owner_list by *group_id* to obtain the *owner_id* using *data_id*

2. **if** *data_owner_id* ! = *owner_id* **then** the assign right is denied

/*只有数据拥有者才能够将数据的修改权限赋予其他用户*/

3. **else** get *user_list* of *data_id* through *group_id* and insert *user_id* into the list
/*将 data_id 这份数据的修改权限赋予 user_id 这位用户*/

Check the modify privilege: //修改权限的审查

Input*: *group_id, data_id, user_id

1. Get *owner_list* using the *group_id* and *owner_id* through the *data_id*
2. **if** *user_id* == *owner_id* **then** the modify right is granted //数据拥有者
3. **else** get *user_list* of *data_id* through *group_id*
4. **if** *user_id* is found in the *user_list* **then** the modify right is granted
5. **else** the modify request is denied

/*若某用户既不是数据拥有者，也没有修改数据的权限，那么修改权限审查失败*/

Check the delete privilege: //删除权限的审查

Input*: *group_id, data_id, user_id

1. Get *owner_list* using the *group_id* and get *owner_id* using the *data_id*
2. **if** *user_id* ==*owner_id* **then** the deletion right is granted
/*只有数据拥有者才能删除自己上传的数据*/
3. **else** the deletion request is denied

另外，如图 4-13 所示，MeePo 社区存储云中还包含审计引擎模块，用来记录并追踪发给系统的每个请求，并在后台根据一定的规则和策略对这些访问请求进行审计分析，以发掘并阻止可能存在潜在风险的数据访问操作。

（4）MeePo 中的数据预取机制

在 MeePo 中，数据读操作的次数要远远大于数据写操作的次数。这对于支持关联数据共享操作的社区云来说是非常常见的，因为可共享的数据在被上传到系统后，总会被感兴趣或有使用需求的用户多次读取。因此，针对读操作的合理的数据预取机制可以充分地利用社区云中的网络带宽，提高读操作的吞吐量，降低读数据的访问时延，提高共享数据的用户体验。

对于数据读操作，大体可以分为 3 种模式：顺序模式、交叉模式和随机模式。由于很难找到适用于随机模式的数据预取算法，因此，对于随机模式的数据读操作，系统不会做相应的预取操作。针对顺序模式和交叉模式，采用一种按需预读算法（on-demand read-ahead algorithm）来优化其对应的读操作。在 MeePo 社区存储云中，具有顺序模式和交叉模式的读操作占所有读操作请求的 81.4%。因此，这种数据预取算法能够很有效地优化整个系统中读操作的性能。在按需预读的数据预取算法中，预取数据块的大小会对网络 I/O 性能产生很大的影响。如果预取数据块过大，会很容易地占满网络带宽，造成网络上的其他请求拥塞；而如果预取数据块过小，会加大 cache 不命中（即预取的数据未被使用）的概率，cache 不命中会导致预取窗口的重新刷新以及预取操作的重新执行，这会带来很高的额外操作开销。根据我们的大规模实验，将预取数据块的大小设为 1 MB 可以最大限度地发挥系统的整体性能。

（5）MeePo 的数据中心隐私保护机制

和采用权限访问控制策略来确保数据不会被恶意用户随意修改和删除不同，数据中心中的数据隐私保护机制是为了防止数据中心中的数据被数据中心的管理员随意查看和更改。在没有任何保护机制的情况下，对数据中心的服务器具有根用户访问权限的管理员可以滥用甚至破坏服务器上的任何私人数据，这对于使用社区云的用户来说是极其危险的。因此，在 MeePo 中，我们设计了一个名为隐私保护者的保护模块，该模块采用基于虚拟机的数据隐私保护机制来确保数据在数据中心中的安全性，如图 4-14 所示。

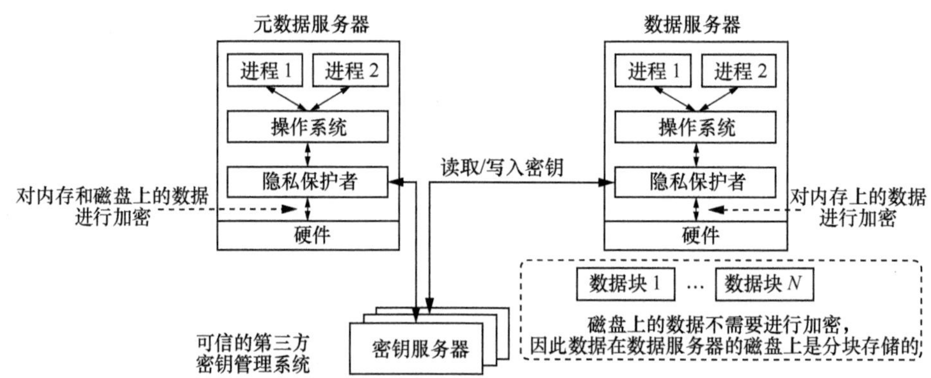

图 4-14　数据隐私保护机制的架构

隐私保护者会对存储在服务器上的数据进行加密操作，确保存储在服务器内存和磁盘中的数据为密文。当应用进程请求相应的数据时，如果该进程具有访问数据的权限，那么隐私保护者会从内存或磁盘中将数据读出，并在解密后将明文数据返回给应用进程。同时，隐私保护者还能确保应用进程之间相互隔离，互相访问不到

对方的数据。

在元数据服务器中，存储在内存和磁盘中的数据都是经过加密的。不同的是，存储在数据服务器中的数据只会在内存中进行加密保护，而不会在磁盘中进行加密保护。这是因为原始数据在数据服务器中是分块进行存储的，在无法获得数据布局信息（元数据）的情况下，很难根据若干数据块随机地重构出原始数据。此外，由于数据服务器存储的数据量非常大，这样做也可以大幅降低数据加/解密的额外开销。数据服务器上存储的数据块还会被备份到其他不同的数据服务器上，以防止服务器出错，以及数据中心管理员恶意破坏服务器而造成的数据损坏或丢失。

数据中心和客户端之间的交互是通过 HTTPS 完成的，这样就保证了到达数据中心的数据都是加密的、安全可靠的数据。同时，对于采用加/解密方式来保护数据的系统来说，密钥的管理是必须解决的重要问题之一。在 MeePo 中，我们依赖一个可信的第三方密钥管理系统来管理密钥，该管理系统被部署在专门的密钥服务器上，密钥服务器也是安全可信赖的，如图 4-14 所示。

4.6　实验与评价

对于基于群组的网络共享文件系统来说，主要的性能指标来自元数据服务器。在实验和评价中主要关注元数据服务器的单机性能以及其在可扩展性方面的表现。

（1）元数据服务器的单机性能

为了测试元数据服务器的单机性能，我们采用 4 个客户端并发访问同一个元数据服务器。每个客户端的线程数都从单线程逐渐加倍至 128 个线程。当线程数在 1～16 之间时，每个线程执行的操作数随线程数的增倍而减半；当线程数超过 16 时，每个线程执行的操作数固定为 1 024。

实验所采用的服务器的 CPU 为 Intel(R) Core(TM) i5-3450 CPU @ 3.10GHz，其共有 4 个处理核心，内存为 8 GB，线程池大小为 64。客户端的配置和服务器的配置一致。表 4-1 是测试得到的实验数据，其中的每个数据都是取 3 次运行的平均值。

从表 4-1 可以看到，线程数在 1～16 之间时，每个客户端的运行时间都较为接近，尽管总操作数是固定不变的，但多线程并发使得运行时间不断下降。当线程数超过 16 时，随着总操作数的增加，运行时间也有所增加。

表 4-1　元数据服务器单机性能实验数据

线程数量/个	每线程操作数/个	总操作数/个	客户端 A 运行时间/s	客户端 B 运行时间/s	客户端 C 运行时间/s	客户端 D 运行时间/s
1	16 384	16 384	1 510.46	1 510.99	1 510.59	1 510.84
2	8 192	16 384	832.28	832.72	832.66	832.28
4	4 096	16 384	471.70	471.72	471.87	471.67
8	2 048	16 384	282.56	282.40	282.27	282.44
16	1 024	16 384	172.73	173.18	173.76	173.67
32	1 024	32 768	239.91	240.75	239.73	239.27
64	1 024	65 536	364.33	364.03	364.16	364.67
128	1 024	131 072	585.09	587.09	584.31	586.02

我们可以简单计算得到服务器单位时间执行的操作数，具体见表 4-2。

表 4-2　元数据服务器单机单位时间执行的操作数

线程数量/个	每线程操作数/个	单客户端总操作数/个	4 个客户端总操作数/个	客户端平均运行时间/s	服务器单位时间操作数/（个/s）
1	16 384	16 384	65 536	1 510.72	43.38
2	8 192	16 384	65 536	832.49	78.72
4	4 096	16 384	65 536	471.74	138.92
8	2 048	16 384	65 536	282.42	232.05
16	1 024	16 384	65 536	173.33	378.09
32	1 024	32 768	131 072	239.91	546.33
64	1 024	65 536	262 144	364.30	719.58
128	1 024	131 072	524 288	585.63	895.26

从表 4-2 可以看到，服务器每秒执行的操作数最高达到 895.26 个。值得注意的是，我们的测试服务器仅是一台普通台式机的配置。如果在专业服务器上进行实验，则可以预计的是，元数据服务器的性能表现将更好。

（2）元数据服务器的可扩展性

为了测试可扩展性，我们将单机测试中的客户端请求分别平均分配到两台和 4 台服务器上，然后测试其运行时间。整个测试的模式和单台服务器时一致，仅有的

区别在于客户端的操作被平均分布到多台服务器上。表 4-3 和表 4-4 分别是两台和 4 台服务器时的性能实验数据。

表 4-3　元数据服务器双机性能实验数据

线程数量/个	每线程操作数/个	总操作数/个	客户端 A 运行时间/s	客户端 B 运行时间/s	客户端 C 运行时间/s	客户端 D 运行时间/s
1	16 384	16 384	1 486.95	1 444.64	1 487.95	1 445.56
2	8 192	16 384	814.10	818.92	813.38	818.98
4	4 096	16 384	438.21	433.68	438.58	434.51
8	2 048	16 384	236.11	229.94	237.30	230.54
16	1 024	16 384	144.21	135.76	145.59	135.40
32	1 024	32 768	183.66	165.20	185.01	165.20
64	1 024	65 536	252.52	238.85	256.06	238.66
128	1 024	131 072	306.59	302.92	305.84	302.24

表 4-4　元数据服务器四机性能实验数据

线程数量/个	每线程操作数/个	总操作数/个	客户端 A 运行时间/s	客户端 B 运行时间/s	客户端 C 运行时间/s	客户端 D 运行时间/s
1	1 6384	16 384	1 094.73	908.88	892.91	1 141.80
2	8 192	16 384	750.39	821.46	808.72	778.52
4	4 096	16 384	469.39	449.39	443.59	477.46
8	2 048	16 384	254.69	245.39	245.00	262.04
16	1 024	16 384	140.42	127.61	130.41	150.68
32	1 024	32 768	152.50	138.82	134.73	168.38
64	1 024	65 536	180.18	153.42	151.95	171.24
128	1 024	131 072	180.21	191.55	188.87	174.96

从表 4-3 和表 4-4 可以看到，在不同线程数下，每个客户端的运行时间的变化趋势和单台服务器的变化趋势相近。但明显可以看到，线程数在 1～16 之间时，运行时间都有所下降，尤其在线程数较多时，下降程度较大。

同样，我们可以计算得到服务器单位时间执行的操作数，分别见表 4-5 和表 4-6。

表 4-5　元数据服务器双机单位时间执行的操作数

线程数量/个	每线程操作数/个	单客户端总操作数/个	4 个客户端总操作数/个	客户端平均运行时间/s	服务器单位时间操作数/（个/s）
1	16 384	16 384	65 536	1 466.28	44.70
2	8 192	16 384	65 536	816.35	80.28
4	4 096	16 384	65 536	436.25	150.23
8	2 048	16 384	65 536	233.47	280.70
16	1 024	16 384	65 536	140.24	467.31
32	1 024	32 768	131 072	174.77	749.98
64	1 024	65 536	262 144	246.52	1 063.37
128	1 024	131 072	524 288	304.39	1 722.40

表 4-6　元数据服务器四机单位时间执行的操作数

线程数量/个	每线程操作数/个	单客户端总操作数/个	4 个客户端总操作数/个	客户端平均运行时间/s	服务器单位时间操作数/（个/s）
1	16 384	16 384	65 536	1 009.58	64.91
2	8 192	16 384	65 536	789.77	82.98
4	4 096	16 384	65 536	459.96	142.48
8	2 048	16 384	65 536	251.78	260.29
16	1 024	16 384	65 536	137.28	477.39
32	1 024	32 768	131 072	148.61	881.99
64	1 024	65 536	262 144	164.20	1 596.51
128	1 024	131 072	524 288	183.90	2 851.01

从表 4-5 和表 4-6 可以看到，随着服务器数量的增加，其单位时间执行的操作数也大有提升，在单服务器下的测试结果是近 900 个/s，而两台服务器下能达到 1 722.40 个/s，4 台服务器下则能达到 2 851.01 个/s。

进一步地，可以以单机性能作为参照，做出在不同测试点下双机及四机每秒执行的操作数的关系图，如图 4-15 所示。从图 4-15 可以看出，双机及四机相对于单机性能来说都有提升，且随着测试客户端线程数的增加，提升幅度增大。这是因为线程数较少时，客户端的执行时间很大程度上花费在网络时延上，无法体现多机并

发的性能优势。随着客户端线程的增加，网络时延的比重大大降低。因此线程数较多的测试点能更好地反映服务器的性能指标。而在这些测试点上，双机性能及四机性能相对单机性能的成倍提升正好说明了我们的服务器程序具有良好的可扩展性。

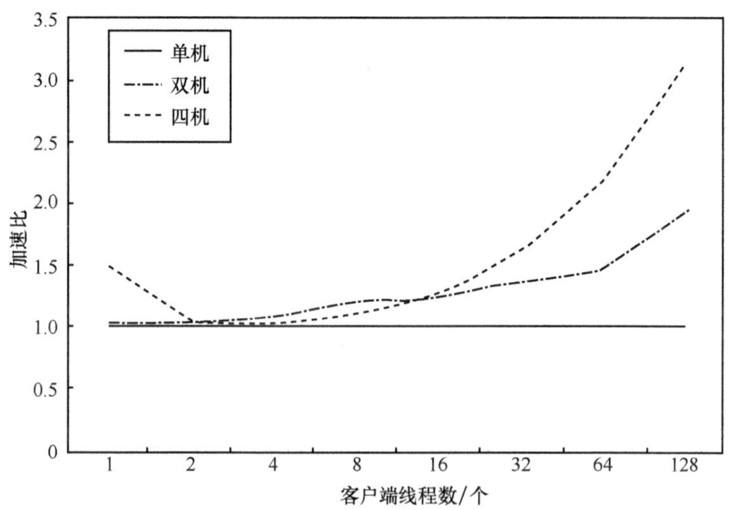

图 4-15　单机、双机及四机在不同测试点下每秒执行操作数比值

4.7　本章小结

本章研究了如何构建一个面向社区共享的云存储系统，其基础是一个多根多版本的分布式文件系统。这样一个具有多个名字空间的分布式文件系统显然要比单一名字空间的分布式文件系统复杂很多，其中的复杂性体现在对元数据的管理上。这样一个分布式文件系统对于构造实用的、面向社区共享的云存储来说是极为重要的。在构建这样一个系统时，对社区和用户模型的分析是极为重要的，在这个基础上才能完成最终的工作。在讨论的过程中，我们首先分析了社区以及用户的概念，基于这样的概念实现对应的元数据的管理方法。在这个系统中，数据的分布反而不是最重要的，最重要的是如何对元数据进行管理。当然，对于任何文件系统来说，都存在优化的机会，这里的多根多版本文件系统也不例外。

随着大数据时代的到来，社区云在各个领域中扮演着越来越重要的角色，它为不同组织之间共同存储大规模数据提供了很好的解决方案。本章以社区云为基础，提出了建立在虚拟磁盘基础上的关联数据共享机制，利用社区云的大存储容量和高网络带宽特点，帮助用户高效地进行大数据共享。同时，我们还采用了权限访问控制机制、数据预取机制、数据中心数据隐私保护机制，在确保数据共享性能的同时，保证系统中数据的完整性、安全性和私密性。这些机制不仅可以用于社区云的大数据共享中，也为公有云中的大数据共享提供了一些借鉴。

参考文献

[1] GHEMAWAT S, GOBIOFF H, LEUNG S T. The Google file system[C]// The 19th ACM Symposium on Operating Systems Principles. New York: ACM Press, 2003: 29-43.

[2] BORTHAKUR D. The Hadoop distributed file system: architecture and design[Z]. 2017.

[3] LAMPORT L. Paxos made simple[J]. ACM SIGACT News, 2001, 32(4): 18-25.

[4] CHANDRA T, GRIESEMER R, REDSTONE J. Paxos made live-an engineering perspective[C]// The 26th Annual ACM Symposium on Principles of Distributed Computing. New York: ACM Press, 2007: 398-407.

[5] BURROWS M. The Chubby lock service for loosely-coupled distributed systems[C]// The 7th Symposium on Operating Systems Design and Implementation. Berkeley: USENIX Association, 2006: 335-350.

第5章 存储容灾系统

大数据规模的增长、大数据存储的网络化趋势使数据保护技术变得越来越重要，同时，错误、故障甚至灾难时有发生且不可预知，给该领域的研究带来了挑战。然而，已有的技术存在恢复时间过长、难以保证数据一致性、对应用和底层设备存在依赖等不足。而且，面对多样的错误，单一的技术往往难以奏效。针对这些问题，本章对相关领域进行了深入研究，对并行恢复模型及实现方法进行了研究，提出了并行恢复的模型，用来推导和论证灾难后数据恢复和服务重建并行进行的可能性及策略。结合一致检查点技术，设计并实现了一个并行化高效容灾备份与恢复系统，能够做到故障和灾难后服务的立刻启动。另外，对于应用层的容灾，针对应用数据的快速备份与恢复需求，深入调研现有数据同步备份方案，提出简单高效、易实现、兼容性强的数据备份与恢复模型方法，包括与虚拟化容器的联合、数据使用透明化、备份与恢复技术等，最终设计完成的系统能够实现异地多系统的应用程序与应用数据之间的快速自动备份与恢复，在单一机器应用崩溃、系统错误的情况下，备份与恢复方案可以让其他机器快速无缝接管工作。

5.1 容灾系统简介

信息化对当今社会的发展日益重要，随着我国信息化程度越来越高，越来越多的灾难和威胁造成的信息系统破坏和业务中断都可能产生严重后果。这些灾难包括：自然灾难，如地震、火灾、水灾、气象灾害等；人为灾难，如错误操作、黑客攻击、员工发泄不满；技术灾难，如设备失效、软件错误、通信中断、电力失效等。对于政府、金融、电信、民航、铁路、电力等关键行业来说，当这些灾难发生时，造成的不仅仅是信息系统的经济损失、业务中断的经济损失，更可能造成社会的不安定。这对出现灾难前的数据备份以及出现灾难后的数据恢复都提出了更高的要求。

2003 年 8 月，中共中央办公厅、国务院办公厅联合下发的《国家信息化领导小组关于加强信息安全保障工作的意见》对基础信息网络和重要信息系统的灾难备份与恢复进行了原则规定，第一次提到重要信息系统要具备灾难恢复的能力。2004 年 9 月，为了贯彻落实《国家信息化领导小组关于加强信息安全保障工作的意见》，国家网络与信息安全协调小组办公室下发《关于做好重要信息系统灾难备份工作的通知》，进一步指出灾难恢复的重要性、紧迫性，明确了开展重要信息系统灾难备份工作的目标、基本原则和当前的任务。2005 年 4 月发布的《重要信息系统灾难恢复指南》则以标准规范的形式，对重要信息系统的灾难恢复提出了应遵循的基本要求，进一步推动重要信息系统灾难恢复工作的切实开展。2007 年，灾备行业的国家标准《信息安全技术 信息系统灾难恢复规范》（GB/T 20988—2007）正式出台，其规定了信息系统灾难恢复应遵循的基本要求。从时间脉络来看，4 个内容不断递进的政府文件和规范，正是我国针对信息系统容灾的关注度以及实际实施程度不断提高和深入的重要标志。

在容灾的潜在市场方面，统计数据显示，过去几年，全球数据存储量以每年 64%的速度增长。专业研究机构 IDC 曾预测，2006—2010 年全球数据的复合年均增长率为 50.6%。这个增长率意味着每 5 年半左右的时间，需要保护的数据将增加 9 倍。业务系统的短时停顿、关键业务数据的丢失将会给企业带来灾难性的损失。IDC 统计数字表明，在 1991—2000 年美国发生过各种灾难的公司中，有 55%的公司当年倒闭，在剩下的 45%中，因为数据丢失等原因在两年内倒闭的为 29%，生存下来的仅占 16%。Gartner Group 的数据也表明，在经历大型灾难而导致系统停运的公司中，至少 40%没有恢复运营，而在剩下的公司中，有 1/3 在两年内破产[1]。由此，现代企业对系统的实时可用、数据的实时可用的需求日益增加[2]，企业对数据备份量、备份时间和恢复时间方面提出了更高的要求，现代企业无一不把系统和数据保护作为企业正常运营的基础工作，作为企业 IT 基础架构的一部分。据 IDC 在全球范围内针对多个行业的中小型企业（员工数<1 000 名）的调研结果显示——近 80%的企业预计其每小时的停机成本至少为 2 万美元，超过 20%的企业估算其每小时的停机成本至少为 10 万美元。在云计算方面，2020 年全球市场规模超 4 000 亿美元，我国云计算近年更是以超过 30%的年均增长率成为全球增速最快的市场之一。云服务器宕机波及企业业务以及信息安全。2019 年 3 月，谷歌云、阿里云、腾讯云相继发生大规模宕机事件，大量产品和服务受到影响，在腾讯云宕机的 4 h 中，仅腾讯游戏的损失就高达千万。综上，灾备领域的市场前景广阔。

5.2　存储容灾系统的技术体系与现状

实现灾备的方式有多种，传统的灾备技术都是基于数据保护的技术，包括传统的磁带备份技术，更为有效的快照、镜像及连续数据保护（Continuous Data Protection，CDP）技术，以及近年来发展较快的全系统保护技术等。

（1）远程数据镜像

远程数据镜像[3]作为 SAN 的关键技术，充分利用了 SAN 的中底层网络的远距离连接能力和统一存储的特点，在异地保存一份与本地数据相同的复制数据，保证了重要数据在遭受区域物理灾难（如火灾、水灾以及大规模电力故障等）后的可用性，为数据的容灾提供了有力支持，是现代容灾系统的重要组成部分。

远程镜像技术往往同快照技术结合起来实现远程备份，比如通过镜像把数据备份到远程存储系统中，再用快照技术把远程存储系统中的信息备份到远程的磁带库、光盘库中。快照技术[4-5]通过软件对要备份的磁盘子系统的数据快速扫描，建立一个要备份数据的快照逻辑单元号（Logical Unit Number，LUN）和快照 cache。在快速扫描时，把备份过程中即将被修改的数据块快速复制到快照 cache 中。快照 LUN 是一组指针，在备份过程中，它指向快照 cache 和磁盘子系统中不变的数据块。在进行正常业务的同时，利用快照 LUN 实现对原数据的一个完全的备份。它可以使用户在正常业务（主要指容灾备份系统）不受影响的情况下，实时提取当前的在线业务数据。其“备份窗口”接近于零，可大大提高系统业务的连续性。快照将内存作为缓冲区（快照 cache），由快照软件提供系统磁盘存储的即时数据映像，它存在缓冲区调度的问题。

磁盘控制器级的远程镜像解决方案充分利用了磁盘控制器附带的功能强大的通用处理器，在存储子系统内部进行数据镜像工作，对系统性能的影响很小。目前，大多远程镜像解决方案构建在磁盘控制器这一级。但是，由于其必须采用专用的磁盘控制器，费用较高且与底层的存储子系统相关，而且镜像只能在同一厂家甚至是同一型号的磁盘阵列间进行，通用性不强。磁盘控制器级的同步镜像解决方案主要有：IBM 公司的 PPRC（Point to Point Remote Copy）、EMC 公司的 SRDF（Symmetrix Remote Data Facility）同步模式以及 Hitachi 公司的 Remote Copy。磁盘控制器级的异步镜像解决方案主要有：IBM 公司的 PPRC XD（Point to Point Remote Copy Extended Distance）、XRC（Extended Remote Copy），EMC 公司的 SRDF 异步模式以及 Hitachi 公司的 NanoCopy。

Veritas 公司的 Volume Replicator 是在主机驱动程序级实现的远程镜像解决方案。其实现原理是在主机的驱动程序上单独构建了一层驱动，用于拦截所有写操作，进行复制并发向远程站点，从而完成数据的远程镜像。这种实现方式的好处是独立于存储子系统，但不足之处是由于其是构建在主机之上的，对主机系统不透明，镜像过程占用了主机的资源和网络带宽，扩展性和兼容性不强。

NetApp 公司的 SnapMirror 是主机文件系统级的远程镜像解决方案。其原理是在文件系统级就将所有写文件命令发向镜像节点。它在 NetApp WAFL[6]文件系统的基础上，按照设置的时间定期对数据进行快照，并将在两个快照时间点之间修改的数据异步传送到远程镜像系统。

（2）连续数据保护技术

远程镜像技术可以在异地保存一份本地在线数据的复制数据，用以保证数据遭受区域灾难后的安全性和可用性，是现代容灾系统的重要组成部分。但是无论是异步还是同步数据镜像，都只能保存当前时刻的数据，如果这个时刻的数据有错误，远程镜像技术也无能为力。快照技术可以为数据生成某一时刻完全可用的副本，它包含该数据在某一时刻的映像，主要用来完成某一时刻的数据备份工作，保证当数据出现错误时可以将数据快速恢复到某一个时刻。但是这些技术都无法保证任意时间点的数据恢复。这就产生了连续数据保护技术[3,7]。

目前对连续数据保护的研究方兴未艾。国内外许多公司和学术机构在 CDP 系统结构、存储优化、快速恢复、有意义的恢复支持和服务质量保证等方面进行了广泛的研究，并取得了一些可喜的成果。

IBM Haifa 研究中心的 Guy Laden 等人提出了在存储控制器中实现持续数据保护的 4 种不同的架构，并从写性能和空间利用开销方面对其进行分析和比较。

IBM 的 Akshat Verma 等人提出了一种有效的恢复点鉴别机制 SWEEPER。它是一种事后分析和鉴别的方法，为 CDP 的恢复提供了辅助手段。

美国罗德岛大学的 Yang Q 等人[8]研发了 TRAP（Timely Recovery to Any Point-in-time）的磁盘阵列架构。该系统提供了持续数据保护功能，但并不是保存更新数据块的所有历史版本，而是通过对更新数据块信息执行异或（XOR）操作来提高性能和空间利用率。通常情况下，不同版本的数据块之间仅有很小的一部分不相同，因此执行异或操作后的结果中包含大量的“0”，对这样的数据进行压缩能够获得较好的压缩效果。与目前的连续数据保护技术相比，TRAP 通过简单而快速的编码技术在磁盘空间占用方面节省了 1～2 个数量级，并且能够基于一个数据镜像实现两个方向的数据恢复，而目前的快照和增量备份技术只能实现单向的数据恢复。这种方法的缺陷是获取某个数据块版本的时间与从当前版本到目标版本之间的版本数目成正比。华中科技大学武汉光电国家研究中心的李旭和谢长生教授在 NAS’2008 会议上发表文章，提出了一种改进型的 CDP 后台存储结构，对空间占用和恢复时间进行了深入分析。该文章通过一个数学模型来优化空间占用和恢复时间，并提出了

在奇偶编码链中插入周期性快照的组织方法。

多伦多大学的 Michail D F 和 Angelos B[9]针对目前存储架构中版本管理只能在高层或应用层次实现，因而影响了系统的可扩展性这一问题，提出了在块设备层次提供透明自动的数据版本管理存储架构 Clotho，系统记录了所有数据变化日志，并在预定的时刻将一段时间内的日志合并成一个版本，数据版本会在离散的时间点上建立，并不是真正的持续数据保护。其中一个比较大的贡献是，该系统通过二进制差异压缩技术提高了存储空间的利用率，该技术的思想就是仅保存与以前版本不同的数据。

VDisk 是一个安全的块级版本管理系统[10]，它引入了针对标准文件系统的以文件为粒度的备份。VDisk 系统通过驱动将备份数据记录到一个只读磁盘上，并通过一个用户级的工具解释备份的数据，所以它依赖于文件系统。

Lu M H 等人[11]提出了基于 ATA 硬盘和 G 级以太网技术实现的综合的持续数据保护系统 Mariner。该系统是基于 iSCSI（Internet Small Computer System Interface）的存储系统，通过 ATA 磁盘或千兆以太网技术来实现综合的数据保护。该系统支持持续数据保护，为了使与持续数据保护相关的性能开销达到最小，该系统将用于持续数据保护的长期日志技术和用于降低磁盘写时延的短期日志技术结合起来，追求在空间使用、磁盘写时延和历史数据访问等几个方面获得最优的平衡。

现有提供连续数据保护的公司都要求在前端服务器添加软件，以截取向受保护数据发出的命令。例如 Revivio 公司的 TAS（Time Addressable Storage）系统为服务器提供了一个块设备级的磁盘阵列。服务器必须将其与要保护的磁盘设备配置成镜像对，以保证当服务器向受保护的磁盘写入数据时，可以自动将数据写入 Revivio 提供的磁盘。TAS 先将所有被覆盖的数据保存到其 TimeStore 数据库中，记录修改时间，然后才将新数据写入镜像磁盘。

XOsoft 公司在 XOsoft Engine 的服务器上安装一个文件系统 filter。该文件系统即一个与服务器文件系统相关的底层驱动，被称为 XOFS。XOFS 将截获所有对文件和目录的操作，并获取相关信息，但它并不记录该操作，而是记录其逆向操作。这样，当出现错误时，只需要回放其记录的逆向操作即可恢复到正确的时间点。

Mendocino 也在受保护的服务器上安装了一个 interceptor 组件，该组件能够记录某些应用程序的状态。该产品及 XOFS 都在主机上构建，基于文件系统、特定应用程序或在块级别进行数据获取，对主机不透明且加大了主机系统的处理开销。

总的来说，目前的 CDP 系统还存在很多问题。如果某种 CDP 系统允许在任一时刻进行恢复，则称其为 True-CDP 系统；如果只能在特定时间点进行恢复，则称其为准 CDP（Near-CDP）系统。现有的 CDP 系统普遍存在以下问题。

- “准 CDP”居多。几个大公司推出的产品，如 EMC 的 RepliStor、IBM 的 Tivoli Continuous Data Protection for Files 都是基于微软的卷影复制服务（Volume Shadow Copy Service，VSS）来管理其快照实现的，都属于“准 CDP”产品。准确地讲，VSS 是过去快照系统的升级，它为其他公司快速推出备份系统提供了很好的底层接口。由于微软的 VSS 最多支持同时存在 64 个版本的卷快照，而且快照之间有时间窗口，因此会造成数据丢失。
- 数据恢复时间很难保证。True-CDP 系统能够做到数据恢复点为 0，即没有数据丢失，但在数据恢复时间上很难做到瞬间恢复。一般 CDP 采用差量方式保存数据块或文件的变化，在恢复时这些文件需要重组，而重组需要大量的时间开销。因此，如何保证快速恢复是个难题。这里需要研究恢复优化算法，必要时采用并行恢复技术。
- 数据恢复的一致性没有保证。CDP 给用户提供了大量的可恢复点，但在众多的恢复点上，用户很难找到正确的恢复点。在数据库应用情况下，这种问题尤为突出。CDP 如何保证恢复后的数据是一致的？若原先的一条数据库插入语句修改了多个数据块，那么怎么保证恢复后的数据也是一致的？这里需要研究基于应用的数据一致性恢复技术。
- 数据存储优化及还原难题未解决。CDP 可以连续捕获数据块的变化，并把这种变化存储起来。如何存储数据块的变化？如何在做到数据存储量小的同时保证恢复时间短？这里需要研究一些数据压缩存储以及快速恢复算法。

（3）应用级复制技术

与前面在存储级实现的方法不同，应用级复制技术能够利用应用级语义进行状态和数据的复制。对于数据库复制，现在往往是各厂商各做各的，没人能复制不同厂商的产品。就单一数据库的复制来说，主要有 3 种方法[12]：Standby 方式，就是同时写多个数据库副本，像镜像一样；基于事件触发的方式，就是定义什么时候由什么事件触发一次复制；基于日志的方式，就是复制更新日志。此外，数据库副本更新有两种方法：eager 方法和 lazy 方法，前者在数据库事务中同步完成其他备份副本的更新，后者先保证数据库事务尽快完成，然后再异步更新备份副本。

在数据库备份产品方面，这类产品的原理基本相同，包括 Oracle Data Guard、IBM DB2 HADR、IBM Informix HDR 和 Quest SharePlex 等。以 Oracle Data Guard 为例，其工作过程为：使用 Oracle 以外的独立进程，捕捉 Redo Log File 的信息，将其翻译成 SQL 语句，再通过网络传输到目标端数据库，在目标端数据库执行同样的 SQL 语句。如果其进程赶不上 Oracle 日志切换，也可以捕捉归档日志中的内容。

有的产品在源端以事务为单位，当一个事务完成后，再把它传输到目标端。所有产品一般以表为单位进行复制，同时也支持大部分 DDL（Data Definition Language）的复制（主要在 Oracle9i 环境中）。这种技术的特点和优势主要有以下几点：一是目标端数据库一直是一个可以访问的数据库；二是能保证两端数据库的事务一致性；三是因为使用 Oracle 以外的进程进行捕捉，且其优先级低于 Oracle 进程，所以对源系统数据库的性能影响很小；四是基于其实现原理及多个队列文件的使用，复制环境可以提供网络失败、数据库失败、主机失败的容错能力。

因为这类软件复制的只是 SQL 语句或事务，所以它可以完全支持异构环境的复制，对硬件的型号、Oracle 的版本、操作系统的种类和版本等都没有要求。这种方式还可以支持多种复制方式，比如数据集中、分发、对等复制或分层复制等。由于传输的内容只是 Redo Log 或 Archive Log 中的一部分，所以对网络资源的占用很小，可以实现不同城市之间的远程复制。

基于 Redo Log 的逻辑复制产品有很多优势，但跟上述其他方案相比，也有一些缺点：一是数据库的吞吐量太大时，数据会有较大的时延，当数据库日均吞吐量达到 60 GB 或更大时，这种方案的可行性较差；二是实施过程中可能会有一些停机时间，以进行数据的同步和配置的激活；三是建立好复制环境后，对数据库结构上的一些修改需要按照规定的操作流程进行，有一定的维护成本。当然有一些方法可以对这些问题进行优化，但不可回避的问题是：当需要备份异构数据库时，由于语义限制，应用级的容灾方法很难有效。

（4）全系统复制技术

现有容灾技术主要是面向数据保护的技术，然而由于一个计算机系统的运行状态包括磁盘存储状态和 CPU 及内存状态两部分[13-14]，仅仅关注磁盘存储的数据就必然带来应用一致性问题。应用一致性问题或者对数据备份过程造成了影响，或者对数据恢复过程造成了损害[15-16]。这一切的结果是面向数据保护技术的容灾解决方案十分依赖应用程序，且非常耗时。

为了解决容灾中存在的应用一致性问题，以及提高系统恢复效率，近年来出现了一系列基于系统虚拟化的高可用技术，如 VMotion、Xen Migration、Remus、Nomad、Zap、Capsule Migration、VMware VCB、Veeam 等。其中，VMware VCB 可以备份数据及内存的一致性状态，并将此状态进行远程传输，在出现灾难后，不必重新安装、启动、配置本地生产系统的操作系统，而是直接将原来备份的一致性状态传回本地，直接恢复系统的运行状态。根据 VMware 的估测，这种方式在一个典型系统上可以节省 30 多个小时的恢复时间。

目前，越来越多的传统容灾厂商使用类似 VMware VCB 的技术，并与传统的数据容灾产品结合使用，体现了目前容灾技术从只关注存储数据保护到关注包括运行状态在内的全系统状态保护的转变思路。

5.3　容灾系统的标准建设

在信息系统的灾难恢复性能和容灾效能研究方面，国内外相关研究大多集中在以标准化手段为主导的信息系统灾难恢复性能研究以及以风险分析等定性分析方法为主要分析手段的信息系统灾难恢复评价。越来越多的研究人员开始寻找定量的信息系统灾难恢复能力评价方法，从而更加合理、客观、科学地进行信息系统灾难恢复评价。

目前的研究现状是几个机构联合根据自身的研究经验或成果制定并推出了各自的信息系统灾难备份与恢复的指导和规范，用于指导制定合理的灾难恢复计划和方案。

《计算机安全事件处理指南》（NIST SP800-61）：是《建立计算机安全事件响应能力》（NIST SP800-3）的升级版本，主要目的是为拒绝服务、恶意代码以及未授权访问等具体计算机安全威胁提供处理指南。

《信息技术系统应急响应规划指南》（NIST SP800-34）：描述了信息系统应急响应计划的基本要素和过程，重点论述了应急响应计划对于不同信息系统类型的特殊考虑和影响，并且通过举例来协助用户制定自己的信息安全应急响应计划。《信息技术系统应急响应计划指南》为政府 IT 应急计划提供了指导、建议和需要考虑的事项。应急计划指在紧急情况或系统中断后为恢复服务所采取的过渡手段。《信息技术系统应急响应计划指南》提出了针对 7 种 IT 平台类型的应急计划建议，并提供

对所有系统通用的策略和技术，7 种平台包括：桌面计算机和便携式系统、服务器、Web 站点、局域网、广域网、分布式系统及大型机系统。《信息技术系统应急响应计划指南》还定义了机构在制定和维护其 IT 系统的应急计划项目时可以遵循的 7 步应急过程：制定应急计划策略条款，分析业务影响，确定防御性控制，制定恢复策略，制定 IT 应急计划，计划测试、培训和演练，计划维护。

SHARE 78：1992 年在 Anaheim 举办的 SHARE 78 大会的 M028 论坛上提出的 SHARE 78 是目前国际通用的异地远程恢复标准。在该标准中，将信息系统的灾难恢复能力划分为 7 个层次：本地数据备份与恢复、批量存取访问方式、批量存取访问方式+热备份地点、电子链接、工作状态的备份地点、双重在线存储、零数据丢失。SHARE 78 对每一个层次需要满足的要求都做了详细的说明。

BS 7799：作为典型的信息安全管理标准，BS 7799 是由英国标准协会（British Standards Institution，BSI）制定的信息安全管理体系标准，包括《信息安全管理实施指南》和《信息安全管理体系规范和应用指南》两部分。《信息安全管理实施指南》是组织建立并实施信息安全管理体系的一个指导性准则，主要为组织制定其信息安全策略和进行有效的信息安全控制提供一个大众化的最佳惯例。虽然，实施细则中的内容尽可能趋于全面，并提供了一套国际现行安全控制的最佳惯例，但是，它提供的基线控制集并非对每个组织都是充分的，也不是对每个组织都是缺一不可的，它没有考虑实际信息系统在环境和技术上的限制因素，准则的实施是由具有合适资格和经验的人来承担或指导的。

5.4 国内的存储容灾系统建设

在容灾技术所归属的计算机存储技术领域，与国外相比，总体来看，我国在存储技术方面还存在较大的差距。首先，从产业界来看，目前存储技术的领导厂商主要包括 IBM、HP、EMC、DELL 以及 NetApp，他们在全球存储市场具有 70%以上的份额，而他们在全球网络存储市场的占有率也超过 66%。根据最近的市场记录，这 5 家公司在美国资本市场的市值大约分别为 1 590 亿、1 100 亿、350 亿、300 亿以及 88 亿美元，规模远远大于国内有相关业务的公司。这些公司在中国国内市场也具有垄断性的市场占有率，从长远来看，由于信息数据本身特有的价值，长期依靠国外的存储设备进行信息数据的存储可能为国家安全带来隐患。

在容灾技术方面，国内的现状也同样不容乐观。灾备产业被国外的主要存储备份厂商 EMC、Symantec、CA、IBM 所垄断。这些主流备份厂商占有灾备市场份额的绝大部分，并具有完整的产品线。比如各大金融机构主要采用 IBM 系列的服务器、存储设备，以及完整的容灾备份方案。

虽然现状不容乐观，但也蕴藏着很多机遇和挑战。尤其是在容灾方面，由于目前容灾技术已经逐渐呈现出从仅仅关注数据保护转向关注整个系统保护的趋势，传统容灾厂商在原有数据保护技术方面的优势呈现出被弱化的可能，谁能对新技术把握得更好，未来谁就将更有可能占据领导地位。在 973 计划等项目的支持下，国内在此领域已取得了较大的研究进展，比如在 973 计划支持下研发的结构无关的并行容灾备份及恢复技术。在目前的所有相关技术中，该技术是最适合进行灾难后快速恢复的一种技术，并且该技术具有应用独立性，不依赖于特定的硬件设备，十分适合用来进行一对多式的容灾中心建设。目前该技术在中国和美国同时申请了专利，为未来国内在此领域的进一步发展奠定了基础。当然，这样的进展还属于“点”的层面，真正要在容灾领域有所突破，还需要以点带面，在国内建立起更为扎实的产学研体系。国内在容灾技术方面的具体进展分类叙述如下。

（1）容灾标准

近年来，数据大集中已经成为我国金融企业信息化建设的趋势。随着数据大集中的实现，企业数据中心的技术风险也相对集中。一旦数据中心发生灾难，将导致企业所有分支机构、营业网点和全部的业务处理停顿，可能会造成客户重要数据丢失，其后果不堪设想。如何防范技术风险，确保数据安全和业务的连续性，已是金融行业急需面对的课题。于是，国内银行业在经历了数据大集中以及信息化基础建设之后，开始积极着手灾备建设。

与此同时，行业监管部门近几年也高度重视灾备的建设，对数据集中后的数据中心灾难备份建设提出了明确的要求。中国人民银行总行在 2002 年 8 月 26 日下发的《中国人民银行关于加强银行数据集中安全工作的指导意见》中明确规定“为保障银行业务的连续性，确保银行稳健运行，实施数据集中的银行必须建立相应的灾难备份中心。”

2003 年 8 月中央办公厅、国务院办公厅下发了《国家信息化领导小组关于加强信息安全保障工作的意见》。文件要求，各基础信息网络和重要信息系统建设要充分考虑抗毁性与灾难恢复，制定和不断完善信息安全应急处理预案。国家为此明确界定了必须

建立灾备基础设施的8个重点行业，包括金融、民航、税务、海关、铁路、证券、保险、电力行业。2005年4月，国务院信息化工作办公室下发了《重要信息系统灾难恢复指南》，为灾难恢复工作提供了一个操作性较强的规范性文件，2007年7月，《重要信息系统灾难恢复指南》正式升级成为国家标准《信息安全技术 信息系统灾难恢复规范》（GB/T20988—2007）。这是中国灾难备份与恢复行业的第一个国家标准，并于2007年11月1日开始正式实施。该标准目前已经细化为各个重要行业信息系统灾难恢复规范。2008年2月，中国人民银行发布了《银行业信息系统灾难恢复管理规范》。

（2）SAN存储虚拟化与镜像技术

在通用的SAN架构下，很容易实现镜像等容灾技术。总体来说，目前国内在网络存储技术方面的研究与国际先进水平还存在一定差距，但在某些方面已经具备了相当的能力，主要的研究单位包括清华大学、华中科技大学和中国科学院计算技术研究所等，他们在这一领域取得了值得肯定的成果。例如，清华大学的TH-MSNS（Tsinghua University Mass Storage Network System）使用光纤网络组成存储网，并通过I/O节点机实现了目标器模式的FCP（Fibre Channel Protocol）与SCSI（Small Computer System Interface）驱动，用来连接存储网络后端的SCSI类型设备。以此为基础，TH-MSNS在前端主机上建立了集群化的虚拟化管理系统CLVM（Cluster Logic Volume Manager），提供统一的虚拟存储资源视图。在存储平台的基础上，TH-MSNS还实现了镜像、快照、备份等容灾功能，并将其集成在管理软件中，构成了一个功能完整的存储系统。华中科技大学在基于iSCSI协议的网络存储系统方面有比较深入的研究。中国科学院计算技术研究所研发的蓝鲸SkySAN存储设备基于开放式IP SAN、NAS存储系统设计，集成了最新技术，支持强大的机群集中监控、集中配置功能，提供了更高性能、高可用性、高可靠性的网络存储解决方案。

在存储虚拟化领域，国内也取得了一系列重要的成果，在国际上获得了良好的声誉。例如，中国科学院计算技术研究所基于按需部署的思想提出了虚拟管理架构，在存储、计算、服务、集群等多个资源层次进行虚拟化，并统一到一个开放的架构下，便于集成新技术，从而解决多方面问题。在磁盘虚拟化研究中，华中科技大学将负载特征集成到磁盘阵列的重建算法中，优先重建经常使用的区域，让负载密集区尽快从降级状态中走出来，为应用提供了更好的I/O性能。清华大学在存储虚拟化方面的工作主要集中在可扩展性方面，在扩展条带卷问题方面，提出并证明了在扩展条带卷过程中存在可乱序窗口特性，并提出了一种磁盘阵列中的条带卷快速扩展方法 SLAS。在虚拟化存储和 SAN 架构下，容灾技术的实现有很多优势。

- 提供了更好的扩展能力。虚拟化存储结合 SAN 架构能够提高连接到每台主机 I/O 控制器上的设备数，并通过级联网络交换机和集线器扩展设备数量。例如，光纤环网能支持多达 126 台设备，而如果使用交换结构的光纤网络或 IP 网络，虚拟化存储将有无限扩展的存储能力，这对于日益增多的数据存储需求是非常重要的。
- 提供了更高的传输带宽。目前常见的光纤网络可提供 2 Gbit/s 的带宽，而千兆以太网可提供 1 Gbit/s 的带宽。与共享带宽的总线和网络相比，使用专用的 SAN 提供了更好的可扩展性，网络的聚合传输带宽可以实现线性增长。
- 提供了更长的连接距离。在采用光纤通道协议（Fibre Channel Protocol，FCP）的 FC-SAN 中，仅使用单模光纤且不使用重发器，就可支持长达 10 km 的数据传输距离；如果是使用 IP（Internet Protocol）的 IP-SAN，则可以通过互联网传输数据，使数据的存取不再受到区域的限制。
- 在数据可用性和共享方面具有优势。利用 SAN 的远距离连接能力，通过数据镜像等功能，即使系统遭受了区域灾害（如地震、火灾、大规模电力故障等），也能很快完成数据的恢复。同时，集中的存储管理和多路径的数据交换也使数据共享变得更加容易。

（3）连续数据保护技术

国内在连续数据保护方面的研究起步相对较晚，但很多从事存储技术研发的公司均已经研发出或正在研发连续数据保护的产品。

深圳创新科软件技术有限公司研发的 DRS 是一套完整的关键应用连续性保护和容灾解决方案，能够为多台业务系统提供一对一的连续数据保护，保证用户业务的连续性。DRS 实时捕获企业应用服务器上的文件或数据块变化，并以定时或实时异步的方式进行复制。当业务服务器发生数据丢失和损坏时，DRS 可以帮助客户恢复故障前任意时间点的数据。此外，DRS 为客户提供的高可用解决方案，可支持多台业务服务器在 DRS 上建立对应的虚拟服务器，业务服务器的数据会被不断地复制到 DRS 上，当业务服务器发生故障时，DRS 通过 IP 切换、主机名切换、DNS 重定向等多种策略，可以在很短的时间内接管对应的应用，保证用户整个业务体系的不

间断运行，全面打造用户业务连续性新高度。DRS 具有以下特色功能：支持多台服务器、连续数据复制、可恢复到任意时间点、业务系统容灾、灾备演练能力等。

清华大学研发了一种基于混合存储结构的卷级连续数据保护系统，针对卷级连续数据保护历史任意时间点视图查看和恢复的瓶颈难题，提出了使用 NVRAM（Non Volatile Random Access Memory）进行临时数据组织、SSD 存储增量数据和 HDD 存储历史镜像数据的混合存储结构的解决方案。在写入增量数据时，引入了段大块写入和延迟写策略，克服了固态硬盘随机写性能速度低的不足。在恢复历史镜像数据时，充分利用固态硬盘随机读性能的优势，实现了历史镜像视图的快速查看和读取。相关实验表明，与传统的单一存储结构相比，该方法在恢复速度上平均提高近 50 倍。

大多数在块级实现的 CDP 机制是按时间顺序保存每个发生过修改的数据块内容，并打上时间戳。当恢复数据时，替换所有时间戳在恢复时间点前的数据块即可。由于是直接操作数据块，因此备份和恢复的效率很高。但这种方法最大的问题是需要耗费大量的存储空间。美国罗德岛大学提出了一种新的 CDP 机制——TRAP24，它利用同一数据块写操作前后数据改变量不到 20%的特点，将写前后相邻时间点的数据进行异或并压缩保存，可以节省大量的存储空间，并且在记录数据时对系统的开销影响很小。在恢复数据时，采用简单的异或操作同样可以实现任意时刻的数据恢复。但 TRAP24 存在的缺陷是其可靠性和恢复效率随着恢复时间跨度的增加而不断下降。华中科技大学根据当前不同 CDP 实现机制的优缺点提出了一种基于 TRAP24 的改进机制——ST2CDP，在保留 TRAP24 原有数据记录方式的基础上，按一定间隔 d 在恢复链条中插入对应时间点的快照数据，有效地解决了 TRAP24 的链条易失效和恢复时间过长问题。华中科技大学借助量化分析模型分析了该机制的性能，并确定了最优的 d 值。ST2CDP 原型系统在 Linux 内核块设备层的 RAID5 上实现了该机制，并通过实验对 3 种不同的 CDP 机制进行了对比测试。实验结果表明，ST2CDP 既具有与 TRAP24 类似的比快照机制存储开销低、系统性能影响小的优点，还具有比 TRAP24 更快的恢复效率及更高的可靠性，是一种高效并且恢复成本较低的连续数据保护机制。

（4）虚拟化及全系统容灾技术

虚拟机检查点技术是一种被广泛应用于容错、虚拟机迁移、快速启动等应用的系统级恢复技术。而采用重放的方法支持软件调试与故障诊断具有实现成本低、调试效果好的优点。基于虚拟机扩展技术的重放技术不需要修改应用程序与操作系统，系统的内存状态就能够得到保护，对于用户来说可以做到透明。

华中科技大学在轻量级虚拟机检查点、虚拟机运行状态保存和一致性维护、虚拟机迁移性能和功耗评价模型、虚拟机迁移与回放等机制和策略上进行了大量研究。首先研究了虚拟机轻量化和内存压缩机制，以实现虚拟机的快速高效迁移；其次在美国国家橡树岭实验室开发的并行虚拟机（Parallel Virtual Machine，PVM）的基础之上，针对提高系统可靠性的要求，进行了内核一级的分布式检查点技术的研究与实现工作，研制了 FTPVM（Fault Tolerance Parallel Virtual Machine）原型系统。这样，FTPVM 原型系统不仅实现了对集群并行计算机系统瞬间故障的恢复，也实现了对集群并行计算机系统永久性故障的恢复，最终成功地实现了集群环境下的并行计算的高可靠性。

浙江大学研究了基于虚拟机的增量检查点和执行重放技术，研发了全系统重放系统 Bbreplayer。Bbreplayer 以较小的时间和存储开销实现了全系统的精确回放。同时，Bbreplayer 支持增量型检查点的设置。

国防科学技术大学研究了虚拟机可靠性备份机制，首先提出了面向虚拟块设备的通用层快照模型，测试并比较了两种快照模式（写复制和重定向写）的性能，实现了多重快照以及用户自定义快照频率的功能，达到了高可用环境下的容错、数据恢复以及软件错误的跟踪调试等；其次提出了虚拟机自适应持续数据保护机制，通过收集系统的各种信息，动态自适应发送数据，降低了对系统性能的影响，并采用 Trap 技术进行数据压缩，减少了备份数据量；最后结合持续数据保护技术和检查点技术实现了虚拟机的回滚机制，同时在分布式的虚拟化环境下，研究了基于虚拟机的分布式容灾备份技术。然而，由于传统虚拟机监控器调度时忽视了虚拟机间的协同性，降低了虚拟机间并行工作的可能性，从而影响了服务质量。常建忠等人对虚拟机的协同调度进行研究，分析了调度对虚拟机协同性及服务质量的影响，提出了一种虚拟机协同调度算法。

北京邮电大学研究了云灾备的 3 个关键技术：重复数据删除、云存储安全、操作系统虚拟化。此外，北京邮电大学在如下领域都有一定的研究：云存储在企业容灾备份中的全新模式探析、利用虚拟机技术恢复 RAID5 磁盘数据和云计算技术在多中心业务容灾中的应用等。

从国内外的研究现状来看，目前的虚拟机检查点粒度过大、开销过大，需要深

入研究虚拟机检查点的内在机理，并设计优化算法，使其轻量化、透明化。对于分布式业务在迁移前后的状态协同一致性问题，目前还没有一套切实可行的解决方案。而且，在灾备资源共享的云环境中快速、高效、安全地恢复多虚拟机运行状态更是一个难题。

目前更为先进的容灾技术是结构无关的并行容灾技术，它也是清华大学研制的一种全系统备份与恢复技术。与以往的全系统备份及恢复技术不同的是，结构无关的并行容灾技术注意到了待恢复数据之间的优先级的不同。在容灾恢复中，最核心的是要恢复服务的运行，这是最紧迫的事情。而决定一个服务能否运行的因素实际上并不是所有的存储数据，而仅仅是这些数据中的一小部分，也就是说，虽然都是待恢复的数据，但那些影响服务运行的数据的恢复紧迫性是远远大于其他数据的，以往的容灾技术实际上都忽视了这一点。结构无关的并行容灾备份与恢复系统同时对运行状态以及数据状态进行备份和恢复，但该系统采用的不是常用的虚拟机（如 VMware 虚拟机），而是利用了虚拟化容器的概念。虚拟化容器带来的额外开销是比较小的，也比虚拟机技术更适合在容灾这样对性能比较敏感的场合中使用。

在结构无关的并行容灾技术中，具体的容灾恢复过程主要包括 3 个步骤：一是通过冻结和解冻操作停止和触发独立进程组（Isolated Process Group，IPG）的执行，这样就可以随时对 IPG 的运行进行分片和调度；二是在恢复中的 IPG 以及远程数据备份之间建立一个映射关系，这样就可以在 IPG 运行时为下一个恢复操作获取所需要的数据；三是通过分析 IPG 的 I/O 请求，对当前数据的使用情况进行探测，预测最近需要的数据有哪些，并以此修正数据获取的顺序。

与其他类似技术相比，结构无关的并行容灾技术具有无与伦比的优势，更加可贵的是，这种优势随着总数据量的增大还会呈现出增大的趋势，可扩展性非常好。

（5）分布式数据灾备方面的工作

在国内开展的分布式数据灾备方面的相关研究工作主要集中在如下 3 个方面：自主知识产权的数据库产品、海量数据高可用管理技术研究、云存储和云计算。

在自主知识产权的数据库方面，目前已经推出了一系列国产数据库产品。GalaxyDB 是由国防科学技术大学计算机学院研制的关系数据库管理系统，该数据库在并行数据库查询优化、数据库安全等方面进行了深入研究。COBASE 是由中国人民大学、中国计算机软件与技术服务总公司等多家单位合作研制完成的具有自主版权的多用户、关系型数据库管理系统。OpenBASE 是东软集团开发的符合安全标记保护级的产品。DM 是华中科技大学开发的数据库产品，其安全级达到了 B1。国产数据库还包括北京人大金仓信息技术股份有限公司的 KingbaseES、北京神舟航天软件技术有限公司的 OSCA、北京国信贝斯软件有限公司的 iBASE 等。目前国产数据库产品已经达到实用水平，自身能够提供数据的灾备，但在功能、性能、稳定性、可靠性等方面与国外数据库产品相比，还存在较大差距。

在分布式数据灾备技术方面，国防科技大学计算机学院研制了海量数据管理平台（Massive Data Management Platform，MDMP）。该平台可以管理百 TB 级的结构化数据，通过应用服务器、数据库和存储设备 3 个层次的容错手段，实现了全系统无"单点失效"问题，并通过异地全系统的异构热备，既实现了海量数据在线存储容灾，又支持容灾系统之间的负载均衡，达到了高可用和高性能双重效果。容错和容灾是云存储和云计算的基本要求，在云存储和云计算方面，国防科技大学计算机学院构建了自己的云计算平台 SoLucking，并基于此实现了一个支持海量 Web 信息处理的网络舆情分析平台 YHPods。中国人民大学构建了一个双核的云数据库管理系统 TaiJiDB，支持使用 SQL 语言对云数据库系统中的海量数据进行管理。复旦大学与 EMC 中国研究中心合作，开展了个性化的云数据搜索引擎的研究工作。北京航空航天大学针对飞机系统处理的海量飞行数据设计了基于 Hadoop 的海量数据管理系统。

5.5　并行化高效容灾备份与恢复系统

本节是本章的一个重点，讨论了一个并行化的高效容灾备份与恢复系统 BIRDS（Backup-and-recovery-system for Instant Restoration of Data Services）。BIRDS 可以完成系统的总体容灾工作，并且可以完成并行化的恢复，使得恢复的过程尽可能短。

5.5.1　系统结构与设计

为了保证远程备份中心备份数据的一致性，容灾系统在备份时不仅备份生产数据中心服务器的内存状态，还同时备份存储空间的状态[17-18]。由于容灾系统不仅需要将被保护系统的所有进程的内存状态作为一个整体来备份，需要一定的隔离性，同时还需要尽量减少性能上的额外开销，因此采用基于虚拟容器的检查点技术来实现。对于保留存储空间的状态，采用存储虚拟化快照技术，通过生产增量快照来快速获取与检查点时刻内存状态对应的存储空间状态[19-22]。在实现过程中，采用虚拟容器一致检查点技术为待保护的生产数据中心生成同时包含内存和存储空间状态的一致检查点，进而通过增量备份的方式复制到远端的备份数据中心。使用虚拟容器也能够控制被保护系统中程序的执行，将恢复和服务流程分片。为了让程序能够在部分恢复的数据基础上顺利运行，容灾系统首先将远端备份数据中心的一致备份看作一个网络卷，建立本地待恢复存储设备（或待恢复逻辑卷）与备份网络卷间的地址映射；然后，通过一种“数据缺失中断-数据恢复和预取-程序恢复执行”的机制来保证程序的运行不会因数据的部分缺失而失败。

BIRDS 的系统结构如图 5-1 所示，通过引入操作系统虚拟化层，将被保护物理节点自己的操作系统以及其上运行的应用程序都包裹在虚拟容器中，从而接受容灾系统的监控和数据保护。这样，容灾系统引入的系统层和虚拟化层成为父系统，而被保护节点的操作系统及上层应用系统则成为容灾系统的子系统。原有节点的存储则被转换为对应虚拟容器的专属空间，并以逻辑卷的形式统一管理。

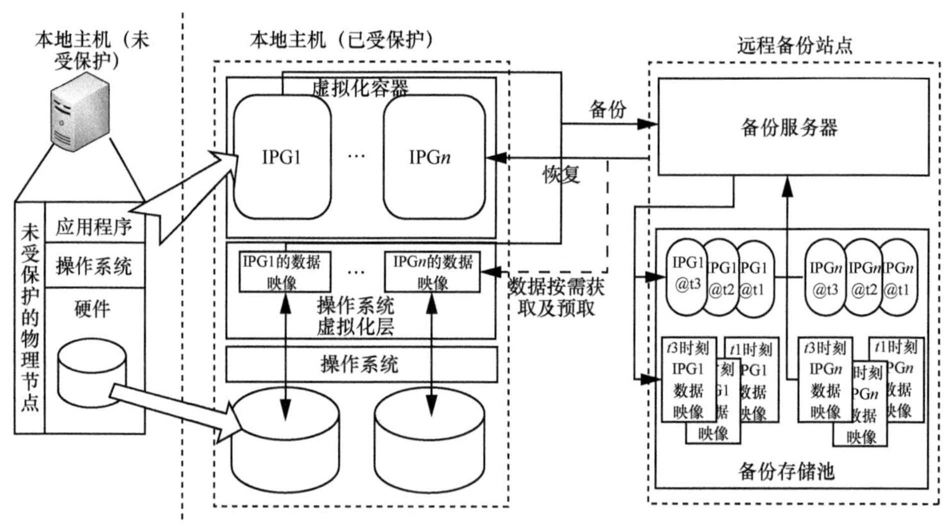

图 5-1 BIRDS 的系统结构

进行备份时，通过一致检查点机制，IPG 中被保护子系统的内存状态被转存到文件中，而存储空间状态则以逻辑卷（Logical Volume，LV）的增量快照卷的形式被保存，最后由 BIRDS 内部的备份模块在后台远程复制到备份数据中心，并按照时间顺序存放在备份存储池中。进行恢复时，将备份中心某时刻的存储空间状态备份数据作为网络卷，与本地待恢复存储设备之间构建地址映射关系，然后同时进行数据的恢复与服务的重建与恢复。BIRDS 通过 3 种关键技术的配合来支持并行恢复：一是 IPG 的冻结与恢复技术，通过该技术能够控制 IPG 中被保护系统的恢复过程的运行，以达到对指令流进行分片的目的；二是存储映射（Storage Map，SMAP）机制，通过该机制构建地址映射机制，以达到控制数据恢复顺序、辅助恢复策略的目的；三是 I/O 请求的拦截和分析技术，通过该技术追踪 I/O 请求，保证程序下一步执行所需数据的及时到位，以及通过分析制定数据的预取策略，满足并行数据恢复要求。

5.5.2　基于系统虚拟化的一致检查点技术

（1）虚拟容器

无论采用何种机制，已有的检查点工具都存在如下缺点：一是对应用程序不透明；二是无法支持多进程；三是只关心内存状态，无法保留存储空间状态，恢复时存在不一致问题；四是不能支持集群检查点。

为了达到这个目的，需要一种基于虚拟容器的高性能检查点机制。首先，本项目设计的虚拟容器能够提供类 UNIX 操作系统的进程运行上下文环境，且对应用透明，任何应用都能够被包含在该容器中且无须修改，并受到容器检查点机制的保护。其次，容器内部的运行环境支持多进程运行，一个容器在逻辑上等同于一个计算节点，拥有独立的 CPU、存储空间、网络接口等资源，从容器内部视图来看，多个进程的运行和调度与物理主机中的多进程无异，容器的检查点机制能够无缝地冻结其内部运行的多个进程，并依序导出各进程的一致内存状态。最后，针对已有技术中虚拟容器会带来较大额外开销的缺点，本项目设计的虚拟容器从实质上来说仅仅是物理主机中拥有独立资源的相关进程的一个集合，且在这些进程对系统资源进行访问的关键路径上并没有厚重的中间层，因此性能开销较小。

这种进程集合型的操作系统级别的虚拟化技术是一种轻量级的技术，本项目设计的这种虚拟化容器被称为 IPG。

作为虚拟容器，IPG 是进程运行的独立上下文环境，这包含如下含义。

- IPG 是一个拥有独立资源的进程组，其中的各个进程是紧耦合关系，都由一个祖先（即 init 进程）所派生，彼此之间存在兄弟和父子的关系，构成了一棵完整的操作系统进程树。
- 这组进程能够继续派生新的子进程，用户指定的应用能够由上述进程组派生出来，成为 IPG 进程树中新的子树；同时进程树中也包含 shell 进程，可为系统管理员提供部署应用的界面，支持以脚本模式运行和调用程序。
- 每个 IPG 拥有独立的资源，包括 CPU 计算资源、存储空间资源、网络资源（独立的网络接口卡、IP 地址、路由表等）。
- 同一 IPG 内的进程间有频繁的进程间通信，是紧耦合关系，但 IPG 构成一个封闭独立空间，不同 IPG 的进程间没有通信或很少通信。从 IPG 的内部视图来看，一个 IPG 就等同于一个服务器节点，不同的 IPG 相当于不同的节点，相互间是隔离的，主要通过网络进行信息的交互。
- 不同的虚拟容器能够共存于同一个物理节点上。

IPG 的三大功能如下。

- 运行环境虚拟化和隔离化。即 IPG 需要构建进程运行的上下文环境，从其内部视图来看，一个 IPG 等同于一个服务器节点，同时，不同 IPG 间要保证良好的隔离性。
- 资源的虚拟化和管理。IPG 虚拟容器的载体是物理主机，其资源是有限的，为了合理分配与利用这些资源，同时保证各个 IPG 进程仅在自己所拥有的资源范围内运行，尽量减少不同 IPG 间的干扰，对资源的虚拟化和管理就尤为重要。这里的资源主要指的是 CPU 计算资源、存储资源、网络资源。对于内存等资源，由物理主机统一管理，除了限制一定的配额外，管理方法与非虚拟化环境下相同。
- 一致检查点机制。虚拟容器的一致检查点机制允许将 IPG 运行时的内存状态和存储空间状态进行备份或迁移到其他物理主机上，在故障发生时能够将 IPG 恢复到检查点时刻，节省恢复时间。在上述检查点机制的保护下，IPG 能够抵御系统故障，其流程为：冻结 IPG、将 IPG 的内存状态及存储空间状态转存到相关的数据文件和逻辑卷中、发生故障、根据转存的内存状态数据文件和存储空间历史映像快照逻辑卷恢复 IPG 的运行。从恢复后 IPG 内部进程的视图来看，整个过程没有故障发生，仅出现了一个时延。

（2）系统资源虚拟化和管理

有限的物理资源需要均衡分配给不同的 IPG，多个 IPG 需要并存，同时相互之间互不干扰，这些要求都给系统资源的虚拟化和管理带来了挑战。

IPG 的资源虚拟化和管理子系统主要包含如下几部分。

- CPU 计算资源虚拟化模块。该部分主要用来构建 3 层的 CPU 调度机制。第一层首先确定当前获取的 CPU 使用权限的 IPG；第二层在同一个 IPG 内选择合适的虚拟 CPU；第三层则在同一个 CPU 的进程队列中根据传统的调度算法挑选合适的进程运行。
- 存储设备与文件系统虚拟化模块。该部分主要负责为每个 IPG 创建和管理虚拟化的独有的存储空间，控制空间中数据的访问权限，提供空间扩充的手段，同时集成了对检查点时刻生成的历史存储空间映像的管理机制。
- 网络虚拟化模块。该部分用来为 IPG 模拟一块网卡，分配新的 IP 地址，预留一定配额的带宽资源。同时，对于检查点机制，该部分还负责冻结网络，在获取到一致的内存状态和存储空间状态前排空所有网络中处于传递状态的数据包。

为了完成系统资源的虚拟化和管理，必须对系统的内核数据结构做相应的扩充。我们的设计基于 Linux 操作系统，为了进行虚拟资源的管理，主要增加了如下内核数据结构。

- venv。该结构用来表示虚拟运行环境，和 IPG 一一对应，表示 IPG 内进程运行的上下文环境。IPG 中所有独占资源的元数据在该数据结构内都有相应的指针指向，如 IPG 的当前工作文件系统的挂载（mount）结构、虚拟终端设备驱动、虚拟网卡设备、路由表以及防火墙规则表等；同时，IPG 的属性也被记录在该结构内，如 IPG 的标识 ID、IPG 的当前状态（运行、冻结）、最近一次被调度进入运行的时间等。
- vnode。该结构也与 IPG 一一对应，在调度算法中主要用来表示一个虚拟的节点，其中记录了与 IPG 调度相关的统计信息，以及该 IPG 所代表的虚拟节点的调度时间的配额。
- vcpu。该结构对应一个虚拟 CPU。一个虚拟节点可能包含若干个虚拟 CPU，一个虚拟 CPU 在数据结构上同物理 CPU 一样，包含若干进程队列。一个 IPG 内的任一进程都必须被挂载在一个虚拟 CPU 的某个进程队列中。

• vnic。该结构对应虚拟的网卡设备，主要用来为 IPG 所表示的虚拟节点创建和维护与外界进行网络通信的通道，其实质是对物理网卡的复用。

另外，表示进程的 task 数据结构在引入 IPG 虚拟容器后也做了相应扩充。除了记录与进程相关的 venv、vcpu 等的相关信息，主要变化是，每个 task 除了具有在物理主机的进程空间内的唯一标识 pid、线程组标识 tgid 等，在其所属的 IPG 的内部进程空间中也具有身份标识 vpid、线程组标识 vtgid 等。这样，物理节点中的一个进程就同时具备了双重身份，即能够被物理主机的宿主操作系统观测到，接收其统一的调度和管理，又能够被虚拟容器 IPG 观测到，作为 IPG 内部进程与其他进程隔离，接收本 IPG 的冻结、恢复等指令，拥有对本 IPG 独享资源的访问权限。

（3）CPU 计算资源虚拟化

如上文所述，物理主机上的 CPU 会被时分复用给多个 IPG，进而会被时分复用给一个 IPG 内部的若干个虚拟 CPU，最后虚拟 CPU 会将时间片赋予活动队列中的某个进程，这就构建了一个 3 层的 CPU 调度机制。这里论述的 3 层 CPU 调度机制基于 Linux 操作系统，实现在 Linux 的标准 Schedule 算法中。

对于表示 IPG 的虚拟节点 vnode 的调度，主要根据配置文件内的 IPG 额定 CPU 时间片占用率来确定。为保证调度的公平性，使用双队列、运行队列和等待队列，以及两个指标（即 vnode 权重和 vnode 积分），来辅助完成调度。其中，vnode 权重就是 IPG 额定 CPU 时间片占用率在内核数据结构中的体现。调度 vnode 的基本算法是：积分为正的 vnode 位于运行队列，参与调度，且积分高者先投入运行，但随着运行时间的增加，积分慢慢减少；积分为负的 vnode 位于等待队列，退出调度，但随着等待时间的增加，积分也慢慢增加，同时，vnode 权重会影响积分的增加速度，权重高者积分增长得快，权重低者积分增长得慢。

IPG 内部各个虚拟 CPU（即 vcpu）的调度采用了等时间片的轮询（Round Robin）调度算法。找到需要调度的 vcpu 后，需要从该 vcpu 的当前运行进程队列中选择需要被投入运行的进程。相关算法沿用了 Linux 中标准的基于 nice 优先级的进程调度算法。

（4）存储设备与文件系统虚拟化

在块设备层和文件系统层两个层次上为 IPG 构建专属的存储空间，使得 IPG 能够拥有独立的设备块地址空间，也能支持文件系统名字空间，通晓文件系统语义，能按照文件内部的逻辑地址对数据进行访问。

在块设备层，我们借助存储虚拟化技术来构建 IPG 的设备地址空间，原因如下。

- 使用存储虚拟化技术易于对各个 IPG 的存储空间进行统一管理。
- 在生成一致检查点时，借助存储虚拟化层的快照技术能够快速保留存储空间的状态，且节省存储资源，不依赖底层驱动和设备。IPG 的存储空间以逻辑卷的形式存在，该逻辑卷既可以从本地存储池中分配，也可以由系统已有的磁盘分区转化而来。

对于前者，由于本地存储池中包含多个存储设备，逻辑卷可以被设置为条带类型或线性类型；对于后者，我们设计了一种新的卷类型，即转换卷，其配置层元数据记录了该卷同被保护系统的原有磁盘分区之间的映射关系，当该卷初始化完成后，IPG 内部 I/O 对其进行的访问会被重定向到相应的磁盘分区。上述两类卷的历史状态都能够通过快照机制进行保留，为了兼顾历史状态查询的性能和历史数据的空间利用效率，我们的设计中按照以高精度快照卷为主、累计增量快照卷为辅的思路，构建复合的快照卷链表的策略。

在文件系统层，每个 IPG 也应拥有名字空间。与包含 IPG 的物理节点上的文件系统不同，IPG 自己的文件系统具备特殊的作用。

- 初始化及自主维护。对于每个 IPG 而言，其文件系统中包含启动程序映像、函数库、设备节点、应用程序二进制文件等，即该文件系统包含了整个操作系统和应用程序的相关文件，这样的文件系统也被称为模板，是 IPG 正常运行的基础。模板在 IPG 第一次运行之前必须就绪，因此必须具备为 IPG 启动和运行提供支持，以及在 IPG 外自主维护的功能。
- 隔离性。IPG 文件系统需要在文件级别保证 IPG 内部名字空间的独立，确保 IPG 文件系统之间、IPG 与物理节点文件系统之间互不干扰。
- 配额管理。该功能精确控制了每个 IPG 能够分配的 inode 数量、能够占用的存储空间大小。

针对上述要求，我们设计的原型系统中使用了一种堆栈式的文件系统，后文称其为 StackFS。该系统本身不具备空间管理、文件目录操作等功能，而是叠加在底层实体文件系统之上，一方面给上层 IPG 应用程序提供独立文件系统的视图，另一方面通过封装底层系统的相关操作为上层提供服务。StackFS 的底层文件系统为物理节点文件系统中的一部分，允许物理节点系统管理员的访问，IPG 模板的初期部署和部分维护工作都需要在物理节点文件系统这个层次操作。StackFS 在封装底层

实体文件系统的各项操作时，还加入了对权限的审查和对配额的处理。权限审查机制能够避免其他 IPG 对本 IPG 文件系统的加载，同时也不允许本 IPG 从内部直接加载物理节点上的文件系统。配额的相关统计信息被记录在 StackFS 的超级块 SuperBlock 中，配额机制则在底层文件系统的文件创建、删除、修改等操作之前增加对 inode 数量、存储空间占用量统计信息的修改和比较，从而控制 IPG 配额。

（5）网络虚拟化

在网络方面，同一台物理节点上的各个 IPG 可以共享协议栈，但必须拥有独立的网络通道和 IP 地址，同时为支持检查点，还需要具备冻结网络的机制。针对这些要求，我们为每个 IPG 生成了虚拟网卡设备，内核数据结构为 vnic，为了保证 IPG 的隔离性，设备必须通过注册与相应 IPG 关联，对于网卡，这体现为内核数据结构 vnic 和 venv 之间的关联。

虚拟网卡工作在设备层，位于协议层和网络核心层之下，其设备模型中重新实现了网络设备的如下主要函数：open、stop、destructor、get stats、hard start xmit，主要任务是对虚拟设备结构的初始化、注册、状态监控、注销、解构，以及发送数据包。

虚拟网卡为 IPG 构建了独立的网络通道，主要体现在两个流程上，即 IPG 发送数据包给外部节点的输出流程，以及接收外部节点发来的数据包的输入流程。具体过程如图 5-2 所示。在图 5-2 中，物理节点和 IPG 的接口 Socket 层、网络协议栈以及网络核心层的处理逻辑都是共享的，但通过 IP 地址能够确定数据包的归属，从而将数据包与物理节点或 IPG 关联，执行不同的流程，就像物理节点与 IPG 拥有各自的 Socket 层、网络协议栈、网络核心层一样。

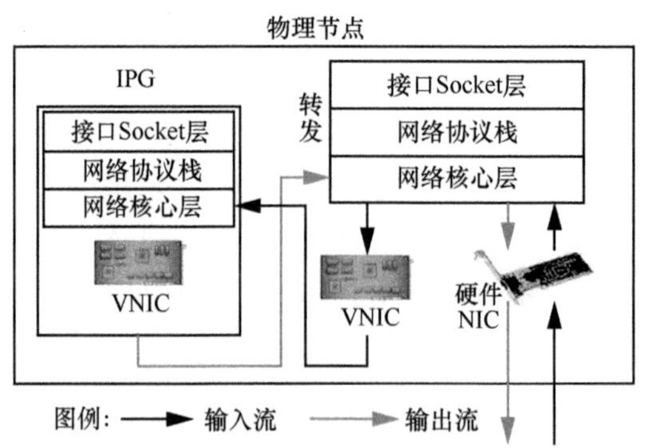

图 5-2　IPG 与外部物理节点通信流程

输出流程：数据包经过 IPG 的接口 Socket 层、网络协议栈，由网络核心层发送到虚拟设备 VNIC 驱动上，该驱动并不真正发送数据包，而是将该包与物理节点关联，直接提交给物理节点的网络核心层。从物理节点的网络核心层看来，就是到达了一个新的数据包。由于该包的目的地址是外部节点，则物理节点在 IP 层会替 IPG 转发这个包，最后通过物理节点的真实物理网卡将数据包传送出去。

输入流程：数据包从外部节点发送过来，首先被物理节点截获，通过硬件网卡进入网络核心层并陆续向上层提交。在网络协议栈中，若物理节点发现该包不属于本机，应当被转发，则会挑选一个网卡作为发送端口。由于物理节点中也注册了一个虚拟设备 VNIC，且根据路由表的预设规则，物理节点会挑选该 VNIC 作为数据包的发送设备。该 VNIC 的发送函数主要是 hard start xmit，其会进行一个简单的 IPG 路由，选出符合数据包目的地址的 IPG，然后将该数据包直接上传给该 IPG 的网络核心层。可见，在 IPG 与外部节点的通信过程中，本地物理节点是实际的数据包发送方和接收方，同时本地物理节点还承担了数据包的转发任务。

在上述输入输出流程中，数据包在 VNIC 和硬件 NIC 间交换，其优点是进出 IPG 的网络数据包都必须经过 VNIC 的监控和检查，具备良好的隔离性。当获取一致检查点时，IPG 需要被冻结，这就要求网络中的数据包传递到位，否则，数据包的发送方和接收方在与该包相关的会话状态等问题上可能会产生不一致情况。为了支持一致检查点机制，VNIC 中还设置了 IPG 网络通道的软开关。收到冻结指令后，首先，VNIC 会关闭软开关，使得 IPG 不能再利用网络输出数据包，同时会设定一个延迟值 TimeOut；接下来，IPG 在生成相关检查点文件和快照卷前必须等待 TimeOut，以便所有已经在网络上传输的数据包能够抵达目的地；最后，在保证事务状态、缓存状态、网络状态等都不会出现不一致问题的前提下，IPG 的内存状态和存储空间状态才能被转存到相关文件和逻辑卷中，生成检查点。

5.5.3 基于 IPG 的一致检查点

（1）虚拟容器的冻结与恢复

由于 IPG 是操作系统级别的虚拟化技术，其实质是一组独立运行的进程组，因此对其进行冻结不能采用全虚拟化或半虚拟化技术中断虚拟机 CPU 指令的模拟执行的方法，必须从进程的粒度暂停 IPG 的活动。IPG 冻结的实质是在保证一致性的

前提下，其内部全体进程同时放弃对 CPU 的使用权。冻结的流程如下：首先，initiator 发起冻结的进程切换其所属的虚拟机容器为被冻结 IPG，这样，initiator 就具备了对 IPG 内部资源的访问权限，包括 IPG 内部进程列表的访问权、IPG 中 VNIC 的控制权等。然后，initiator 遍历 IPG 进程列表中的各个进程，依序发送冻结信号，同时控制 VNIC 软开关，开始排空网络中仍在传输的数据包。这一步中需要考虑几种特殊情况，例如对于刚刚复制完成而没有执行 exec 的进程、被调试跟踪而处于停止状态的进程、僵尸进程、处于 stopped 状态的进程等，无须冻结，直接跳过；而对于有偏序关系的进程（如等待进程），还需要保证冻结过程不能改变进程间的关系。接下来，initiator 交出 CPU 的使用权，等待 IPG 中所有进程的冻结。而 IPG 中的各进程在从内核空间退出到用户空间时必定会处理信号，当发现冻结信号被置位时，立即将自己的状态设定为已冻结，同时交出 CPU 的使用权，以表明自己不再参与任何调度，直到解冻为止。initiator 由于本身不属于被冻结 IPG，所以不会被冻结，当其被调度时，会检查当前 IPG 内部各个进程的冻结状态。最后，如果所有进程都被如期冻结，则 initiator 宣告冻结完成，启动后续获取内存状态数据文件和存储空间快照卷的流程；如果冻结超时，则 initiator 宣告冻结失败，遍历进程列表，依序唤醒 IPG 内部各进程，恢复 IPG 冻结前的状态。从检查点恢复的过程主要包括恢复内存状态和存储空间状态两部分。由于存储空间的状态是通过存储虚拟化层的快照技术来增量保留的，而增量快照卷中的数据是通过写时复制技术保留下来的历史数据，即在当前卷或较新的快照卷中被更新过的数据的旧值。所以，存储空间状态的恢复方法是：以当前卷为基础，按照时间从新到旧的顺序将各增量快照卷中的历史数据覆盖回来，直到指定的时刻为止。

对于内存的状态，必须在存储空间状态恢复完成后，根据数据文件中的内容逐步恢复各种资源，包括文件系统、网络接口、处于打开状态的文件结构、Socket 接口等，最后且最重要的一步是根据内存状态数据文件中对进程的记录逐步恢复原有进程树，其具体流程如下：首先由物理节点操作系统启动恢复进程中，该恢复进程会派生出一个内核进程 root task，该内核进程可以说是 IPG 的始祖，是 IPG 中 init 进程（即根进程）的前身。root tast 的主要任务就是修改自己的内核栈，通过这样的方法，其在系统调用退出时会自动切换为一个缺省的自恢复进程。这里自恢复进程的执行代码是预先固化在内存中的，其主要任务是根据内存状态数据文件中对某个进程的记录，创建该进程的虚存区域，填入相应的代码段、数据段、堆栈等，从而构建出进程的框架。然后，该自恢复进程选择数据文件中的 init 进程作为恢复目标，但并不急于立即恢复，而是按照内存状态数据文件中的进程树继续派生多个自恢复进程，并保证这些自恢复进程间具有进程树中所描述的层级关系，同时，新派生的自恢复进程的恢复目标也得以指定。接下来，第一个自恢复进程会生成 init 的框架，然后将程序指针指向 init 代码段的相应指令，这样，当该进程因系统调用退出时就会自动转换为 init 进程。同理，所有自恢复进程按照内存状态数据文件中的记录将自己克隆成冻结前 IPG 内部的进程，从而还原内存的状态。最后，上述进程在完成恢复的大部分工作后仍然处于深度睡眠状态，此时，物理节点中最初的恢复进程会按照内存状态数据文件中的记录对 IPG 内部进程的状态进行重置，将各个进程加入 CPU 调度队列，恢复其正常运行状态。

（2）内存状态和存储空间状态的保留

当 IPG 冻结后，为了获得一致的内存状态和存储空间状态，必须在将 IPG 内存状态写入数据文件的同时，启动快照操作，生成 IPG 专属存储空间逻辑卷的快照卷。

内存状态的获取就是提取内存中的有用信息，保证完备性和必要性。完备性是指恢复 IPG 正常运行的信息都必须被保留在数据文件中；必要性是指仅保留内存状态中支撑进程运行的数据结构（如进程的内存管理结构 mm）和资源（如进程已打开的普通文件、管道等），而对于某些与地址相关的内存数据（如页缓存），从节省时间和提高空间效率的角度来看，都不应该被保留。

IPG 为操作系统级的虚拟化容器，通晓操作系统语义，因此，内存状态的获取是以进程树为脉络的，其流程可以概括为如下两个阶段。

- 扫描阶段。该阶段的主要任务是建立内存对象列表族，扫描是以进程树为脉络的。首先，以 init 根进程为起点，建立进程对象列表。这是一个递归的过程，从列表中初始的唯一一个对象开始，广度优先遍历进程树，每碰到一个新进程就生成一个对象，并将其加入进程对象列表。其次，待进程列表生成后，以该列表为基准，多次广度优先遍历进程树，每次遍历搜索进程的一种资源，生成相应的对象列表。主要的资源包括：进程的虚存区间、共享内存及信号灯、信号及信号处理函数、文件系统名字空间、已打开文件（如传统文件、设备文件、pipe、Socket）等。
- 状态保留阶段。该阶段的主要任务是保留进程体及其资源的数据，同时在生成数据文件时，需要进行资源重定位，即在数据文件中建立进程和资源间的对应关系，这个过程通过顺序扫描各内存对象列表完成。首先，依序将各个资源的内容按照一定的格式写入数据文件中，在写入时，记录各资源在数据文件中的位置，对于资源在内存中的位置，则仅将其保留在内存对象列表中，以供资源重定位使用。然后，在扫描进程对象列表时，除了将进程数据结构写入文件，还需要进行资源重定位，将原来的内存地址改为数据文件内部偏移。

存储空间状态的保留是在块设备级使用快照技术直接为 IPG 存储空间逻辑卷生成增量快照卷来完成。需要注意的是，快照发起的时间必须在 IPG 完全冻结以后，否则可能会遗漏某些未冻结进程正在写入的数据，引发不一致问题。

5.5.4 基于即插即用设备的 OS 透明转换机制

一般来说，要采用虚拟化方案，操作系统需要重装，应用也需要重新部署，这既不方便也不可行。我们采用基于即插即用设备的 OS 透明转换机制解决这个问题。

该转换机制的方法如下：首先使用一个即插即用设备，如优盘，在其上预先定制一个操作系统并集成系统虚拟层，支持虚拟容器。然后，将该设备接入被保护节点，并重启被保护节点的本地操作系统。重启过程中，由该设备的操作系统接管被保护节点的系统资源，并自动启动 OS 透明转换程序。通过转换，原节点操作系统被透明地转换为即插即用设备自带操作系统的一个子系统，而其上运行的应用则都被包裹在虚拟容器内部，从而接受容灾系统的监控和保护。这样，被保护节点无须进行任何修改就能够使用容灾系统，而且该即插即用设备本身是完全定制的，不受任何灾难的影响。

5.5.5 并行恢复中竞争的处理机制

BIRDS 的并行恢复过程会出现竞争现象。竞争出现的主要原因在于 IPG 的冻结是一个过程，存在一个时间窗口。在该窗口内，已经发生的数据缺失事件可能会再次出现，也会引发 IPG 的重复冻结。如果不对竞争进行处理，很可能会引发错误。例如，如果在 IPG 内部有两个进程 A 和 B，A 需要修改存储空间的数据块 x，而 B 需要读取 x。A 在执行写操作时发现 x 未被恢复而引发数据缺失事件，因此发出冻结 IPG、恢复数据的请求。此时由于 IPG 还未完全冻结，假设 B 进程仍然在运行且也发现了 x 的数据缺失，如果不加以控制，B 会重复发出冻结 IPG 和恢复数据的请求。这样，可能会出现 x 的数据内容被 A 更新后又被 B 第二次触发的恢复请求所复原的情况，造成了数据不一致。

会引发竞争的进程被分两类：I（Internal）进程和 E（External）进程。前者指的是被冻结 IPG 内部的进程；后者主要由 IPG 外部负责系统资源管理和控制任务的进程组成，以 Linux 系统为例，这些进程包括 init、kjournald、与块设备相关联的 kblockd 等。在 BIRDS 中，由于 E 进程控制着数量有限的物理资源，所以它们被所有 IPG 共享。对于上述两类进程，在竞争问题上必须区别对待。BIRDS 使用互斥锁来解决竞争问题。简言之，任何进程在发现数据缺失后，如要触发 IPG 冻结和数据恢复，还必须拥有对缺失数据的访问锁才行。该访问锁是互斥的，且除非缺失数据的恢复完成，否则该锁会一直存在。如果进程侦测到数据缺失时，发现访问锁已经被别的进程持有了，这就意味着有竞争存在。

具体的处理方法如下。

E/E：在锁的持有者为 E 进程，发现数据缺失的侦测者也为 E 进程的情况下，侦测者需要将自己挂起，暂停后续指令的执行，直到持有者在数据恢复完成后释放互斥锁时将其唤醒。

E/I：在锁的持有者为 E 进程，侦测者为 I 进程的情况下，侦测者应当将自己提升为 initiator，触发其所属 IPG 的冻结操作。持有者在释放互斥锁时会解冻该 IPG。

I/E：在锁的持有者为 I 进程，侦测者为 E 进程的情况下，侦测者需将自己挂起，等待持有者释放锁时将自己唤醒。

I/I：在锁的持有者为 I 进程，侦测者也为 I 进程的情况下，侦测者不能发起 IPG 冻结操作，但需要立即将自己置为冻结状态；即使在没有检测到 initiator 发送来的冻结信号的情况下，侦测者也必须立刻停止后续指令的执行。

5.5.6　并行恢复中的页缓冲管理方法

容灾系统通过维护一个页缓冲池来支持并行恢复。操作系统的文件系统层也具有页缓冲机制，而且对每个页缓冲建立了哈希索引，能够很好地支持页缓冲的重用，节省系统的内存。但是容灾系统无法与文件系统共用页缓冲，需要自己维护页缓冲，原因如下。一是容灾系统的页缓冲主要由数据恢复守护进程使用，而守护进程工作于通用块设备层，在文件系统层之下。当守护进程发出数据恢复请求并需要为请求关联一个页缓冲时，相关的文件系统层页缓冲往往处于锁定状态。因此在文件系统层和通用块设备层共享页缓冲机制会增加死锁的概率。二是在守护进程恢复过程中，同样的数据不会恢复两次，因此如果使用文件系统层的页缓冲机制，其维护的哈希索引等结构不但无法通过重用发挥节省内存资源的优势，反而会带来额外开销。

容灾系统维护的页缓冲池能够动态地扩充和收缩。当多个虚拟容器的恢复进程被同时启动时，容灾系统会向操作系统的物理内存管理模块提出预分配的请求，扩充页缓冲池，而当操作系统的内存资源紧张时，容灾系统会提前释放部分页缓冲。为了减少页缓冲分配和回收带来的性能上的额外开销，容灾系统的所有页缓冲都是可以循环再利用的。当守护进程装配数据请求时，会为每个读或写请求分配一个页缓冲。当该请求被响应后，相应的后处理回调函数会释放这些页缓冲，将其返还给页缓冲池，以供后续请求使用。需要说明的是，每个页缓冲都具有一个唯一的索引号，进而一个容灾系统恢复过程中使用的所有页缓冲索引号就构成了一个逻辑空间。文件系统层的页缓冲的索引号代表的是该缓冲存储的内容在一个文件内部的偏移，相应地，容灾系统的页缓冲索引号代表的是该缓冲存储的数据块在虚拟容器私有存储空间内部的地址。如果该虚拟容器的私有存储空间恰好被构建在一个完整的物理设备上，则该索引号对应该设备的物理地址。

5.5.7 系统实现

按照数据复制运行的位置来分，当前的容灾系统包括如下几类：一是基于存储设备（Storage-Based）的容灾系统，该类系统实现于专用的物理存储设备之上，如运行于 EMC Clariion 阵列上的 MirrorView 和 Symmetrix 存储阵列上的 SRDF（Symmetrix Remote Data Facility）、IBM 公司的 PPRC（Point to Point Remote Copy）、日立公司的 TrueCopy；二是基于主机操作系统软件（Host-Based）的容灾系统，例如 Symantec 公司的 VVR（Veritas Volume Replicator），通过对存储卷组 RVG（Replicated Volume Group）的复制达到容灾的目的，类似的产品还有微软的卷影复制等；三是基于存储交换机（SAN-Based）的容灾系统，如 Cisco 的 SANTap，以及 FalconStor 的 IPStor 等，它们都是在存储交换设备一级实现数据备份；四是基于数据库/软件应用的容灾系统，如 Oracle 的 DataGuard、DB2 的远程 Q 复制等，这些系统都采用了对数据逻辑操作的复制技术，通过扫描和记录数据库日志实现，节省了成本，但对数据库和应用有强依赖性。综上所述，目前已有的系统还存在如下缺点：一是无法保留应用的运行状态，只能做到数据级的复制；二是依赖专用设备，成本高且适用范围小；三是依赖专门的应用；四是数据复制、恢复速度慢，服务停止时间过长等。

从运行机制看，以往的容灾技术实际上是一种串行的容灾技术，服务的恢复需要数据流的恢复与指令流的恢复串行执行，最终达到恢复服务能力的目的。而我们提出的基于虚拟机的按需增量恢复容灾方法，则是一种将数据流与指令流的恢复并行进行的方法，极大提高了灾备数据的恢复效率。

BIRDS 是并行恢复的一种设计与实现，其设计的目标如下：一是能够实现灾难后服务的立刻启动，即以最短的时间使系统具备服务的能力；二是系统恢复具备尽可能小的 TTR（恢复时间，只是普通意义上的数据恢复，服务并没有恢复）和 BTN（指从数据恢复开始，到一切状态恢复正常，服务也可以正常提供的那段时间）；三是对被保护系统透明。为了服务的立即启动，必须解决两个实际问题：一是恢复时从远端备份数据中心复制的数据必须保证一致性，对一致性的检查要尽量快；二是本地服务恢复流程需要被分片（恢复一部分，执行一部分），且应当存在一种机制来保证程序能够在部分恢复数据的基础上顺利执行。为了获得尽可能小的 TTR 和 BTN，我们在 BIRDS 的恢复模块中集成了并行数据恢复策略。为了做到对被保护系统透明，我们提出了一种基于即插即用设备的 OS 透明转换机制，能够通过即插即用的外接设备，将生产数据中心的服务器直接纳入 BIRDS 的保护下，而无须对服务器中的操作系统和应用软件做任何修改。实现的 BIRDS 原型系统使用标准优盘来完成这样的转换。

实验结果证明，BIRDS 原型系统能够使得被保护服务和应用在遭遇故障、灾难后立即启动和恢复。与目前最为流行的连续数据保护技术相比，BIRDS 在恢复整个系统的时间上有明显优势，目标恢复点离故障时间点越远，BIRDS 恢复的优势越大。而面对负载规模为 1 000 万个事务的 TPC-C 数据库时，BIRDS 可在 2 min 内完全恢复服务。此外，BIRDS 运行的额外开销非常小，最大额外开销仅 5%左右。

5.5.8 实际系统的恢复测试实验结果

我们通过一个真实的应用服务来展示即时服务恢复技术的好处，在此使用流媒体点播服务——视频点播（Video on Demand，VOD）进行实验。首先从 Internet 上得到了一个真实的 VOD 点播的日志 LOG，将该 LOG 在实验环境中重放，对于每次点播事务，客户端都将产生一个线程并向服务器端发出视频请求，服务器端收到请求后立即将视频数据以特定的码流发送给客户端。

图 5-3（a）将传统恢复技术与即时服务恢复技术（Lazy 并行策略、Aggressive 策略）进行了对比。其中平均数据传输率 ASDR（Average Stream Data Rate）被定义为：$\mathrm{ASDR}=\sum \mathrm{SDR}_k/N$，其中 N 表示在此时间点的事务数，SDR_k 表示第 k 个事务的当前数据传输率。我们使用 ASDR 对 VOD 系统的服务等级（Service Level，SL）进行测量。如图 5-3（a）所示，我们使用的两种策略都可以将服务能力立即恢复，而传统容灾恢复技术则需要 1 800 s 才能恢复提供服务能力。实际上，VOD 服务器上存储的数据量越大，二者间的实际差距也会越大。此外，可以看到，VOD 服务等级在此过程中几乎没有受到显著影响。

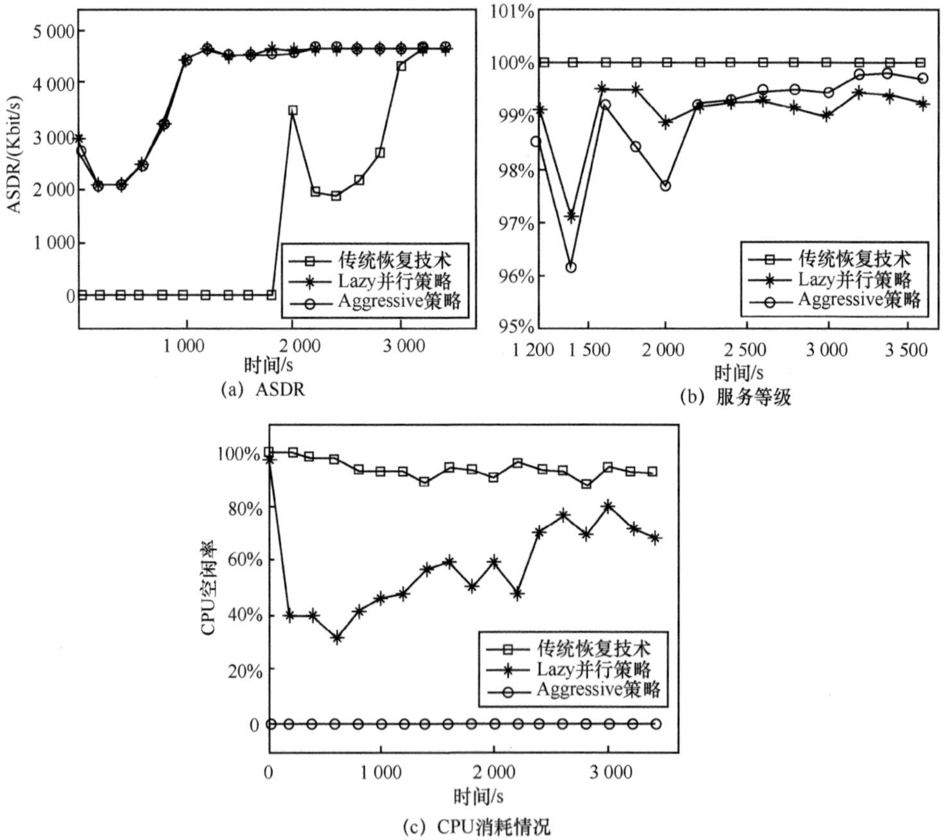

(a) ASDR

(b) 服务等级

(c) CPU消耗情况

图 5-3　VOD 服务恢复结果对比

图 5-3（b）给出了传统恢复技术在数据恢复之后的归一化服务等级，并将其与即时恢复中的服务等级进行了比较。为了使这种比较更加清晰，我们将这种比较聚焦于服务能力已经稳定的这一段，去除了服务预热阶段的结果。与传统恢复技术相比，即时服务恢复技术的服务降级在 0.6%～4%。图 5-3（c）还给出了不同恢复技术的 CPU 消耗情况。对于传统恢复技术而言，数据恢复过程几乎耗尽了全部 CPU，但数据一旦恢复完，恢复过程就不会再占用 CPU 了；即时恢复技术则需要边提供服务边进行恢复，因此恢复过程带来的 CPU 消耗是始终存在的。为了让比较更为合理，我们将传统恢复的曲线左移，仅使用其在数据恢复后的 CPU 消耗数据，这样更容易看出差别。

此外，我们还使用文件传输协议（File Transfer Protocol，FTP）来比较 BIRDS 与 CDP 技术。许多系统仅仅在本地使用 CDP 技术保留数据修改记录，以便出现错误时能够回滚。对于大型的灾难，仅在本地使用 CDP 技术无法满足数据保护的需求，必须结合异地的数据备份，部署远程 CDP 站点。例如，FalconStor 的连续数据保护器（Continuous Data Protector）将 CDP 技术与异地备份技术结合，以抵御故障和灾难。由于缺乏商业系统作为比较对象，我们自行设计和实现了一个 CDP 工具，通过记录 FTP 服务过程中的每次数据更新并将其传送到备份中心，达到备份的目的，通过灾难时从备份中心获取相应记录并回滚，达到恢复的目的，该工具模拟了远程 CDP 的行为。我们分别使用 BIRDS 和 CDP 工具来保护 FTP 服务器，并对比两者的恢复过程。

实验中使用的 FTP 日志取自某校园内一台真实服务器的工作记录，共包含 57 366 个会话，历时 2.5 h，涉及的数据达 80 GB。实验中，由于 CDP 工具记录的是数据的更新信息，而 FTP 日志记录的都是数据读取信息，不能发挥 CDP 工具的作用，因此，我们将日志中记录的数据访问方向反转，生成上载数据流。另外，将 FTP 客户端和服务器间的网络带宽设置为 100 Mbit/s，网络时延设置为 100 ms。

在无故障发生的情况下，整个 FTP 日志的重放需花费 8 132 s 的时间。在 BIRDS 保护下，分别在 0 s、1 800 s、3 600 s、5 400 s、7 200 s 时生成一致检查点。我们选择在 7 500 s 时制造一次灾难，然后分别在 BIRDS 和 CDP 保护下，恢复 FTP 服务器到上述 5 个检查点时刻，接着继续未完成的重放实验。

图 5-4 展示了恢复过程中 FTP 服务的累计数据传输量随时间变化的规律。其中图 5-4（a）为恢复到 0 s 时的过程图。对于 CDP 保护下的恢复过程，FTP 服务器会

回滚从 7 500 s 到 0 s 过程中的所有记录，由于网络时延，该过程耗时约 13 027 s，其后 FTP 服务器开始提供正常的数据上载服务，直至 21 158 s。对于 BIRDS 保护下的恢复过程，第一个事务在 0.23 s 时已经结束，可见确实实现了服务的立即恢复，整个 FTP 服务在 16 271 s 时结束，较 CDP 提前了 4 887 s。图 5-4（b）为恢复到 1 800 s 时的过程图，此时 CDP 的回滚耗时 10 775 s，接着 FTP 继续正常服务，直到 17 076 s；而在 BIRDS 保护下，FTP 服务立即启动并运行到 13 527 s，较前者提前了 3 549 s。图 5-4（c）、图 5-4（d）分别为从 7 500 s 恢复到 3 600 s 和 7 200 s 时的恢复过程图。在从 7 500 s 恢复到 3 600 s 时，BIRDS 保护下的服务结束时间比 CDP 保护下提前了 2 244 s，只有在回滚到非常近的一个检查点，也就是 7 200 s 时，BIRDS 保护下的服务完成时间要晚 141 s。这说明了并行容灾技术的特性，即恢复的检查点距离当前状态越远，两个时间点之间的数据差异越大，其性能优势越明显。通俗地说，就是灾难越大，效果越好。

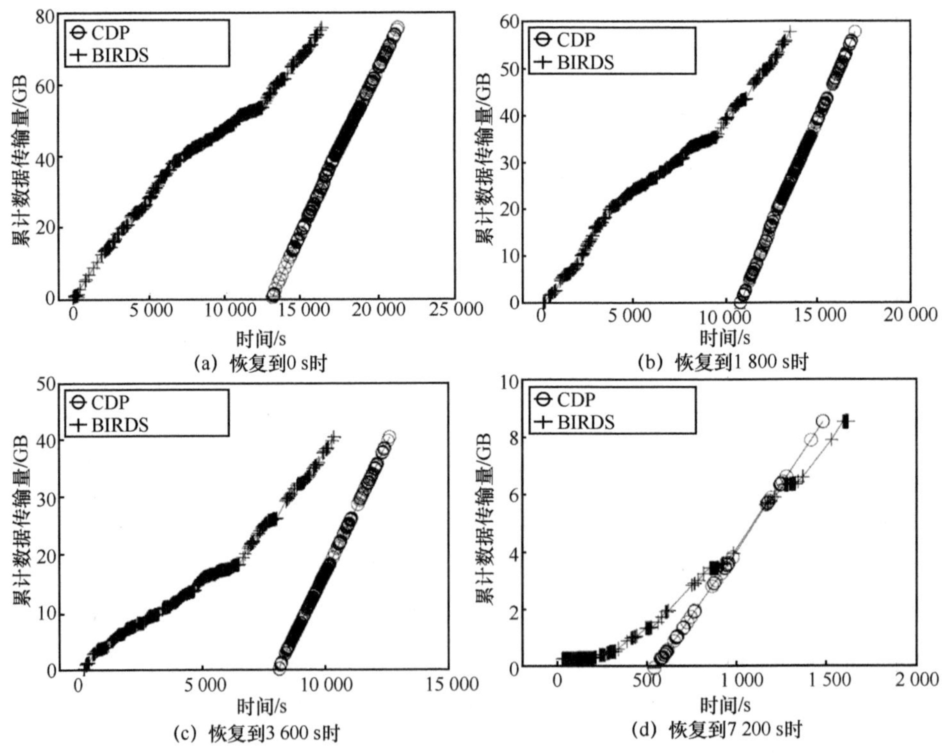

图 5-4　BIRDS 与连续数据保护技术对比

5.6　异地应用层容灾系统

存储容灾系统是系统容灾的一个部分，并且是最基础的部分，在这个基础上可以建立高层次的容灾系统，如应用层容灾系统。本章的第二个重要内容就是在存储容灾之上的应用层的容灾系统。从应用层容灾的构建方法来看，实际上最为重要的是如何将应用系统关键部分的信息抽取出来，并对这部分信息进行存储。在进行容灾恢复时，再通过这些信息恢复应用层的执行信息，然后恢复应用程序的执行。可以说，存储系统的容灾同样也是应用层容灾的构建基础。

本节重点讨论桌面级应用的应用层容灾技术。应用层互备的前提是应用程序的备份端和应用程序的恢复端使用的是相同的操作系统，这样的假设对于桌面级应用是非常合理的。在备份恢复的同时，也需要上述存储容灾系统的支持。桌面级应用软件是现代信息社会必不可少的重要元素，它加快了各领域的高速发展，极大提升了效率，不断提高了生产力。应用软件本身、程序数据的正常工作是保证业务流程正常开展、工作任务正常处理的必要条件。在发生灾难时，如何快速恢复应用程序的执行及相关工作数据，支持业务流程正常开展，最大程度减少数据丢失，加快恢复速度，对于重要工作单位来说，是一个不可避免的问题。

5.6.1　异地应用层容灾的运行环境

应用层容灾系统可被用于应用程序的备份，不同于前文所说的服务端容灾，应用程序的容灾有其自身的特点，用户往往有快速恢复某些重要桌面应用程序的需求。这方面需要进行研究的是应用以及数据互备的总体结构。在硬件环境上，需要尽量符合当前生产运行的环境，这是由于需要在异地进行互备，而不是在同一个物理地点进行互备。在地理环境以及硬件条件上，需要通过现有的互联网把分布在不同物理位置的硬件连接在一起，从而进行异地应用与数据的互备，提高系统的总体可靠性。这样，在某一个节点失效的情况下，可以通过客户端软件进行服务器的连接，而不是重新配置系统，从而达到异地互备的目的。在异地应用层容灾的总体结构中，服务器以及客户端运行的情况如图 5-5 所示。这个结构也是基于互联网的异地服务器结构，与现有的网络环境相比，没有特别之处。

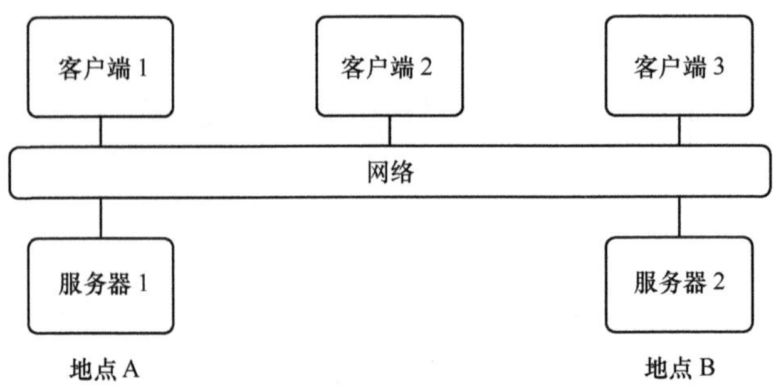

图 5-5 异地应用层容灾系统的网络与节点部署结构

从图 5-5 可以看出，站点 A 和站点 B 是不同的地点，但是安装了同样的操作系统环境，因此构成了异地但环境相同的节点。两台服务器分别处于这两个不同的地点上，形成异地双活互备的结构。针对不同的应用，在这两个地点分别进行应用层容灾，并且对于某一个地点的应用来说，在同一时间内只有一台服务器运行，其被称为活动服务器，另一台服务器则被称为备份服务器，在一定的时间窗口之内将活动服务器的状态备份到备份服务器中。当活动服务器出现故障无法启动时，另一台备份服务器中的对应服务程序会迅速地自动启动并运行（依据不同的网络状况以及服务器的配置状况，一般需要数分钟）。互为备份的服务器之间通过日志记录的方式保证了一定的数据同步能力，使得服务器之间的状态得到同步，减少了数据的丢失。

从图 5-5 也可以看出，连接不同地点的服务器的客户端会有多个，某一个地点的客户端在正常工作的状态下，与本地的服务器进行交互。只有出现错误或灾难时，才有必要连接远程的服务器，进行应用恢复的操作。在这样的条件下，应用层容灾方式实现了两个备份服务运行程序的数据及当前状态的一致，各个客户端也可以被接入所需要的服务器中，达到异地互备的目的。

目前实现的异地应用层容灾系统的工作方式是一种纯软件的方式，通过应用层备份软件，将数据实时复制到另一台服务器上，这样同样的数据就在两台服务器上各存在一份，如果一台服务器出现故障，可以及时切换到另一台服务器。这里，进行软件设计时，还考虑了服务软件应用的同步以及切换技术。

同步技术是在多台服务器之间进行数据同步的方法，以保证多个服务器的状态一致。一般的同步方法是通过成对的服务器的交互来完成的。通过同步复制的方式，用户可以将一个应用程序的数据发布到本地以及异地的两台服务器之上，达到异地同步的目的。这种同步方式能够让不同的服务器共享一份数据，也可以提高数据的可靠性，达到容灾的目的。

除了数据同步，为了完成数据容灾的目的，以及恢复整个应用的执行，还需要完成服务的异地切换。恢复服务的第一步是对数据进行同步，在完成数据同步的基础上进一步进行应用程序的启动，这个启动也被称为服务的异地切换。由于切换的频率比较低，因此切换可以通过手动进行，也可以通过自动进行。

5.6.2　应用层虚拟化

对于桌面级应用快速恢复和数据备份的问题，可以将其自然分解成快速恢复与实时同步备份两个子问题。这两个要求看起来是分离的，但实际上又是统一的。

（1）快速恢复不仅包含对应用程序本身的打包与快速部署，也包含应用数据实时同步和快速恢复。

（2）同样，实时同步备份也不仅是对用户应用数据的单一要求，用户对应用程序所做的配置更改、软件升级等也要被包含到同步备份和恢复考量之中。

此外，以下几个需求点也需要被重视。首先是系统性能。系统需要能够处理中大型办公软件，因此需保证系统性能，如果应用被虚拟化之后，应用程序运行出现了原来没有的卡顿、数据响应太慢，甚至界面不响应等情况，那么性能是达不到要求的。其次是兼容性。被虚拟化打包的应用程序应该能最大化兼容系统，不应当出现部分功能不可用，或者在部分系统中不可用的情况。从应用程序角度来看，虚拟化环境应该做到透明化，在应用程序运行过程中，除非特意探测，否则不应该感受到虚拟化环境与原生系统环境的区别。最后是同步实时性。由于系统着眼于灾难恢复，因此数据丢失窗口应当越小越好，最佳情形应当做到实时同步，即数据最大丢失窗口为灾难发生时由于网络时延引发数据丢失而形成的窗口。

为了能够达到应用层容灾的目的，还需要对应用程序的环境进行包装，这可以通过虚拟化的方式实现。当然，对于应用层容灾的要求来说，这里的虚拟化需要尽可能轻量级，只需要保留应用程序的运行状态和数据状态即可。

在虚拟化的使用上，最底层也是最彻底的方案是使用虚拟机，VMware Workstation/Fusion、VirtualBox、QEMU、Parallels Desktop 都属于这一类虚拟化方案。但是如果仅仅将一两个应用程序打包成一个操作系统的规模，不仅运行速度慢，性能较差（虚拟机的速度与物理机器的速度差别），打包文件非常大（动辄 10 GB 以上的虚拟机镜像文件），网络传输、数据备份也是不小的障碍。因此显然不能采用虚拟机的虚拟化方案，否则会给异地的应用层容灾带来极大的负担。

再上一层级别则是容器类型的虚拟化方案。Linux 系统有整套成熟的容器机制，内核从版本 2.6 开始就不断开发和完善容器系统。Windows 系统中并没有和 Linux 系统对等的机制，但是第三方开发者利用对文件访问、注册表访问、环境变量访问的拦截和模拟方案实现了类似 Linux 容器的机制，如 VMware ThinApp、Microsoft App-V 等。与虚拟机的虚拟化方案相比，容器类型[23]的虚拟化机制无论在文件大小还是运行速度上，都更加轻量级。对于 Linux 来说，容器已经是一个非常成熟和完善的方案机制，但是对于 Windows 来说，由于 Windows 没有完善的容器支持，需要第三方厂商提供，目前也没有一个成熟可靠的解决方案。如果自行开发一整套注册表、文件系统、环境变量等系统环境并且全部拦截系统调用，不仅工作量大，很容易出错，兼容性不好（如果想让兼容性变好，需要针对每个版本的系统做单独适配），最重要的是，性能上有所损失。因此，这是没有必要的。

最轻量级的虚拟化方案是模拟类型的虚拟化方案，如 PortableApps[24]方案。PortableApps 同样要达到对应用虚拟化的目标，但是它走了一条更轻量级的路线。PortableApps 最终也会生成一个应用启动器，但是这个应用启动器不会为应用程序创建虚拟环境，而是模拟一遍安装程序操作，将应用所需注册表、配置文件等信息写入系统，然后启动应用。这个时候应用程序的状态就像一个安装后的状态，因此在兼容性、性能上不会有问题，当应用程序关闭以后，应用启动器会清理系统，将系统环境恢复到应用程序执行之前的状态，从而实现一种模拟虚拟化方案。模拟虚拟化方案不如虚拟机虚拟化方案和容器虚拟化方案彻底，比如它不能实现程序与系统的完全隔离，也不能让同一个程序的不同版本同时运行在系统上（如果应用程序本身就是单例，多个实例会相互冲突），但是它带来了兼容性和性能方面的优势，并且实现起来非常简单，开发也很方便。

在实现应用层容灾备份方案时，虚拟机虚拟化方案开销大，容器虚拟化方案工作量太大、兼容性不好、性能影响也较大，只有模拟虚拟化方案与目标需求最接近。但是由于存在数据同步需求，因此纯模拟虚拟化方案也不可行，需要将容器虚拟化方案与模拟虚拟化方案结合起来，形成一种混合方案，以克服各个独立方案的不足，最大化满足目标需求。这里的混合方案是指，同时使用容器虚拟化与模拟虚拟化两套技术方案，分别处理不同目标，最终整合两套技术的优缺点，取长补短，形成总体最佳。具体来说，对于虚拟化的数据读写、部分资源访问部分，需要采用容器虚拟化方案，拦截所有相关 API 请求，进行通知获取并重定向或进行虚拟实现，这实现了文件数据访问的精细粒度控制，实现也并不复杂。而对于注册表读写、库文件访问、环境变量访问等部分，使用模拟虚拟化方案，在应用启动之前，构造系统环境并满足其要求，在应用生命周期结束后，保存与清理系统环境并进行状态恢复，实现性能、兼容性、轻量级等方面的最大优势。

5.6.3　应用层容灾的系统总体结构

基于需求分析，可以将虚拟化与备份恢复系统分成以下四大模块。

应用安装分析与打包模块：类似 VMware ThinApp Capture，作用是分析应用程序安装行为，得到应用程序的文件、注册表、环境变量等信息，并半自动化地将应用程序打包成无须安装与配置的独立容器。

应用程序启动器模块：类似 PortableApps 的应用程序启动器，负责监控应用程序行为，拦截部分所需 API，记录数据更改信息，并与数据同步服务器模块通信。

数据同步备份与恢复模块：负责监控应用的文件系统数据更改操作，并将应用数据、配置数据等的更改信息实时同步，与数据服务器模块进行异步通信。

数据同步服务器模块：需要实现数据同步、数据传输等接口，提供数据备份与恢复两个功能。

应用层容灾的虚拟化与备份恢复系统的结构如图 5-6 所示。

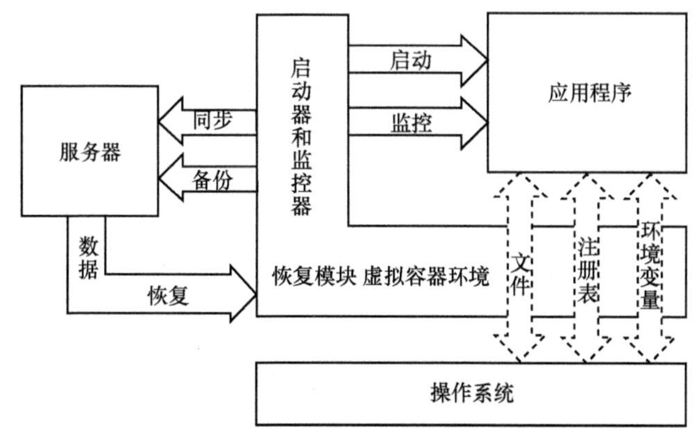

图 5-6　应用层容灾的虚拟化与备份恢复系统的结构

图 5-6 包括了系统正常工作时模块结构图，也包括了系统发生崩溃时进行恢复的流程。在正常的工作流程中，启动器和监控器分别启动和监控被保护的应用程序，如果发生了文件、注册表、环境变量的变化，将及时捕获对应的数据，并将其保存到用于存储容灾的服务器中。一旦系统崩溃或硬件崩溃，需要立刻切换到恢复系统。即虚拟化平台的恢复模块应当能够在连接到服务器后，识别出当前系统处于崩溃恢复状态，自动从服务器中拉取崩溃前的数据，将系统恢复成崩溃前的工作状态。

（1）系统模块与功能组成部分

应用程序启动器模块是整个虚拟化平台的核心模块，负责整个应用程序的生命周期。这个模块的主要工作如下。图 5-7 展示了整个模块的工作流程。

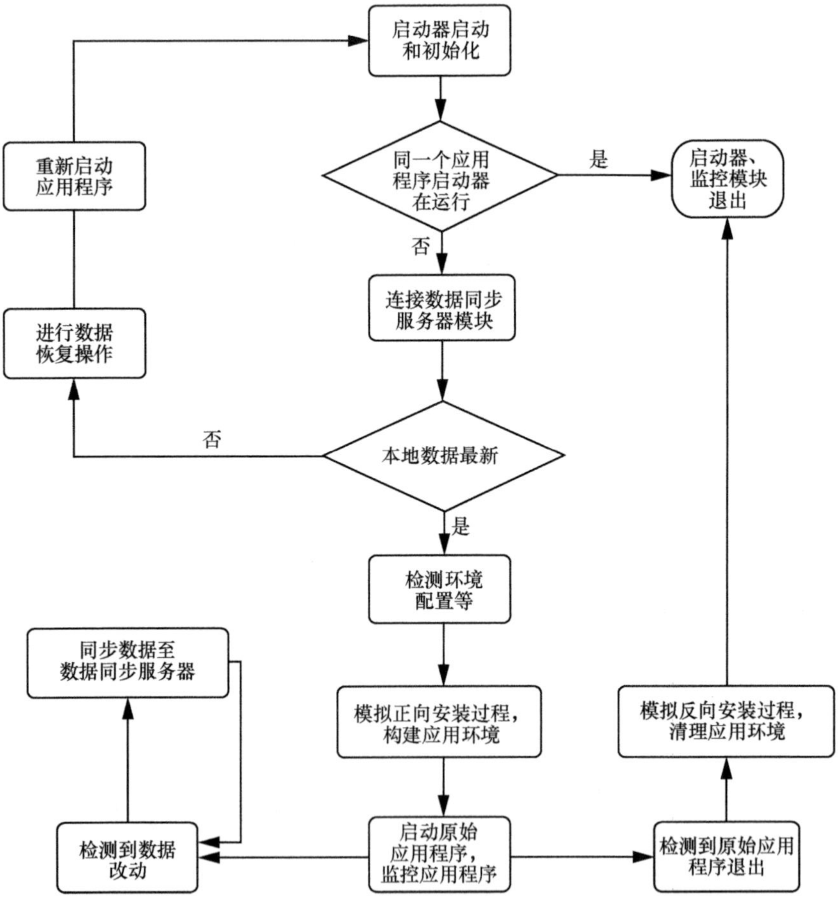

启动器启动和初始化
同一个应用程序启动器在运行
是
启动器、监控模块退出
否
连接数据同步服务器模块
本地数据最新
否
进行数据恢复操作
重新启动应用程序
是
检测环境配置等
模拟正向安装过程，构建应用环境
启动原始应用程序，监控应用程序
检测到数据改动
同步数据至数据同步服务器
检测到原始应用程序退出
模拟反向安装过程，清理应用环境

图 5-7　应用程序启动器模块工作流程

- 首先启动器要检测是否有另一个相同的应用程序启动器在运行，如果是就提示退出，避免冲突。
- 连接数据同步服务器模块，检查本地数据、环境配置等是否为最新版本，以及服务器当前同步状态等。
- 如果数据同步服务器版本比本地版本领先，那么启动数据恢复流程，并重启应用程序。
- 如果数据同步服务器同步状态与当前数据同步状态可以对应，那么检测应用程序环境配置等情况，模拟正向安装过程，将保存的应用程序注册表、文件、环境变量等写入系统。
- 启动原始应用程序，并进入监控状态，监控应用程序的数据写入情况。
- 实时同步应用程序的数据到数据同步服务器中，并维护版本信息。
- 如果用户退出了应用程序，启动器收到相关信息之后，需要反向执行整个安装过程，先保存系统中属于应用程序的注册表、配置信息等，然后恢复系统中的相关数据至应用程序启动前状态。
- 启动器、监控模块分别退出。

数据同步备份与恢复模块在系统中的角色是一个被动启动模块，以事件驱动方式运行。对于数据同步备份模块，它需要在本地维护一棵目录树，保存各文件元信息。当数据同步备份模块收到系统发来的新的文件增删改操作时，将该文件当前状态与保存的上一次同步状态进行对比，并确定出一个当前需要执行的同步操作，使之可以达到同步的目的。随后，数据同步备份模块进行远程过程调用（Remote Procedure Call，RPC），处理真正的数据传输过程，工作完成并收到服务器确认消息后，在本地写下操作成功日志，并进入下一个操作或进入空闲等待状态。

数据同步恢复模块的触发和执行机制与备份模块有所不同。应用程序在正常运行状态时，都应该进入同步备份模式，但是如果在启动过程中检测到本地版本比数据同步服务器中备份的版本落后，并经过一系列检查确认后，就会进入恢复模式。恢复模式的主要任务是将本地数据同步到数据同步服务器中备份的数据最新版本，并维护好本地目录结构树。

另外，恢复模式还需要通过版本控制将文件恢复到一个历史版本，这是因为最新版本的程序往往处于崩溃状态，很难保证数据正确可用，如果不能进行历史数据回滚，很可能造成软件永远无法启动、数据丢失等，最终不但没有解决问题，反而

造成新问题。

数据同步服务器模块在系统中主要以 API 调用形式对客户端提供服务。针对客户端同步备份与恢复的不同操作，服务器要分别提供相应 RPC 操作实现。对于同步备份操作来说，服务器需要一个支持事务的文件目录树操作机制，客户端需要先向服务器申请备份，通过之后才可以进行操作。对于恢复操作来说，服务器还需要支持文件版本控制、任意文件版本回滚等。数据同步服务器还需要实现一套高效同步算法，以提高同步效率；同时，在存储系统上，数据同步服务器还需要使用一套鲁棒性较高的机制，以确保不会造成任何信息丢失。

（2）系统工作流程

有了前面的分模块设计之后，再从整体去看整个系统的工作流程。根据设计，系统可被分为正常工作备份状态与快速恢复状态。其中正常工作备份状态对应应用崩溃前（或系统崩溃前、机器硬件崩溃前）用户正在工作的状态。典型的应用场景是用户打开虚拟化后的应用程序，编辑文档并保存，此时系统的工作流程如图 5-8 所示。

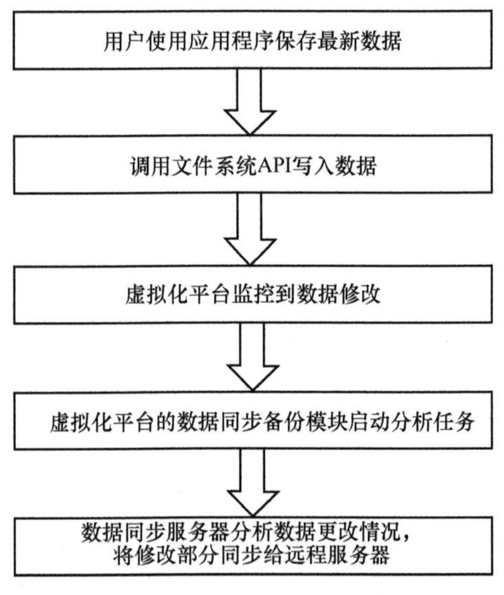

图 5-8　虚拟化与备份恢复系统的备份数据流程

当应用崩溃后（或系统崩溃后、机器硬件崩溃后），用户立刻切换到一台新的机器，将虚拟化打包程序直接传输到新机器环境并直接打开，这时系统开始进行数据恢复工作，系统的工作流程如图 5-9 所示。

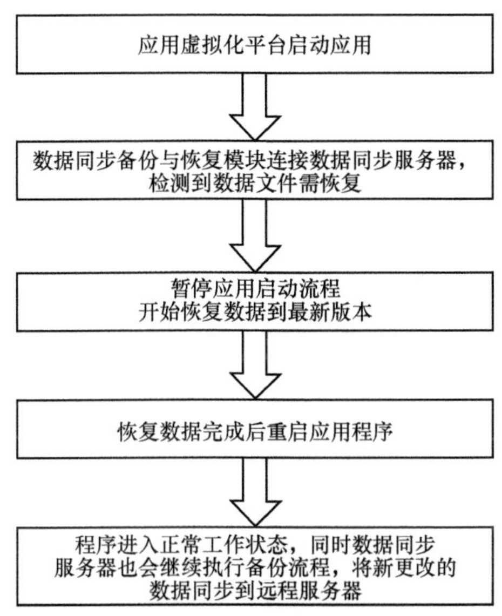

图 5-9　虚拟化与备份恢复系统的数据恢复流程

虽然流程图比较简单，但是这两个过程都涉及虚拟化与备份恢复系统的各个模块，它们必须相互协作、共同发挥作用，才能让系统处于正常运转状态。

5.6.4　应用层容灾虚拟化容器的系统实现

5.6.4.1　Windows 虚拟化容器的系统实现

前面已经在第 5.6.2 节中讨论过各种虚拟化方案的优劣。根据需求，需要能够处理各种各样复杂的应用程序，如果选用虚拟机虚拟化方案，则系统开销大，性能较差；如果选用容器虚拟化方案，则会导致工作量巨大、兼容性不好且性能不高；如果选用模拟虚拟化方案，则系统隔离不彻底，无法实现文件监控与同步上传。因此需要实现一套混合方案。在这个方案中，需要完成应用安装分析与打包及启动器和监控器实现两个任务。

（1）应用程序信息收集与要素分析

应用安装分析与打包是虚拟化容器设计的一大难点，原因在于这是一个比较偏向逆向工程的任务。通过普通的方法并不能完全取得一个应用程序的文件、注册表、运行库，而需要通过人工观察、对比、调试、逆向工程等方法尽量多地获取一个应

用程序的信息。

Windows 打包的应用程序一般需要包含以下要素：一是应用程序的主目录，一般在 C:\Program Files\Appdir 下；二是应用程序依赖的注册表项，一般是一个或多个完整的注册表子树，当然也存在分散在各个注册表中不集中的部分；三是应用程序依赖的各个运行库，包括被放到 system32 目录下的 dll 文件和在独立目录下的 Java、Python、Oracle 依赖库等；四是应用程序写入的用户配置文件，如下载的应用软件皮肤、升级包等，一般不将其存放在应用程序主目录下，而放在用户目录下。

检测一个应用打包要素的方案主要有 3 种。第一种是安装对比检测方案，类似 VMware ThinApp Capture 的实现，其做法为在一个干净系统中监控应用程序安装前后系统文件和注册表的变化情况，从而分析应用程序的安装要素。第二种是运行检测方案，CDE 的方案最为典型，其原理是在打开一个应用程序的过程中，通过监控系统 API 调用来监控其访问的各种资源、依赖库等文件，并从中分析出应用程序的所有打包要素。第三种方案则是手动动静结合分析，静态指静态分析，动态指动态调试。静态作为主体，从逻辑分析的角度遍历各个常见的应用目录，尽可能多地找出应用程序的资源文件等；动态作为补充和完善，通过使用 Process Monitor、WinDbg 等工具及各种调试方法，找到静态分析很难分析出的动态调用的资源、模块、注册表以及其他配置等。

（2）使用安装对比法收集应用程序信息

安装对比法即在一个比较干净的操作系统平台上分别记录应用程序安装前后的系统文件、注册表、资源等，再进行对比，最后得出应用程序信息的方法。前面提到的 VMware ThinApp Capture 就是通过这种方法实现信息提取的。这种方法可以分为典型的 3 个步骤。

- 找到一个较干净的系统，递归扫描整个 C 盘文件系统，扫描整个注册表，并记录扫描信息。
- 安装应用程序，在此期间不要有任何其他针对操作系统的操作，也不要运行任何其他软件程序。
- 安装完成后，再次扫描整个系统，并与安装前的信息进行对比，找到安装应用程序对整个系统所做的更改。

这个过程并不复杂，对于注册表来说，最简单的方法是直接打开注册表编辑器

（regedit32），选中整个注册表的根，右键选择 export 导出，即可导出整个注册表；对于目录树来说，可以使用程序递归访问文件系统，并记录每个目录、文件的信息，如文件大小、修改时间等。

实际上，注册表和文件系统都是树形结构，因此对比过程可以使用相同算法实现。注册表信息对比完成后，进一步的分析处理也很重要。初步的对比结果往往会生成一个几万行甚至十几万行的结果。例如，金山 WPS 办公软件初步的注册表对比显示至少有 8 700 多条注册表修改记录。但并不是每一个注册表修改都有必要保留，如果不清理出真正有用的部分，不仅会导致处理复杂，还会导致处理速度变得很慢。一般来说，可以按照如下原则进行处理。

- 保留应用程序在 HKCU\SOFTWARE（其中 HKCU 为 HKEY_ CURRENT_USER 的简称）下写入的应用程序注册表主目录。
- 如果 HKEY_CURRENT_USER 和 HKEY_USERS 下都存在同样的注册表键，那么可以删除 HKEY_USERS 下的用户键，保留 HKEY_CURRENT_USER 下的键。一般 HKEY_CURRENT_USER 保存的是当前的用户设定值，更加通用，而 HKEY_USERS 下形如 HKEY_USERS\S-1-5-21-1960408961-1303643608-682003330-1003_Classes 的长目录，是针对特定用户生成的类 UUID 专用目录，若将其移植到另一个系统，不会产生作用。
- HKLM（HKEY_LOCAL_MACHINE）下和 HKCR（HKEY_CLASSES_ROOT）下的键一般都要被保留，但是其中仍然有不少细分类可以被删除，如 HKLM\SOFTWARE\Classes\Installer 和 HKLM\SOFTWARE\Microsoft\Windows\CurrentVersion\Install 下存储的都是安装和卸载的相关信息，一般不会被使用。
- 部分应用程序，特别是.NET 应用程序，会在 HKLM\ SOFTWARE\Classes\CLSID\<UUID>生成大量注册表信息，其作用是注册库文件，导出功能函数模块，一般来说也要被保留。

通过上述处理之后，像 7-Zip 这样的小型工具类软件，其注册表对比结果最终可以被简化成一个非常小的状态。在实践中总结了上面这些比较具体的信息之后，就很容易写出通用分析程序，自动对比和生成整个注册表修改记录及文件修改记录，最终抓取全部应用的安装信息，达到和 VMware ThinApp Capture 同样的效果。针对对文件系统改变的分析与注册表类似，并且更加简单，在此不再赘述。

上述收集应用程序信息的过程可以收集一个应用程序的大部分文件资源和

注册表等信息，对于普通应用程序来说，该步骤能够完成应用程序的容灾备份，但是在某些情况下，这种程度的备份是不充分的。因此，需使用监控法调试与完善应用信息。

一个比较简单的测试方法是，将收集好的文件、注册表等信息全部复制到另一台环境相同的机器中，以人工的方法复制、导入各文件、注册表项到相应位置，然后尝试启动应用，如果应用不能启动或启动不正常，则说明备份不够完善。

造成备份不完善的原因如下。

① 应用程序信息收集不全，如：

- 系统不够干净，部分库文件已经存在，导致部分文件没有记录；
- 在注册表处理过程中，误删有用信息；
- 在注册表处理过程中，用户特定信息处理错误；
- 依赖库太多，备份不完全。

② 应用程序信息收集完整，但是没有正确处理文件相对路径、注册表路径等，导致在应用程序启动过程中找不到文件、信息、模块等。

③ 软件本身包含硬件检测、证书验证等模块。对于商业收费软件来说，往往存在证书验证模块，甚至会将软件和硬件绑定，即使信息处理完善，更换到另一台机器上，应用也不能工作。

对于这些特殊情况，目前没有一个通用的完全自动化的方案可以解决，VMware ThinApp Capture 也很难处理成功，这个时候只能通过人工调试方法来进一步确定。这样的方法有很多，主要包括 API 监控、动态调试、静态分析等多种方法，并且多种方法是配合使用的，并不局限于其中特定的一两种，只要能够分析出正确结果即可。首先比较简单的方法是在程序启动时追踪它的各种系统 API 请求，比如使用 procmon 启动应用程序之后，使用它的 Include Process From Window 功能，直接选中窗口，获取其所在进程的所有 API 请求。如果一个应用启动失败的原因是注册表关键键值缺失、依赖文件或依赖库缺失，则可以从 procmon 的 Operation 记录中分析出来，只要分别查看 RegOpenKey、CreateFile、LoadImage 等关键请求，找出其中的失败请求，并逐一校验。procmon 提供了非常好用的过滤机制，可以很容易地根据 API 名称、返回结果、访问资源路径等找出用户需要的结果。

如果应用启动失败的原因更复杂，比如硬件检测、证书验证等，那么很难通过上面的 API 监控看出，需要使用更加彻底的静态分析和动态调试的逆向工程方法来达到目标。对于动态调试，可以使用 WinDbg、Immunity Debugger 等工具进行分析；对于静态分析，可以使用 IDA Pro 等软件进行分析。

下面举例说明几种常见的错误情形与处理方案。

第一类常见错误是应用程序打包完成之后，找不到依赖模块，系统弹出报错窗口，无法启动。如果系统报错显示了不能加载的模块，则比较简单，找出相应模块的路径、注册表项等，对比在正常安装的系统中其对应的位置，然后将该模块加入打包目录并正确加载即可。如果系统报错没有显示无法加载的模块，则需要进一步分析，找出该模块。比较彻底的做法是，找到一个完全纯净的新安装系统，重新进行安装并对比整个过程，这样不会丢失任何文件和模块。推荐使用虚拟机的 Snapshot 功能来完成这样的任务，即安装一台新的虚拟机，并记录虚拟机快照，后面分析时，只需要从虚拟机快照中回到系统刚安装的状态即可，无须反复重装整个系统，大大加快了分析速度。

第二类常见错误是应用程序打包完成之后，启动过程加载模块正常，但是应用程序本身报错，找不到文件、服务器、注册表、配置等。这一类错误主要来自应用程序本身和打包过程。第一个可能原因是打包后，文件路径不在应用程序的搜索路径中，第二个可能原因是文件路径依赖注册表项查询，但是相关注册表项并没有正确设置，导致应用程序找不到文件。第二个可能原因是文件没有被打包进程序包中，这种可能性较小。遇到这种情况时，使用第一类错误的解决方法即可处理。这类错误的通用解决方法是使用系统调用追踪工具，仔细校对每一个资源请求及其请求结果。微软官方工具 procmon 提供了非常完善的支持。逐一修复请求失败的资源之后，此类错误一般即可消除。

第三类错误是应用程序可以找到所有依赖文件，不存在任何文件缺失，但是启动后报告未通过完整性校验，或者证书验证失败等，拒绝正常运行。这一类错误一般发生在检查较严格的应用程序中，特别是证书验证失败，甚至有可能是与机器硬件绑定的。

第四类错误是应用程序的依赖模块都可以找到，文件也没有缺失，启动过程也没有报错，但是突然无征兆退出。这一类错误是最难处理的。因应用程序本身也是存在 bug 的，很难知道在这种情况下是触发了应用程序错误，还是存在某方面的逻辑检查没有通过。

第三类和第四类错误最彻底的解决方案就是使用 IDA Pro 和 WinDbg 等工具

分别进行静态和动态逆向工程分析，找到相应汇编代码，并分析其逻辑。找到产生错误的原因之后，存在部分需要对原应用程序进行二进制修改才能正常工作的情况。最典型的场景是应用程序会校验文件完整性，而在系统中又不得不根据实际情况对文件进行修改的情形。此时需要找到相应逻辑，同时还需要修改该部分逻辑，避免太过严格的文件完整性校验。这一切工作都是在没有源代码的情况下，通过逆向工程、二进制分析技术、二进制修改技术来完成的。由于这些内容涉及的知识较多，每一项都有深入的知识体系和方法，本文不再赘述，只说明大概的分析思想和思路。

（3）应用启动器和监控器

前面已经讨论过启动器和监控器的流程和步骤。这里深入讨论其具体实现细节。前面的应用程序信息收集与要素分析、使用安装对比法收集应用程序信息两个模块完成应用信息收集与打包后，会被绑定在一起，作为一个单独的程序。而应用启动器和监控器，将与数据同步备份与恢复模块绑定，作为一个新的完整的应用程序出现。这个新的完整的应用程序就像原应用程序的外壳，负责创建、管理、同步备份和销毁原应用的整个运行环境。这些关系可以用图 5-10 表示。

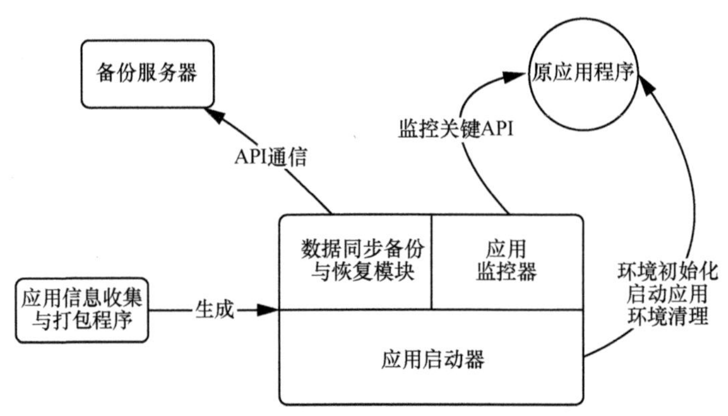

图 5-10　应用启动器内部模块与关系

下面是应用启动器的任务工作流程，具体步骤如下。

- 根据应用需要构建环境。
- 启动原应用程序，并与应用监控器和数据同步备份与恢复模块通信，激活这两个模块，使其开始工作。
- 应用退出后，清理系统环境，保存和备份数据。

根据应用需要构建环境部分主要有以下几个细节需要处理。

- 注册表关键值的写入。
- 环境变量的构造。
- 系统关键依赖库的注册。
- 如果有服务，则需要注册和启动相关系统服务。

应用信息收集与打包的处理结果会被集中结构化存储在固定目录（如 data）下，应用启动器可以按照下面的顺序依次处理。

对于注册表信息。首先依次查询系统注册表，若当前需要写入的注册表值已经存在，则需要备份下来，写入临时目录（如 temp）。这样后续才能恢复系统至初始状态。备份完成后，即可写入注册表信息。

对文件、系统模块的处理与注册表信息类似，首先也是检查文件是否已经存在，如果已经存在，则需要备份到临时目录（如 temp）下，以备后续恢复。这里，如果应用程序的依赖库文件在环境准备过程中被放入系统目录，则需要记录依赖库文件修改时间和文件哈希，如果在应用程序运行过程中，被放入系统目录的依赖库文件因外部原因被修改，保险起见，可以不删除依赖库文件，或向用户确认后再删除。对环境变量的处理则要简单得多，在启动应用程序时调用“SetEnvironmentVariable” API 设定即可。

对系统服务甚至驱动程序的处理则要麻烦得多。部分服务或驱动程序甚至需要重启系统才能生效，对于这种情况，目前的容器虚拟化方案也无法处理。如果系统对恢复的要求不高，那么可以直接使用脚本来注册服务和驱动。

当应用程序正常退出（用户主动关闭）时，应用启动器需要保存应用修改值，清理环境，同时与数据同步备份与恢复模块通信。对于注册表，需要将最新注册表的值保存到应用数据目录（data）下，这样应用程序再次打开时，用户做的设定改变仍然可以被加载出来。同时，应用启动器也需要将应用程序修改的注册表值进行还原，利用临时目录保存值覆盖初始注册表或文件（如果临时目录保存值不存在，则直接删除注册表或文件）。

除了上面的构建环境和清理环境工作，应用启动器还需要与数据同步备份与恢复模块和应用监控器通信。由于通信要求不高，主要在于消息通知部分，因此可以尽量松耦合处理。

消息通知主要有以下几种：应用启动、应用退出、数据改变同步（当应用退出、保存系统注册表时触发）。

为了实现兼容性和松耦合，通信部分可以使用 Socket 实现，这样模块分离之后，通信部分仍然不受影响。

应用监控器的主要目的是监控应用程序的关键行为。前面进行需求分析和相关工作分析时已经提到，没有必要监控所有 API，这样不仅工作量大，运行效率也低。因此监控几个关键 API 即可。

目前主要关心以下几个应用行为。

- 应用程序是否写入了预定注册表节点以外的键值。
- 应用程序的应用层数据文件写入操作。
- 应用程序的用户设定配置文件（如果写入了当前用户的主目录）。

在 Windows 中，可以使用 Detours[25]来实现 API 的截获与重现。

针对注册表 API（如 RegOpenKeyEx、RegCreateKeyEx 等）的请求，可以使用 Detours 插桩 advapi32.dll，插桩完成后，应用程序调用这两个注册表 API 时，就会调用用户自己的 API（如 userapi.dll）实现。然后用户自己的 API 实现可以进一步根据需求选择调用系统的原有 API，或做一个第三方简单实现。

Detours 插桩 API 前的调用路径如图 5-11 所示。

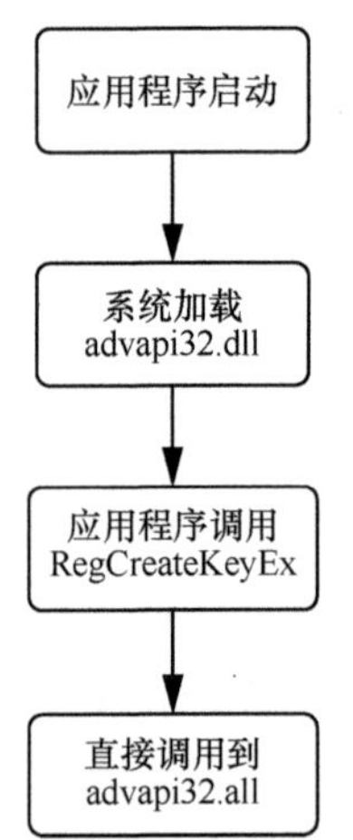

图 5-11　未插桩的 API 调用路径

Detours 插桩 API 后的调用路径如图 5-12 所示。

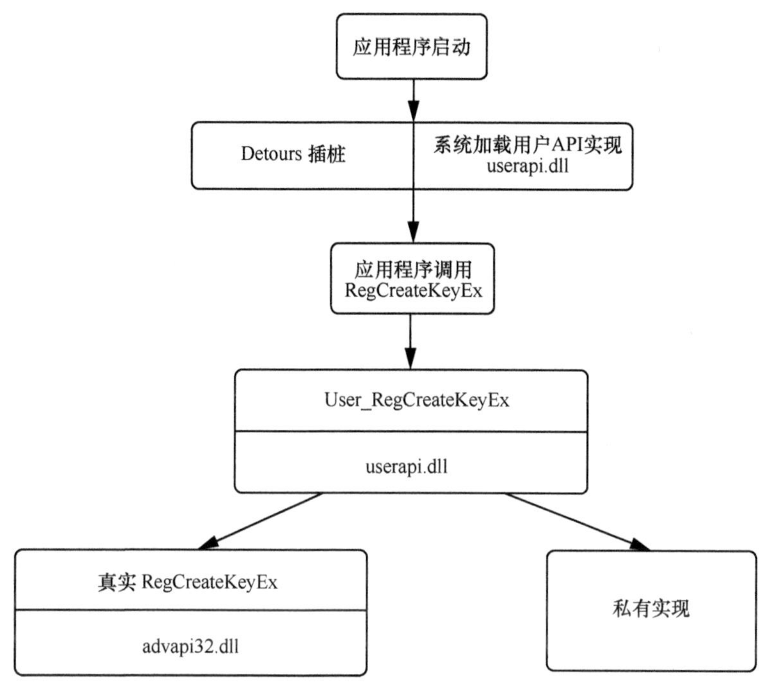

图 5-12　插桩后的 API 调用路径

对于文件访问请求，其插桩方法与注册表 API 插桩没有太大差别。Detours 插桩 API 实现系统函数劫持之后，根据数据同步需求与场景的不同，有如下 3 种技术方案：插桩请求劫持到虚拟化磁盘同步备份数据方案、插桩请求劫持到本地虚拟目录异步备份数据方案、获取文件访问再异步备份数据方案。

插桩请求劫持到虚拟化磁盘同步备份数据方案：这种方案使用 Dokan 在本地虚拟化出一个网络磁盘，网络磁盘与服务器之间是同步 I/O 的，即用户向网络磁盘写入文件之后，网络磁盘会立刻将数据同步写入服务器，服务器返回确认操作成功之后，用户才会收到保存成功的反馈。Dokan 可以在 Windows 下创建一个虚拟的磁盘，从应用程序中承接文件系统的操作，并进行进一步的处理。在应用层容灾的环境中，从应用中获得的文件系统操作可被写入远程，或者从远程获得数据。这样，数据通过 Dokan 的转发可以到达后台的存储和备份服务器中，从而保证数据不丢失，达到数据容灾的目的。

在这种情况下，所有文件访问请求都必须插桩替换，变成一个针对网络磁盘相应路径的操作，用户仍然可以像正常操作一样申请将数据保存到本地磁盘中，但是由于文件访问 API 已经被插桩替换，所有的文件数据都会被写入网络磁盘。在这种情况下，数据的丢失窗口最小，约等于网络时延。但是将每个数据操作都同步写到远程服务器会让整个操作响应变慢，用户可以感知到保存文件等操作的卡顿，在用户体验上并不完美。这种方案最适合在局域网环境中使用，例如可以构建一个网络磁盘平台。经实验，在校园网的条件下，数据操作性能影响可忽略不计。

插桩请求劫持到本地虚拟目录异步备份数据方案：此方案仍然是将所有文件数据请求劫持重定向，但与上一种方案不同，劫持之后并不直接写入网络磁盘，而是改写路径之后写到本地预设目录下的相对路径。然后，可以用类似 Dropbox 的数据同步方案，将该预设目录与服务器进行同步备份。

此方案比较适合互联网远距离备份。由于数据是被直接写入用户本地目录的，从性能上来说，应用程序的性能几乎没有损失，所有的 API 截获仅仅是将用户操作资源的路径从绝对路径变成了相对路径。所以用户几乎感觉不到卡顿，在用户体验上会好很多。

但是，由于本地文件读写速度远远大于网络传输速度，因此数据丢失窗口变大，丢失窗口的大小取决于用户写入的文件未备份到服务器部分的大小。

获取文件访问再异步备份数据方案：这种方案是最轻量级的技术解决方案。用户的请求不会被更改，写入本地的文件会直接散落在系统中，而不会像前面两种方案那样集中起来，因此，这个时候如何同步备份是一个难题。

此方案同样具有第二种方案的速度快、对用户感知透明的优点，但是由于文件散落在系统各处，仍然需要通过插桩等方式截获这些访问请求，建立索引，然后使用同步算法，把这些散落的文件全部同步到服务器上。

这种方案的优点与第二种方案类似，但是实现一个分散的文件同步机制比较麻烦，并且容易受到用户的影响，出现新的问题。

5.6.4.2 Linux（优麒麟（Ubuntu Kylin））虚拟化容器的系统实现

Linux 容器机制本身就十分完善，因此，在 Linux 环境下实现一个轻量级应用虚拟化容器相比 Windows 要简单很多。同时，Linux 的 API 插桩实现也有原生加载器支持，因此无须使用第三方项目。总体而言，Linux 虚拟化容器的实现要简单得多，技术方案相比 Windows 有较大差别。

首先，Linux 的应用程序通常没有复杂的安装过程，一般把可执行文件、配置文件、运行库文件、手册文件等按照惯例分别放在/bin、/etc、/usr/lib、/usr/share/man系统目录下即可。对于中大型的软件来说，可能还有资源文件等，一般将其放在应用程序主目录下。Linux 应用程序的常见构成如图 5-13 所示。

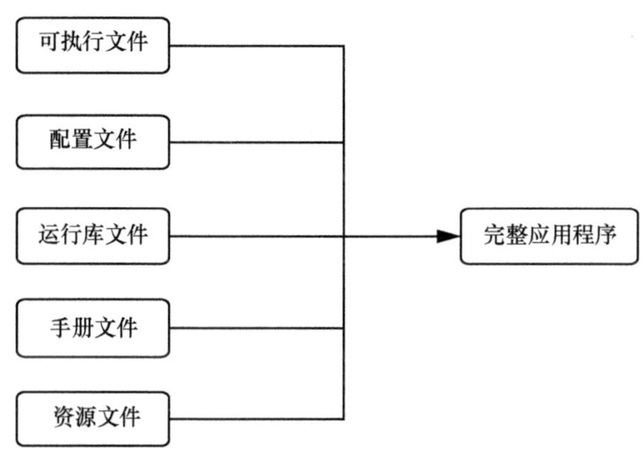

图 5-13　Linux 应用程序的常见构成

应用程序信息收集与要素分析：类似 Windows，Linux 应用程序信息也需要一个收集过程。不同的是，Linux 没有集中化注册表机制，只需处理图 5-13 中的几类文件即可。这个信息收集过程比较简单，也很容易自动化处理。

但是，由于存在众多发行版，且版本混乱，库文件之间又存在多种依赖关系，很容易形成依赖地狱（Dependency Hell），因此对依赖性库文件的处理要比 Windows 复杂得多。

为了解决 Dependency Hell 的问题，需要尽可能将当前系统依赖的库文件全部打包，包括最基础的 libc.so。在这种情况下，只要系统 syscall 相同，就可以保证打包后的程序可以无缝迁移到其他机器直接执行，与静态编译后的应用程序无异。

因此，这里的关键技术就是跟踪一个应用程序依赖的所有库文件、配置文件、资源文件等。

虽然 Linux 应用程序大多不需要安装，只是一个解压的过程，但是不能直接从应用程序的文件包里取出所有的文件，因为文件包都是针对发行版系统专门定制的，其中隐含的因素就是依赖库文件正好与之对应。而在 Linux 环境下，这种情况不成立，所以不仅需要文件包中的所有文件，同时还要找出依赖的系统库文件。

自动寻找依赖机制：与 Windows 机制完全不同，在 Linux 环境中，可以设计和实现一种动态运行截获的方式，跟踪和找出所有依赖库文件、配置文件、资源文件等。

下面分别讨论 3 种情况的处理机制。

对于配置文件，应用程序在任何一次启动时，都要正常读取、解析文件并进行配置操作，继而启动。因此配置文件一定是一个通过打开、读取进行的普通文件操作。只需要使用 LD_PRELOAD 将相关文件操作 API 全部 hook，就很容易找出所有配置文件访问请求。

对于资源文件，应用程序同样通过截获文件访问接口来获取，但是与配置文件有所不同，一个中大型软件的运行过程十分复杂，不会在软件启动时加载所有资源，而是在软件运行到不同功能、界面、模块时，分别动态加载相应资源。在这种情况下，有可能造成资源文件的遗漏。好在虽然 Linux 应用程序的文件比较分散，但是很少有将资源文件完全分散到系统各目录的情况，在实践中发现，只要将应用程序资源文件同目录的所有文件全部加入，就可以在绝大部分情况下完美解决资源文件的问题。

最后一种是针对依赖库文件。Linux 的库文件加载是通过加载器来完成的。众所周知，Linux 有一个非常方便的 ldd 工具，可以打印出一个应用程序动态运行所依赖的库文件，我们可以借用这个机制。ldd 程序的实现方式为，对于一般情况，设置 LD_TRACE_LOADED_OBJECTS 环境变量为 1，从而让 linker 显示库文件依赖情况，但是，ldd 也会尝试真正运行程序，在运行过程中获取加载器信息，从而最终得到准确的库依赖文件。

分别处理这 3 种情况之后，就可以实现一套非常完善的自动寻找依赖程序。实践中，这样一个运行时自动寻找依赖机制，相比 Windows 平台的安装对比机制，结果要好得多，大部分情况下可以完整得到整个应用程序依赖，目前没有发现无法处理的情况。实际上，如果遇上一个较复杂的应用程序无法自动分析成功，与 Window 应用程序分析类似，可以使用静态分析和动态调试相结合的方法进行深入分析。其中，Pin 就是一个非常好用的工具，可以用来进行很多种类型的自动分析。

程序打包与运行：打包好应用程序后，在构造环境中正确运行已经不是难事。需要实现的关键点仍然是请求截获和分发。具体的原理可以参考 CDE 的论文（参考文献[26-27]）。

得益于 Linux 完善的容器机制与 API 截获机制，可以很方便地实现请求截获和分发机制，实现一个和 Windows 类似的文件监控、数据同步备份与恢复模块。但是这里仍然存在一些不一样的地方需要认真处理。

最大的不同在于调用分发机制。在 Windows 中，将应用程序打包后，所有的第三方库都被打包在一起，如果要将应用程序对第三方库的调用重定向到打包目录中，那么需要根据实际情况分别处理。根据实践，至少存在以下 3 种情形。

- 第三方库路径被存储在注册表中，应用程序通过读取注册表得到该库的路径。
- 第三方库路径被存储在应用程序的配置文件中，常见的有 ini、xml 等格式，应用程序加载配置文件，读取库路径，然后加载第三方库。
- 第三方库路径存在于环境变量中，应用程序启动时通过读取环境变量来加载库。

针对这 3 种情形，我们需要做不同的处理来构造环境，使得应用程序可以正确找到依赖库的路径。

Linux 没有注册表机制，也很少存在使用配置文件存储库路径的软件，大部分应用程序使用系统库，大部分库文件也被会安装到系统中，因此通过环境变量的形式来搜索库路径，通过版本号来寻找正确依赖。

这样的机制让处理的情形变得简单，我们只需要正确处理上述第三种情形即可，并且并不复杂。其中主要有两个问题需要处理。第一个是加载器的地址。加载器的地址（如/lib/ld-linux.so.2）都是被硬编码在应用程序二进制文件中的，如果不做处理，由于不同发行版版本差异过大，仍然可能找不到加载器进而导致应用程序无法运行。第二个是 RPATH。类似于加载器，RPATH 指的是运行库的搜索地址，也被硬编码在二进制文件中。

对于这两个问题，解决思路是配置相关环境变量与 API Hook 相结合。同样地，我们仍然需要一个应用启动器，它的功能是为应用程序启动时准备环境，结束时清理环境。在准备环境的过程中，需要设置相关环境变量，并通过 API Hook 的手段，解决加载器路径问题。在环境清理阶段，并没有太多环境清理工作要做，主要工作是进行相关状态检查。

总结来看，我们详细讨论了 Windows 和 Linux（优麒麟）两种系统平台，实现了虚拟化容器的具体技术实现方案，包括应用信息收集与打包、应用启动器和监控器的具体设计方案以及 3 种可行的数据备份方案。

其中 Windows 平台的打包分析主要采用安装对比法，特殊情形辅以人工分析进行监控与调试；Linux 平台主要采用动态运行探测法，成功率可达 100%，无须人工干预。

在具体的启动器和监控器的设计和实现上。应用信息收集与打包模块是一个独立的程序，作用是生成启动器和监控器，并将其与数据同步备份和恢复模块绑定在一起，打包成一个新的完整的应用程序。

对于 Windows 平台，启动器和监控器需要一个复杂的环境准备和清理过程，启动时需要写入注册表、复制关键文件、注册系统服务等，清理时需要逆向进行环境配置，保存环境变更到数据目录，并将环境变更恢复到应用程序启动前。对于 Linux 平台，启动器和监控器的实现相对简单，环境配置任务主要集中在环境变量与依赖库的搜索路径方面，清理任务也非常简单。

在监控器方面，Windows 和 Linux 系统都需要通过 hook 关键 API 来实现数据文件路径改写和检测，同时通过消息机制通知同步模块，唤起同步备份逻辑。

应用启动器和监控器是整个系统最核心的模块，也是本系统难点所在。它处于各模块交叉的枢纽位置。这个枢纽体现在：同步恢复模块依靠监控器进行数据路径改写和消息通知，虚拟容器环境依靠启动器进行构建和清理，与应用程序所有的交互与状态监控检测也都由启动监控模块负责。总体而言，启动器与监控器联系了应用程序、操作系统、数据同步服务器，将他们结合在一起，形成虚拟化与备份恢复系统。

除了上述模块，剩下的重要模块就是数据备份和恢复模块，这两个模块并不区分平台，因此可以做到 Windows 平台与 Linux 平台共用。

5.6.5 应用层容灾中数据同步与恢复的实现

应用平台虚拟化部分的作用是将应用程序本身进行备份与恢复。相较而言，数据的备份和恢复的处理对象是应用数据，而应用程序与数据的共同备份和恢复才能完成整个备份恢复系统的备份与恢复。

虽然二者的目标都是快速备份与恢复，但是其处理方法、技术方案等是完全不同的。应用程序备份与恢复处理的是应用程序打包、免安装、兼容性等方面，数据备份与恢复处理的则是数据实时同步、数据变化检测等。应用备份与恢复由应用信息收集与打包模块完成，数据备份与恢复由数据同步备份与恢复模块和数据服务器模块协作完成，二者最终通过应用启动器与监控器进行结合，形成总体方案。

因此，数据备份与恢复是将数据存放到服务器，其本质在于云存储。单台机器的故障是不可避免的，但是我们可以通过各种分布式系统保证云存储的可靠性与可用性，再通过数据备份与恢复机制，最终保障用户的数据不会丢失。

由于数据备份与恢复模块比较通用，性能瓶颈不在 CPU 而是网络通信上，因此实际实现时，可以用 Python 等脚本语言写成独立跨平台模块，供 Windows 和 Linux 系统共同使用。同时，由于使用标准 RPC 通信协议访问服务器，不同系统使用的服务器也是相同的，如图 5-14 所示。

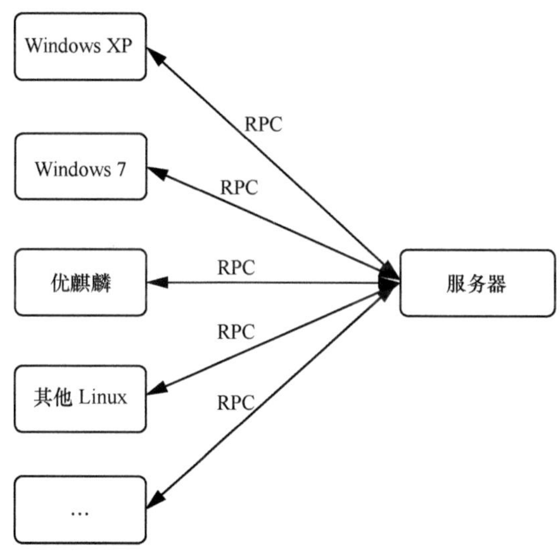

图 5-14　与具体操作系统无关的服务器架构

在具体的实现上，可以分为同步备份以及异步备份两种不同的数据备份和恢复模型。对于同步的方案来说，可以参考内网的网络磁盘实现方案。由于内网的时延可以忽略不计，同步网盘的挂载方式在内网中是可行的。但是这种远程挂载磁盘形式的用户响应很大程度上取决于网络时延，因此只适合在局域网环境中使用，更加困难的是异步数据备份方案。

多数据版本的支持：显而易见，服务器数据需要提供版本支持，这样做的原因主要有以下两点。

- 用户有回滚版本的需求。现代网盘的一大特点就是对版本的支持，如国外的 Dropbox、国内的百度网盘等，都支持 10 个以上的文件历史版本，用户可以根据需求回滚。

- 由于系统目标是处理容灾等特殊极端情况，当灾难发生时，最新数据并不一定是可以正常使用的，因为应用软件的正常工作可能依赖所有文件的一致性，如果部分文件被同步为最新版本，但另外一部分文件是旧版本或更新中版本，就有可能导致整个应用无法正常工作。因此只能通过回滚版本来解决。

自动冲突处理：数据同步与恢复需要有一定的冲突处理能力，并且是自动的冲突处理机制，这对系统提出了两点要求。

- 系统应该尽量保证文件版本是一致的，并且系统也应该工作在一个线性的历史上。
- 当多用户同时出现时，如已经崩溃的机器突然恢复，而我们已经将环境恢复到另一台机器上，并且产生了数据修改，此时就会产生冲突，需要自动解决这样的冲突。

数据同步的算法设计：由上，数据备份与恢复模块需要版本管理机制，同时又需要有一定的冲突处理能力。经过精心设计，提出数据同步算法的几个要点，具体如下。

- 客户端和服务器状态都从一个共同的版本号 0 开始，版本号 0 表示数据为空。
- 以文件为单位进行版本更迭，对于每一次文件修改造成的版本更新，将上一个版本的状态哈希与当前修改情况合并成一个新的哈希，形成一个类 merkletree 的结构，但是要更加简单。
- 记录文件的重命名、移动等操作，对于较大的文件，分块处理，使同步数据的网络通信尽量少。另外，对于单次文件更新，还可以用带压缩的 rsync 算法进行文件同步，大大减少网络通信数据量。
- 在正常的工作过程中，同步都是单向的，只有在恢复的过程中才会产生反向的数据流动，并且此时客户端的版本应该是 0 或当前版本的某个前序父版本，因此可以严格控制版本为线性和单向的。在没有多方共同修改文件的版本控制中，一切都变得简单。
- 冲突控制的处理。把文件恢复过程也记作一次版本更新，提交到历史中，这样当出现多机器同时工作时，规定最新版本与恢复版本冲突的更新无法提交，就解决了这个问题。在进行了正确加锁和事务处理的情况下，数据恢复操作和数据更新操作只有会一个成功，如果数据更新成功了，恢复操作就会重新尝试用最新的 HEAD 头版本进行恢复，直到成功为止，这样就替代了之前已经崩溃的机器，且数据丢失窗口可能会进一步减小。当恢复机器进入正常工作状态之后，原崩溃机器即使恢复正常，也无法再抢占最新版本，除非进入数据恢复状态。

这里的数据同步算法流程如图 5-15 所示。

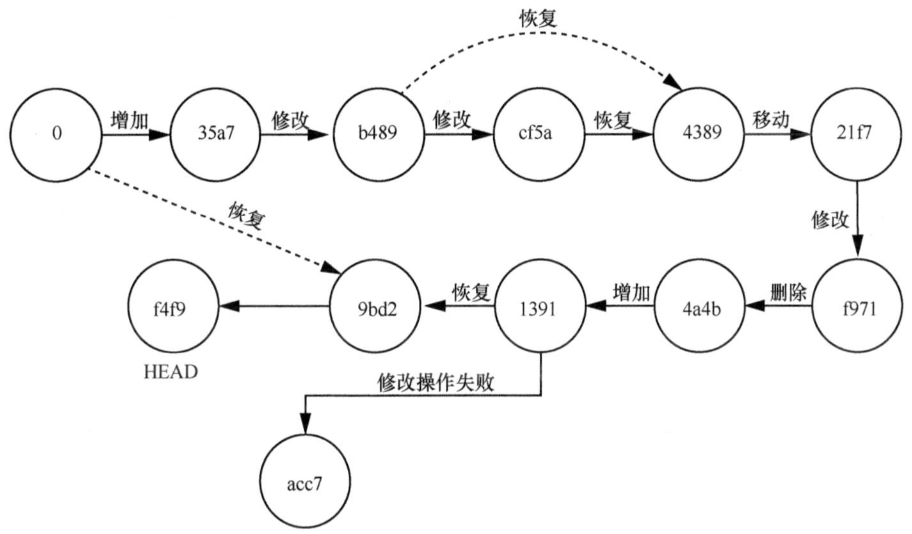

图 5-15　数据同步算法流程

在图 5-15 中，版本的更迭是线性的，从版本 0 到 HEAD 的实线代表这个线性历史。当产生崩溃恢复操作时，前面已经提及，并不一定从最新版本恢复，而是从最近一个正常工作的版本进行恢复。

在图 5-15 中，4389 版本崩溃前的最新版本是 cf5a，但是 cf5a 并不能正常工作，于是从 b489 版本进行恢复，记录 4389 版本的源版本为 b489，父版本为 cf5a。所以实际上，4389 版本与 b489 版本的文件是完全一致的。

再看 9bd2 版本，它从 1391 版本直接恢复而来，因此源版本与父版本都是 1391 版本。但是恢复版本产生以后，原崩溃机器又重启继续工作，并产生了数据修改，产生 acc7 版本。但是由于恢复版本 9bd2 已经产生，因此会产生冲突，根据冲突处理机制，acc7 版本会被丢弃，并向用户提示该版本已经不可用。

同步算法的实现：同步算法的实现可以部分参考版本管理工具 Git 的实现方式，

当然由于历史线唯一，实现起来要简单很多。另外，分布式文件系统的访问是比较慢的，因此元数据（metadata）不能像 Git 一样与数据块（Data Block）存储在一起，需要使用单独的数据库存储。这里可以使用 Berkeley DB 实现。

另外，服务器还需要针对同步实现加锁和事务的处理，不允许一个文件出现一个更新一半的版本，因此需要实现一整套事务流程。用户进行 RPC 时会先申请一个或多个文件或目录锁，然后开始文件更新等一系列操作，操作完毕之后，将整个事务提交，使得服务器中的版本总是一个完整版本，大大降低崩溃边界数据的不一致性。加锁机制可以使用 Berkeley DB 提供的锁来实现。

对于客户端来说，metadata 在本地也需要存储一份。客户端的同步流程如下。

步骤 1：客户端同步模块收到有文件发生改变的通知。

步骤 2：同步模块根据本地 metadata 获取当前改变文件列表（类似 git status 操作）。

步骤 3：同步模块开始一次同步事务申请，将当前改变的父版本、文件列表等参数发送给服务器，服务器根据冲突处理机制，返回成功或失败。

步骤 4：同步模块将本地文件同步给服务器。

步骤 5：同步模块将本次事务提交，成功之后即可进入等待状态。

另外，客户端在系统开启和关闭时，即使没有文件发生改变，也需要进行一次同步检查操作，防止有文件在未开启软件的状态下被人为修改。

恢复算法的实现：对于客户端来说，恢复操作应当在每次系统启动时检查系统状态，如果处于应当恢复的状态，就不断尝试进行恢复，其流程如下。

- 客户端启动，检查本地是否存在文件历史，不存在就初始化版本号为 0 的初历史。
- 客户端将当前本地的文件历史最新版本发送给服务器进行查询，查询是否是 HEAD 版本，是否是 HEAD 的父版本，或者是否与服务器的 HEAD 版本不在一条历史线上。
- 如果是 HEAD 版本，则进入正常工作流程，无须恢复；如果不在一条历史线，那么应用程序出错，报错退出；如果在一条历史线但是非最新版本（即是 HEAD 的父版本），就需要进行恢复操作。
- 申请恢复操作的事务，将上一个版本状态和服务器的最新版本状态（HEAD）提交给服务器，如果成功，就开始进行恢复操作。

• 进行服务器 RPC，不断拉取两个版本不同的所有历史信息，并写入本地。

由于整个系统设计比较简单清晰，恢复算法的设计与实现也是比较简单直接的。因为整个历史是线性的，因此检测是否进入恢复状态，只需要检测当前版本与历史线的关系即可。

另外，整个恢复过程是相对独立的，恢复完成后，直接重启整个应用，所以与同步备份模块相比，要简单得多，不需要依靠消息驱动机制不断跟踪数据变化，只需要在启动过程检测一次即可。

服务器端的实现：服务器端的实现主要考虑两点：保证高性能高可用的存储系统和正确实现同步算法并提供 RPC 接口。

在分布式文件系统和多副本上，自谷歌发布 GFS 以来，各种分布式文件系统的出现和应用使得大规模数据存储成为一种门槛较低的方案。其中，MooseFS 作为 GFS 的一个相似开源实现，简单好用，得到了社区的广泛关注。

MooseFS 提供了一个主节点和多个数据节点，分别用于存储 metadata 和实际数据。它能实现自动负载均衡、多副本，在特性上完全满足了需求。

将 MooseFS 作为后端存储系统，配置三副本，然后挂载到多个前端 RPC 服务器上，从而提供多点服务能力。前端服务器全部运行 RPC 逻辑应用，对外提供服务。

在 RPC 的实现上，服务器主要使用 RPC 与客户端通信，采用 Thrift 作为 RPC 框架。Thrift 不仅提供了一整套完整的数据定义和规范，还能够提供跨语言的支持，即只要定义了数据传输规范，就可以同时生成服务器和客户端的 RPC 通信接口代码，使用者无须处理中间的通信格式等细节，只需要按照提供的接口实现系统其余部分即可，为开发者节省了大量的时间。另外，Thrift 还可提供数据传输压缩支持，是一个非常理想的 RPC 方案。

RPC 主要包括两类：同步备份与恢复。同步备份操作对于服务器来说，是一个修改操作；而恢复操作对于服务器来说，事务以外的部分是一个只读操作。

无论是同步备份还是恢复操作，服务器都需要让客户端请求相关资源锁，避免同时修改，造成冲突。

这一部分的工作并不难，只需要正确使用 Thrift 设计数据结构并正确实现算法即可。由于服务器部分的相关方案与技术都比较成熟，也不是本文的重点，这里不再赘述。

5.6.6 应用层容灾系统的实际效果评测

为了检验构建的应用层容灾系统的实际效果，对其进行测试。下面将讨论应用层容灾系统的测试用例、测试数据与测试结果，从而对应用层容灾系统有一个较为客观的评价。

为了验证本文技术方案在实践中的可行性，需要对每项技术进行单独评测，最终给出系统总体测试，从而明确系统是否可以完成设立的应用程序快速备份与恢复的目标。

我们选用两台 Windows XP、两台 Windows 7、两台优麒麟系统和 3 台服务器分别搭建系统对应用层容灾环境进行测试。

测试系统配置情况见表 5-1。

表 5-1 应用层容灾的测试系统配置

测试系统	硬件	系统版本
服务器	Intel(R) Core™ i7-4500U CPU@1.80GHz	Linux CentOS 6.5
Windows XP	联想 ThinkPad X201 CPU Core i5 540M	Windows XP SP 3
Windows 7	联想 ThinkPad X201 CPU Core i5 540M	Windows 7 Ultimate
优麒麟	联想 ThinkPad X201 CPU Core i5 540M	麒麟 Ubuntu 14.04
网络设备	TP-LINK 百兆路由器	N/A

（1）客户端软件的兼容性测试

在测试方面，针对 Windows 平台和 Linux 平台，各选取 16 款有代表性的不同种类的软件进行兼容性测试。

在 Windows 操作系统同构环境中，测试了以下软件（见表 5-2）。测试发现，下列被选取的软件都可以直接在虚拟化环境中执行/恢复执行，不需要经过任何安装、配置等复杂流程。

表 5-2 Windows 软件测试

名称	类型	效果
GIS 地理信息系统	大型地图类办公软件	启动较慢，使用正常
WPS Office	中型办公软件	启动较快，使用正常

（续表）

名称	类型	效果
Notepad++	小型文本编辑器	启动很快，使用正常
鲁大师	电脑工具软件	启动很快，使用正常
小红伞	杀毒软件	启动较快，大部分使用正常可更新病毒库
Recuva	电脑工具软件	启动很快，使用正常
7-Zip	电脑工具软件	启动很快，使用正常
CPU-Z	电脑工具软件	启动很快，使用正常
火狐浏览器	浏览器软件	启动较快，使用正常
福昕 PDF 阅读器	文件查看软件	启动很快，使用正常
印象笔记	办公笔记类软件	启动很快，使用正常
千千静听	音乐类软件	启动很快，使用正常
PPTV 网络电视	网络点视软件	启动较快（网络时延），使用正常
有道词典	词典软件	启动很快，使用正常
迅雷	下载工具软件	启动很快，使用正常
为知笔记	办公笔记类软件	启动很快，使用正常

在优麒麟操作系统的同构环境中，测试了以下软件（见表 5-3）。测试发现，下列被选取的软件也可以直接在虚拟化环境中执行/恢复执行，不需要经过任何安装、配置等复杂流程。

表 5-3　优麒麟软件测试

名称	类型	效果
LibreOffice	办公软件	启动较快，正常工作
aMule	下载工具软件	启动很快，正常工作
FileZilla	FTP 客户端编辑器	启动较快，正常工作
GoldenDict	词典软件	启动很快，正常工作
MuPDF	文件查看软件	启动很快，正常工作
Opera 浏览器	浏览器软件	启动较快，正常工作
PuTTY	工具软件	启动很快，正常工作
Sublime Text	编辑器软件	启动很快，正常工作
SuperTuxKart	游戏软件	启动较快，正常工作
Vim	编辑器软件	启动很快，正常工作

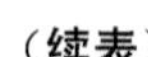
（续表）

名称	类型	效果
VLC 多媒体播放器	播放器软件	启动很快，正常工作
xCHM	文件查看软件	启动很快，正常工作
xfburn	光盘刻录软件	启动很快，正常工作
Anki	学习软件	启动很快，正常工作
Leafpad	文本编辑器	启动很快，正常工作
qBittorrent	下载软件	启动很快，正常工作

（2）备份与恢复总体测试

在上述兼容性测试的基础上，进行了总体系统测试。在软件正常工作时，通过突然掉电等方式来模拟灾难发生，然后测试应用恢复时间、数据恢复时间以及数据丢失窗口。

选取了比较有代表性的几个软件进行测试，结果见表 5-4。

表 5-4　系统总体测试

软件名称	操作系统	应用恢复时间/min	数据恢复时间/min	数据丢失窗口/min
WPS Office	Windows	<2	<2	<1
鲁大师	Windows	<1	<1	<1
LibreOffice	优麒麟	<3	<1	<1
SuperTuxKart	优麒麟	<4	<2	<2

（3）数据同步与恢复性能测试

在本系统中，数据同步模块更多的是作为一种重要的功能模块出现，而不是需要进行优化和改进的重点对象。

在测试环境中，利用局域网环境搭建服务器环境，分别在千兆网和百兆网的环境下进行测试，测试数据的上传、下载等情况，最终得到数据为：在百兆网环境下，上传、下载速度在 3 MB/s 和 9 MB/s；在千兆网环境下，数据上传、下载速度达到 30 MB/s 以上。

由此可见，系统在数据同步性能方面完全达到了正常应用的需求，并不是整个系统性能的瓶颈。

系统的恢复速度也是一个重要的指标。在同样的环境下，通过将系统断电的方法模拟系统崩溃，然后测试另一台同构机器的恢复时间和数据丢失窗口，其中，恢复时间包括应用软件从启动、进入恢复流程、完整恢复、重启到最终进入正常工作状态的时间；数据丢失窗口取决于文件保存、缓存写入等，因此只能得到一个时间范围。最终得到的数据见表 5-5。

表 5-5　应用程序启动开销测试

测试项目	WPS Office	Chrome	Photoshop	7-Zip	ArcGIS
恢复时间	5.0 s	8.3 s	27.7 s	2.0 s	18.4 s
数据丢失窗口	<30 s	<1 min	<2 min	N/A	<2 min

（4）虚拟化环境的额外时间开销

对于用户来说，最容易感受到的就是系统的响应速度，因此需要评测虚拟化环境给应用程序带来的额外时间开销。由于采用了模拟虚拟化的环境，大部分环境情况与实际运行没有明显差别，仅在启动和清理方面做了不少额外工作。因此需要测量应用程序虚拟化后的启动时间及应用程序在普通安装状态下的启动时间。

使用 VBS 脚本操作各个软件，依次打开关闭各 3 次，并根据软件类型的不同分别打开不同的文档文件，记录整个时间结果，最终测试结果见表 5-6。

表 5-6　应用程序启动开销测试

测试项目	WPS Office	Chrome	Photoshop	7-Zip	ArcGIS
原生环境/s	18.7	23.5	82.7	5.6	64.4
虚拟化后/s	18.8	23.8	83.0	5.6	68.0

测试结果证明，轻量级虚拟化的思路是比较高效的，特别是对于用户来说，几乎感觉不到虚拟化前后的任何性能差异。

（5）大型软件处理案例

由于使用了轻量级模拟虚拟化方案，系统可以处理非常复杂的大型应用软件。

前面已经提过，对于打包程序来说，最难处理的部分在于以下几点。

- 应用程序带有系统服务、驱动程序模块、内核模块等。
- 应用程序依赖.NET、Java、Python 等重型运行库。
- 应用程序包含复杂的序列号机制，序列号与硬件是绑定的。

下面介绍一个大型三维地理信息系统的成功案例，具体分析相关的难点和测试结果。

该系统依赖众多基础运行库，带有驱动程序，也有一定的序列号注册机制，相当于上面各个难点的合集。对于这种大型软件，无法使用传统的 ThinApp 等方式成功打包，可以使用半自动化的手段实现整个应用程序及其环境的打包，最终实现完全独立运行，不依赖任何环境。最终打包出来的整体包含如下模块，见表 5-7。

表 5-7　三维地理信息系统模块

模块名称	功能
ArcGIS	地理信息商业运行库
.NET Framework	微软基础框架库，三维信息系统依赖
Esri	地理信息系统支持库
GIS3D	GIS3D 软件打包目录主体
Leica Geosystems	地理位置运行库
Oracle	Oracle 公司的数据库软件，用于连接数据库
Python25	Python 语言，作为软件运行库
Skyline	GIS3D 软件依赖运行库，以及相关证书

针对这个大型三维地理信息系统，分别使用以下几种不同的方法来处理这些模块。

① 对于各个依赖库

- 对于 Python25、Oracle、Esri 等，可以直接将目录打包，然后将环境变量、注册表修改为打包目标位置即可正常处理。
- 对于.NET Framework 等系统级别的强依赖库，只能使用自动安装的形式来处理，并且对系统的改变不可逆。

② 对于系统驱动，使用模拟安装与注册的方式来处理，达到最大兼容性。对于这样的模块，应避免一切更改，尽量保持原样，也不进行插桩，从而确保兼容性。

③ 对于软件授权序列号证书等，需要结合软件调试、逆向工程等方法，将其证书一起打包，放入打包目录中，并将证书检查请求重定向到打包目标位置的证书。

在这个典型的场景中，我们最终把一个安装部署时长一般在 3～6 h 的大型系统软件，通过虚拟化系统成功打包成部署运行只需要 10 min 的便携型轻量级应用。

综合以上的测试结果可以看到，通过多方面的对于应用程序行为的观察、插桩以及控制，我们完全可以达到将桌面应用程序和环境的交互记录下来的目的。而这样的一个记录可以完成两个重要的功能：一是对于系统配置的记录，保证桌面应用程序在出现灾难时，可以快速恢复执行的环境，而不需要冗长的安装和配置过程；

二是对于应用程序产生的数据的记录与灾备，保证应用程序恢复时，能够达到最新的状态，而不是一个过去的状态。

5.7　本章小结

由于信息化系统的重要性，以及整个社会的信息化程度越来越高，灾难和威胁造成的信息系统破坏和业务中断都可能产生严重后果。在这种情况下，信息容灾系统，特别是其构建的基础——存储容灾系统越发重要。本章介绍了存储容灾系统的不同技术体系、相关的标准建设内容，以及国内的存储容灾系统概况。在具体的技术讨论内容中，重点讨论了在 Windows 和 Linux 两个操作系统环境中打包应用的区别。在这两个操作系统中，容灾系统的关键技术都在于虚拟化环境的构建。在并行化高效容灾备份与恢复系统中，需要使用基于虚拟容器的方法来构造服务器端的虚拟容器，从而容纳需要备份和恢复的服务程序。这里的虚拟容器不仅包括服务程序本身，还包括服务程序依赖的其他系统环境和其他服务。这样的一个容器在进行恢复时，只需要从远程获取容器的必要部分就可以开始执行服务，缩短了恢复时间，提高了恢复的效率。此外，应用层的容灾不需要容器，因为在 Window 环境中虚拟容器很难被构建。好在应用层的容灾可以依赖应用程序本身的特点，截获安装过程以及执行过程中与系统的交互。这里的交互主要包括系统的各种环境修改（如 Window 环境下的注册表修改）以及文件系统的操作。通过截取这样的操作，应用在执行过程中会将修改的内容以及生成的数据保存到远端的容灾存储服务器中。这样，在恢复时就可以从灾备站点获得数据。总而言之，从本章的讨论中可以看到，对于不同的要求，可以有不同的容灾备份方法。无论什么样的容灾备份和恢复系统，其基础架构都需要建立在存储容灾的平台上。只有将数据保存在不同的地理位置，才能够保证在发生灾难时还有数据可用，才可能通过不同层次的虚拟化方式恢复服务或应用的执行。

参考文献

[1]　Gartner Group. Disaster recovery plans and systems are essential[Z]. 2001.

[2]　SMITH D M. The cost of lost data[Z]. 2003.

[3] PATTERSON H, MANLEY S, FEDERWISCH M, et al. SnapMirror: file system based asynchronous mirroring for disaster recovery[C]// The 1st USENIX Conference on File and Storage Technologies. Berkeley: USENIX Association, 2002: 117-129.

[4] SIDDHA S B, GOPINATH K. A persistent snapshot device driver for Linux[C]// The 5th Annual Conference on Linux Showcase and Conference. Berkeley: USENIX Association, 2001.

[5] SHRIRA L, XU H. Thresher: an efficient storage manager for copy-on-write snapshots[C]// The 2006 USENIX Annual Technical Conference. Berkeley: USENIX Association, 2006.

[6] HITZ D, LAU J, MALCOLM M. File system design for an NFS file server appliance[C]// The 1994 Winter USENIX Technical Conference. Berkeley: USENIX Association, 1994.

[7] JI M, VEITCH A, WILKES J. Seneca: remote mirroring done write[C]// The 2003 USENIX Annual Technical Conference. Berkeley: USENIX Association, 2003.

[8] YANG Q, XIAO W, REN J. Trap-array: a disk array architecture providing timely recovery to any point-in-time[C]// The 33rd Annual International Symposium on Computer Architecture. Piscataway: IEEE Press, 2006.

[9] MICHAIL D F, ANGELOS B. Clotho: transparent data versioning at the block I/O level[C]// The 21st IEEE Conference on Mass Storage Systems and Technologies. Piscataway: IEEE Press, 2004.

[10] LEE E K, THEKKATH C A. Petal: distributed virtual disks[C]// The 7th International Conference on Architectural Support for Programming Languages and Operating Systems. New York: ACM Press, 1996: 84-92.

[11] LIN S B, LU M H, CHIUEH T C. Transparent reliable multicast for Ethernet-based storage area networks[C]// The 6th IEEE International Symposium on Network Computing and Applications. Piscataway: IEEE Press, 2007: 87-94.

[12] CHOY M, LEONG H V, WONG M H. Disaster recovery techniques for database systems[J]. Communications of the ACM, 2000, 43(6).

[13] OUYANG J, MAHESHWARI P. Supporting cost effective fault tolerance in distributed message passing applications with file operations[J]. The Journal of Supercomputing, 1999, 14(3): 207-232.

[14] LITZKOW M, TANNENBAUM T, BASNEY J, et al. Checkpoint and migration of UNIX processes in the condor distributed processing system[R]. 1997.

[15] JANAKIRAMAN G J, SANTOS J R, SUBHRAVETI D, et al. Cruz: application transparent distributed checkpoint restart on standard operating systems[C]// The 2005 International Conference on Dependable Systems and Networks. Piscataway: IEEE Press, 2005.

[16] LAADAN O, PHUNG D, NIEH J. Transparent checkpoint restart of distributed applications on commodity clusters[C]// The 2005 IEEE International Conference on Cluster Computing. Piscataway: IEEE Press, 2005.

[17] KEETON K, SANTOS C, BEYER D, et al. Designing for disasters[C]// The 3rd USENIX Conference on File and Storage Technologies. Berkeley: USENIX Association, 2004: 59-72.

[18] KEETON K, BEYER D, BRAU E, et al. On the road to recovery: restoring data after disasters[C]// The 2006 EuroSys Conference. New York: ACM Press, 2006: 235-248.

[19] NELSON M, LIM B H, HUTCHINS G. Fast transparent migration for virtual machines[C]// The 2005 USENIX Annual Technical Conference. Berkeley: USENIX Association, 2005: 391-394.

[20] CLARK C, FRASER K, HAND S, et al. Live migration of virtual machines[C]// The 2nd Symposium on Network Systems Design and Implementation. Berkeley: USENIX Association, 2005: 273-286.

[21] BRADFORD R, KOTSOVINOS E, FELDMANN A, et al. Live wide area migration of virtual machines including local persistent state[C]//The 3rd International ACM Conference on Virtual Execution Environments. New York: ACM Press, 2007: 169-179.

[22] CULLY B, LEFEBVRE G, MEYER D, et al. Remus: high availability via asynchronous virtual machine replication[C]// The 5th USENIX Symposium on Networked Systems Design and Implementation. Berkeley: USENIX Association, 2008: 161-174.

[23] YEE B, SEHR D, DARDYK G, et al. Native client: a sandbox for portable, untrusted x86 native code[C]// The 30th IEEE Symposium on Security and Privacy. Piscataway: IEEE Press, 2009: 79-93.

[24] DRIVER M. Take your open source apps with you everywhere with PortableApps[Z]. 2011.

[25] HUNT G, BRUBACHER D. Detours: binary interception of Win32 functions[C]// The 3rd Conference on USENIX Windows NT Symposium. Berkeley: USENIX Association, 1999: 135-143.

[26] GUO P J. CDE: Run any Linux application on-demand without installation[C]// The 25th International Conference on Large Installation System Administration. Berkeley: USENIX Association, 2011.

[27] GUO P J, ENGLER D R. CDE: using system call interposition to automatically create portable software packages[C]// The 2011 USENIX Annual Technical Conference. Berkeley: USENIX Association, 2011.

第6章 大数据存储系统的删冗

大数据存储系统中存储了来自不同网络应用和不同用户的海量数据，这些数据中存在大量的冗余。当这些冗余数据被存储到大数据存储系统中时，不仅浪费了大量的存储空间，更重要的是浪费了用户和大数据存储系统之间有限的网络带宽资源。将重复数据删除技术应用到大数据存储系统中，用来发现并去除数据中的冗余，可以有效提高存储空间以及网络带宽的利用率，进一步降低大数据存储系统的成本，提高大数据存储系统的可扩展性和整体性能。本章关注两个方面的存储删冗技术，并分别讨论了不同场景下的删冗技术，包括大数据云存储场景下的删冗技术及主存储内嵌删冗技术。

近年来，大数据存储系统凭借优秀的可扩展性、可用性、可靠性、易管理性、高性能和低成本等优势[1]，获得了越来越广泛的认可，成为在网络应用的构建中代替传统专用存储系统的解决方案。

本章主要对大数据存储系统的删冗展开讨论[2]。随着数据量的增大，大数据存储系统需要具有完善的删冗功能。本章先对大数据存储的删冗方法做一个一般性的讨论，之后对云存储环境下的删冗技术进行讨论。云存储环境下的删冗依据的是存储的数据的相似性，不需要实时删冗。此外，还有一种是对数据的实时删冗，这会对删冗提出更高的要求。

6.1 大数据存储删冗技术简介

近年来，随着信息技术的迅猛发展，尤其是云计算和大数据产业的兴起，数字信息总量呈现出爆炸式增长的趋势。数据总量的增长速度已经超过了物理存储空间（磁盘、磁带、光盘、RAM 等）的增长速度，这使得如何缩减数据存储量成为一个十分重要并且具有很强实际意义的问题。

缩减数据存储量的技术通常有两种，一种是传统的数据压缩，另一种是近几年兴起的重复数据删除技术（Data Deduplication，Dedup），简称删冗技术[2-3]。删冗技术可以识别存储系统中内容相同的数据单元，只保存其中一个副本，从而缩减数据存储所需要的空间。删冗技术最初兴起和应用于备份存储领域，即二级存储领域。

研究表明，借助删冗技术，备份系统可以将数据存储量缩减到原来的 1/20 甚至 1/60。正是由于删冗技术在备份存储领域表现出的巨大潜力，备份系统删冗成为近年来学术界的一个研究热点。目前，删冗技术已经被广泛应用到备份存储领域，成为主流备份存储设备的一项必备功能，这使得基于硬盘的新型备份存储设备逐渐取代基于磁带的备份存储设备。

重复数据删除技术用于消除存储系统中的冗余数据，从而缩减数据存储的开销，提高存储效率。存储系统通常将数据分割成较小的存储单元（如定长数据块、变长数据片等），使用存储地址作为指针对存储单元进行寻址。删冗技术可识别存储系统中内容相同的数据单元，使之使用同一个存储地址，从而避免重复数据的多次存储[4]。

6.1.1　删冗的一般流程

存储系统删冗的一般流程可以被概括为如下 4 个步骤。

（1）数据单元划分

数据单元的划分方式决定了删冗处理的粒度[5-6]。数据单元的划分方式通常有 3 种。

- 文件级别（File Level）

以文件为单位进行重复数据的检测，若识别出内容完全相同的文件，则只保存其中一份。文件级别的删冗又称单实例存储（Single Instance Storage，SIS），一个典型例子是 Windows Server 2003。文件级别删冗的优点是删冗处理的复杂度低，速度快。但是删冗粒度较大，无法识别出文件内部的冗余数据。因此，删冗技术通常采用更细粒度的数据单元划分方式。

- 定长数据块级别（Data Block Level）

存储系统尤其是主存储系统对数据的处理通常以数据块为单位[6-7]。数据块是指固定长度的连续数据内容，常见的数据块大小为 4 KB，也有一些面向高性能计算的存储系统采用 128 KB 甚至更大的数据块。存储系统通常将大文件分割成多个数据块，以数据块为单位进行存储空间的分配和管理。

以数据块为单位进行重复数据检测，可以达到更高的删冗率。但是删冗粒度的减小会导致需要处理的数据单元个数增加，进而造成删冗处理的复杂度增大。

- 变长数据片级别（Data Chunk Level）

本章中，数据片指可变长度的连续数据内容。当采用基于定长数据块的划分时，如果数据中间插入或者删除了很小一部分数据，将会导致后续数据块的内容全部发生偏移，后续数据块将被作为新数据保存到存储系统中，导致删冗效果的下降。

基于变长数据片的划分方式解决了上述数据偏移的问题。因此，大部分删冗方案均采取变长数据片方式的数据划分，以达到更好的删冗效果。

（2）数字指纹计算

重复数据的检测一般通过数字指纹的比对来进行。每个数据单元（文件、数据块或数据片）根据哈希算法（MD5、SHA1、SHA256 等）计算得到一个数字指纹，根据数字指纹判断数据单元的内容是否相同。由于哈希算法均存在概率极低的哈希冲突，当发生哈希冲突时，仅根据数字指纹进行比对就会发生重复数据的误判，导致存储数据的损坏[8]。

实际上，上述哈希冲突发生的概率要小于磁盘数据发生随机损坏的概率，因此删冗系统根据数字指纹来判断重复数据是否是可以接受的。如果对数据安全有非常高的要求，则可以使用多种哈希算法进一步降低哈希冲突的概率，或者在哈希匹配的情况下逐字节对比数据内容，从而消除哈希冲突导致的重复数据误判。

（3）删冗元数据检索

为了快速判断新数据的数字指纹是否和已有数据单元匹配，删冗系统需要为已存储数据构建一个删冗元数据索引。删冗元数据索引中包含每个已有数据单元的数字指纹、存储地址、引用计数等信息[9]。

删冗元数据索引的规模和已存储数据量成正比，通常无法全部保存在内存中，因此需要保存在外存并按需加载到内存中。这就为删冗元数据检索引入了外存 I/O 操作。考虑到每个数据单元都要进行删冗元数据的检索，而外存 I/O 又是一种开销很大的操作，需要建立能高效地进行删冗元数据检索的索引数据，以保证删冗系统的整体性能。

（4）数据单元处理

根据删冗元数据检索的结果，可以判断出新数据单元的内容是否和已有数据单元相同，并得到相同数据单元的存储地址。删冗系统对内容重复的数据单元和内容不重复的数据单元的处理方式有所不同[10-11]。

- 内容重复的数据单元

对于内容重复的数据单元，不需要存储该数据单元的实际内容，而是直接使用删冗元数据检索时得到的存储地址作为该数据单元的存储地址，并将该存储地址的引用计数加 1。

- 内容不重复的数据单元

对于内容不重复的数据单元，将分配一个新的存储地址并将新数据保存到存储系统中。然后在删冗元数据索引中为该数据单元添加对应的索引项，索引项包含该数据单元的数字指纹、存储地址、引用计数（新索引项的引用计数为 1）等。

6.1.2　二级存储删冗挑战

删冗流程的每个步骤均会引入额外的 CPU 开销，其中数字指纹计算的 CPU 开销最大。删冗流程中最关键的一个步骤是删冗元数据检索。由于删冗元数据的规模较大，其通常被保存在外存磁盘中，并在内存中缓存其中一部分，因此，这一步会引入额外的磁盘 I/O 开销和内存开销。

由于二级存储和主存储的特征不同，二级存储删冗和主存储删冗有着不同的设计目标，面临着不同的技术挑战。二级存储通常是一个独立的存储设备，用来处理周期性的备份数据流。二级存储对性能的要求体现在数据备份时的吞吐量。由于二级存储系统是一个专用系统，可以为删冗提供专用的 CPU、内存等系统资源，删冗带来的 CPU 开销、内存开销不会成为二级存储系统的性能瓶颈。但是主存储系统对 I/O 吞吐量和时延都有要求，并且运行着其他工作负载。因此主存储中的删冗处理必须尽量减少对系统 I/O 吞吐量、时延的影响，同时又不能占用过多的 CPU 和内存资源，以避免影响主存储系统正常工作时的性能。

因此，和二级存储的删冗相比，主存储删冗面临更高的性能要求和更苛刻的系统资源限制。这部分内容在本章的后面部分会详细阐述。

（1）删冗的基础性能指标：高吞吐量

删冗处理的吞吐量制约着系统整体的写入吞吐量。因此，为了保持存储系统原有的写入吞吐量，删冗处理流程必须足够高效，不能成为整个系统在吞吐量方面的瓶颈。这是在设计二级存储删冗系统和主存储删冗系统时都需要考虑的指标。

（2）删冗的核心挑战：磁盘 I/O 瓶颈

磁盘 I/O 瓶颈问题是二级存储删冗要解决的核心问题，也是主存储删冗面临的首要问题。假设数据单元的平均大小为 8 KB，使用 160 位（bit）的 SHA1 数字指纹算法，存储地址和引用计数均为 64 位，那么每 8 KB 数据对应 36 B 的删冗元数据，

每 1 TB 数据约对应 4.5 GB 的删冗元数据。考虑到实际存储系统的容量通常会达到几十 TB 甚至更高，删冗元数据是无法全部加载到内存中的，而且实际系统的删冗元数据比例通常大于上述计算值。例如原 Sun 公司开发的具有内嵌删冗功能的 Zettabyte 文件系统（Zettabyte File System，ZFS）由于使用 128 位的存储地址、256 位的 SHA256 数字指纹算法，并且需要记录一些与数据块相关的额外信息，在 8 KB 数据分块的情况下，1 TB 数据大约会产生 30 GB 的删冗元数据。因此，删冗元数据索引只能被保存在外存中，内存中只能缓存其中一部分。

假设存储系统的数据块大小为 8 KB，预期的数据写入吞吐率为 100 MB/s，那么每秒需要执行删冗处理的数据块个数将超过 10 000 个。如果删冗元数据索引全部被保存在外存中，那么每个数据块在进行删冗处理时都需要执行一次外存 I/O，因此，为了维持 100 MB/s 的写入吞吐率，外存设备必须提供超过 10 000 次的 IOPS 性能。这远远超出了硬盘的 IOPS。此外，为了提高检索速度，删冗元数据索引通常被组织成哈希表的形式，所以，删冗元数据检索引入的是随机访问。因此，即使使用 SSD 也无法提供如此高的随机 IOPS 性能。

一种可能的解决方案是将删冗元数据索引存放到外存磁盘，然后在内存中存放一份缓存以加速索引访问。然而，由于删冗元数据索引通常被组织成哈希表的形式，对索引的访问是完全随机的 I/O，导致传统的最近最少使用（Least Recently Used，LRU）、最不经常使用（Least Frequently Used，LFU）缓存方法，以及数据预取技术完全失效。因此删冗系统必须挖掘其他特征，以加速对删冗元数据索引的访问。

删冗元数据检索时的磁盘 I/O 开销是制约删冗系统性能的最关键因素，被称为磁盘 I/O 瓶颈问题（Disk I/O Bottleneck Problem）。二级存储删冗系统针对磁盘 I/O 瓶颈问题有多种较成熟的解决方案。在主存储删冗系统中，由于 I/O 访问的随机性和系统资源的限制，磁盘 I/O 瓶颈问题仍然有待解决。详细的讨论见本章后面部分的内容。

6.1.3 删冗系统的分类和现状

根据删冗面向的存储环境，删冗系统可以分为二级存储删冗系统和主存储删冗系统。二级存储是针对一级存储来说的。一级存储系统也被称为主存储系统，是直接面向用户和应用程序的存储，用于存储用户和应用程序的活跃数据，包括内存中的数据和程序，文件系统中的文件等。二级存储系统是一级存储系统的后备。

（1）二级存储删冗系统

二级存储系统，即备份存储系统，面向的是数据备份。备份存储系统周期性地将一级存储系统中的活跃数据备份到二级存储系统，由于每两次备份的时间间隔内发生修改的数据只占一小部分，备份数据中包含大量的冗余。因此，二级存储系统是一个非常适合应用删冗技术的场景。

此外，在执行备份时，备份程序扫描存储系统文件的顺序通常是固定的，这种数据访问的局部性特征可以用来优化删冗元数据的检索过程，从而达到很好的加速效果。

（2）主存储删冗系统

主存储系统处理的是生产系统的活跃数据。主存储系统的成本高于二级存储系统，并且数据存储量快速增长，这使得主存储删冗系统也逐渐兴起。同二级存储删冗系统相比，主存储删冗系统对性能的要求更高，并且数据访问不具备局部性特征，实现高效删冗的技术难度更大。

根据删冗处理的执行时机，删冗系统可以分为内嵌删冗（又称在线删冗）和后处理删冗（又称离线删冗）。

（1）内嵌删冗

内嵌删冗是在将数据写入存储系统的同时进行删冗处理，并根据删冗处理的结果判断是否需要将数据真正写入物理磁盘中。由于需要在数据写入的执行路径上完成数字指纹计算、删冗元数据检索等一系列高开销的操作，内嵌删冗对系统性能的影响较大。

（2）后处理删冗

后处理删冗首先将全部数据保存到存储系统中，然后在系统空闲时间对之前存储的数据重新进行扫描和删冗处理。由于没有改变正常的数据写入流程，后处理删冗避免了对系统性能的影响。但是后处理删冗需要额外的存储空间预先存储删冗前的数据，而对存储数据的二次扫描和处理又引入了额外的磁盘 I/O 开销，导致存储空间和 I/O 资源的不必要浪费。此外，后处理删冗还依赖系统空闲时间，如果系统提供的是长时间不间断的服务，将很难找到合适的时机来执行删冗。

目前，二级存储领域的删冗技术已经相当成熟，众多存储设备厂商不断推出性能和删冗效果更好的备份存储设备。由于二级存储删冗的磁盘 I/O 瓶颈问题已被较好地解决，二级存储系统基本采用内嵌删冗。

在主存储领域，大部分删冗方案都采用了后处理删冗，以避免对主存储系统的性能造成明显影响。目前出现的主存储领域通用内嵌删冗方案（如 ZFS、用户层的删冗文件系统（User Space Deduplication File System，USDFS）等）并没有解决性能开销和系统资源占用的问题，因此并不适合在实际主存储系统中部署和应用。此外，学术界有一些研究借鉴了二级存储删冗的方法，尝试利用主存储数据集的局部性特征加速删冗元数据检索，或者通过牺牲部分删冗率来换取系统资源的更少占用。但是目前尚未出现针对通用数据集的、能够在基本不影响系统性能的情况下提供合理的删冗率的主存储内嵌删冗方案。

从删冗的技术本身来说，重复数据删除技术是发现并去除数据集中的冗余数据的应用技术，可以分为两大类：相同数据删除技术和相似数据删除技术。

（1）相同数据删除技术

相同数据删除技术首先将数据划分为数据块，然后使用具有抗碰撞特性的哈希函数（如 MD5、SHA-1 等加密哈希函数）计算每一个数据块的哈希值，并将其作为该数据块的数字指纹，最后通过比较数据块的数字指纹来发现相同的数据块。由于数字指纹具有哈希抗碰撞特性，在概率上保证了具有相同数字指纹的数据块是内容相同的数据块，只需存储其中的一个。

相同数据删除技术的冗余数据删除效率依赖数据块的划分特性，数据块的划分方法可分为文件划分、固定块划分和可变块划分 3 种。

文件划分：此方法是粒度最粗的划分方法，其将一个数据文件作为一个数据块。其优点是快速，而缺点是当一个文件出现包括插入、删除、修改等任何内容改变时，整个文件的冗余数据都会被忽略，造成该种方法的适应性非常差。因此，该方法只适用于相同文件的查找任务。

固定块划分：此方法将数据按照预先设定的大小划分成块。其优点是快速，数据块易于管理，在数据内容被修改时，可以发现其中的部分冗余数据；而固定块划分的缺点是当数据中被插入或删除很小部分内容时，数据块的划分会出现偏移，造成位置改变之后的所有冗余数据无法被发现。这种方法较适用于数据已经被固定划分的系统（如文件系统等）。

可变块划分：为了解决固定划分算法中，由于少量的插入或删除造成的数据块划分偏移问题，基于内容的可变数据块划分方法被提出。该方法的基本思想是通过在数据内容中查找特定的数据模式来确定数据块划分的边界。这种方法的优点是对于数据的少量改变（包括插入、删除和修改等）具有良好的适应性，可以将数据的改变局限在一到两个数据块之内，从而不影响其他数据块的冗余数据的发现；而其缺点是在数据内容中查找特定的模式时，不但需要对数据内容进行读取，而且需要进行大量的计算处理，使得分块算法的时间和空间开销都比较大。这种方法被广泛应用于网络存储系统、数据备份系统和网络服务等数据密集型系统中，而且根据不同的需求和不同的应用场景，该方法存在很多的选择和优化。

（2）相似数据删除技术

相似数据删除技术被分为两个阶段：相似数据检测和相似数据编码。

相似数据检测：首先要定义数据的特征值，该特征值的特点是保证具有相同或相似的特征值的数据具有相同或相似的内容。在提取数据的特征值之后，通过特征值的比较获得相似的数据。常用的相似数据检测技术包括基于 shingle 的检测技术、基于 Bloom filter 的检测技术和基于模式匹配的检测技术等。

相似数据编码：该技术是在使用相似数据检测，获得具有相似性的数据集之后，在该数据集上采用的编码技术，用于减小该数据集占用的存储空间。常用的相似数据编码技术包括基于 diff 的相似编码技术、基于 vdelta 的相似编码技术等。

（3）相同数据删除与相似数据删除的比较

下面以可变块划分技术作为相同数据删除技术的代表，与相似数据删除技术进行比较[12]。

从冗余数据删除效果的角度进行比较：相似数据删除技术可以发现并删除更多的冗余数据。这是因为以划分数据块为基础的相同数据删除技术的粒度较粗，只能发现数据块之间冗余。

从冗余数据删除算法开销的角度进行比较：在冗余数据发现阶段，相同数据检测和相似数据检测都需要读取数据的内容并进行特征值或数据模式提取，然后通过数字指纹或特征值的比较来发现冗余数据集；在冗余数据去除阶段，相同数据删除的开销很小，只需要将相同的数据存储一次即可，而相似数据删除则需要进行编码，需要更多的计算能力。

从冗余数据删除后的数据读取效率的角度进行比较：相同数据删除技术生成的数据块，只要进行简单的索引查找和数据拼接即可读取，和不采用重复数据删除技术相比，额外开销很小。而相似数据删除技术则需要进行反编码，读取时只能在获得一个相似数据集里的所有数据之后，才能通过反编码技术恢复所需要的数据。这个过程不但需要额外的磁盘 I/O 开销，而且需要大量的计算，效率较低。

由此可见，相似数据删除技术的开销较大，而且不适用于读取比较频繁的环境；更重要的是，在使用相似数据删除技术时，只有被存储数据和已存储数据的相似数据同时存在，才能进行编码去除冗余。这样就无法将冗余数据删除过程部署在客户端和服务器端之间，达到节省网络带宽资源的目标，所以不适用于云存储系统。因此，相同数据删除技术更适用于云存储系统。

6.1.4 现有的相关存储数据删冗系统与技术

低带宽的网络文件系统（Low-Bandwidth Network File System，LBFS）为了解决传统的网络文件系统所需带宽过多、在网络环境较差时无法使用的问题，采用了与客户端相关的重复数据删除技术。

如图 6-1 所示，LBFS 服务器（LBFS Server）[13]在传统的分布式文件系统——网络文件系统之上，加入了冗余数据删除功能，并通过在 LBFS 客户端（LBFS Client）增加数据块缓存功能，解决网络文件系统中的网络带宽瓶颈。

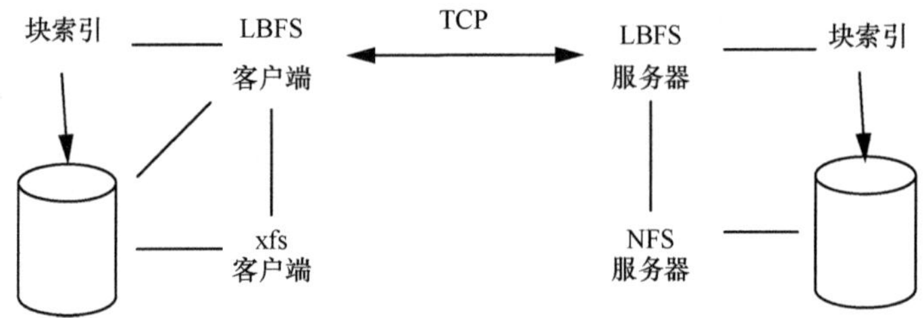

图 6-1 LBFS 的系统结构

LBFS 采用了基于可变块划分的相同数据删除技术，LBFS 的服务器将文件存储于 NFS 服务器中；将文件系统中存储的文件划分成可变块，为每个被存储在 NFS 中的数据块对应的数字指纹建立块索引（Chunk Index），指向 NFS 中该数据块的存储位置，用于判断某个数据块是否已经被存储于 NFS 服务器中。而 LBFS 的客户端使用 xfs 客户端作为本地的文件系统，与服务器端相同，客户端也将文件划分成可变块，并为每个已被存储的数据块的数字指纹建立索引。

当需要将文件从 LBFS 客户端写到 LBFS 服务器端时，首先发送 MKTMPFILE

命令，建立临时文件。然后运行可变块划分算法，将文件分块，计算每一个数据块的数字指纹，并将数字指纹通过 CONDWRITE 命令发送到 LBFS 服务器端。接着服务器端通过查找索引判断该块是否已经存在于 NFS 服务器中，如果存在，则返回 OK，这说明该块已经存在于服务器端，无须再次上传；否则返回 HASHNOTFOUND，这说明该块不在服务器端，需要通过 TMPWRITE 命令将其上传。最后当所有的数据块被处理完毕之后，发送 COMMITMP 命令结束文件写入操作，将临时文件写入 NFS 中。

当需要将文件从 LBFS 服务器端读取到 LBFS 客户端时，首先发送 GETHASH 命令；然后服务器端接收到 GETHASH 命令之后，从 NFS 服务器中将对应文件读出，运行可变块划分算法，将文件分成可变块，计算每个数据块的数字指纹，并将获得的数字指纹列表返回 LBFS 客户端；接着客户端接收到数字指纹列表之后，到本地的索引中查找每个数字指纹，如果能找到，说明该数字指纹对应的数据块已在 xfs 中，无须从 LBFS 服务器端读取，否则，就需要通过 READ 命令，到 LBFS 服务器端获取该数字指纹对应的数据块，并缓存在本地；最后获得所有数据块之后，将该完整的文件存储到 xfs 中作为缓存，更新数字指纹索引，完成读操作。

由此可见，在 LBFS 中，重复数据删除技术仅仅被用来节约服务器端和客户端之间的带宽资源，以缓解网络带宽较差带来的瓶颈。但 LBFS 的设计和实现存在两个明显的问题。

（1）对于同一个文件的多次读取，LBFS 的服务器需要多次运行冗余数据删除算法，这样的重复运算是不必要的，可以通过建立文件到数字指纹列表的索引来避免。

（2）LBFS 协议中消息传递数过多，在低带宽时网络时延相对较高，多轮的小数据交换所花费的时间也非常多，甚至会超过直接传输实际数据的时间，导致优化失败。

LBFS 如果以数据块为存储单位，通过文件到数据块的索引来完成文件的读取，既可以提高存储设备的利用率，无须存储冗余数据，又可以避免 LBFS 服务器进行重复的可变块划分计算。

下面讨论备份系统中的重复数据删除优化技术。在工作环境当中，整个磁盘一段时间内被修改的内容只占整体空间很小的一部分，这使得在基于磁盘的备份系统当中存在大量的冗余数据。

重复数据删除技术在某个数据集上的冗余删除率 R_{dedup} 计算如下，其中 C_{total} 是数据总量，而 C_{dedup} 是删除冗余数据之后的数据量。

$$R_{dedup} = C_{dedup} / C_{total} \tag{6-1}$$

实验证明，对于在日常工作环境中使用的备份系统，其存储数据的冗余删除率 R_{dedup} 可以达到 1/13。因此，使用重复数据删除技术可以大大提高备份系统的空间利用率；同时，由于备份数据的冗余率非常高，经过冗余数据删除，可以大大减少备份时所需存储的数据量，使得备份系统的有效吞吐量得到极大的提高。

但是，由于备份系统的容量非常大，一般可达到数十上百 TB 级别，按照每个数据块 4 KB 计算，被存储在备份系统中的数据块可达到十亿的数量级，如果通过 SHA-1 哈希函数计算数据块的数字指纹，每个数据块的包括数字指纹在内的元数据至少需要 20 B 的存储空间，这使得所有元数据所需的存储空间将达到数十甚至上百 GB。这样大的数据规模使得无法将数字指纹的索引存储于内存当中，导致索引查找速度慢。与分布式存储系统不同，基于磁盘的备份系统被应用于数据传输带宽很高的场景（如局域网甚至直接磁盘拷贝等场景）中，其对系统吞吐量的要求非常高，使得索引查找速度慢的问题成为在备份系统中使用重复数据删除技术的重要瓶颈，称之为磁盘瓶颈。

下面介绍几种使用重复数据删除技术的基于磁盘的备份系统，重点介绍如何进行优化，以解决上述磁盘瓶颈。

Venti[14]是由贝尔实验室提出的基于内容的网络归档存储系统，用于提供“相同数据块只写一次”的归档数据仓库。相同数据块只写一次的特性通过计算并比较数据块的数字指纹实现。Venti 只提供块的存储功能，而块的划分工作由使用 Venti 的系统完成。此外，Venti 不删除所存储的数据块，因为每个数据块可能由不同的应用或不同的用户在 Venti 中共享，删除会造成不希望的数据丢失。

Venti 选取 SHA-1 哈希函数来计算数据块的数字指纹。经数学推导证明，如果将 1 EB 的数据划为大小为 8 KB 的数据块，这些数据块的数字指纹出现冲突（内容不同的数据块产生相同的数字指纹）的概率小于 10^{-20}。由此可见，使用数字指纹方法发现相同数据在概率上是可靠的。

如图 6-2 所示，用户既可以直接访问 Venti 数据，也可以通过文件系统等存储应用进行访问。当数据块被写入 Venti 时，首先通过 SHA-1 计算数据块的数字指纹；然后在数字指纹索引中查找对应的数据块，从而判断该块是否已经存在于 Venti 中，

若不存在，数据块的内容以追加日志的方式被顺序地写入磁盘中，若存在，则无须再次存储；最后，将该块的数字指纹返回给客户端，在该数据块被读取时作为 Key。当进行数据读操作时，首先需要到数字指纹索引中查找数据块在数据日志中的位置，如果存在，则到数据日志中读取，否则说明该数据不在 Venti 中。

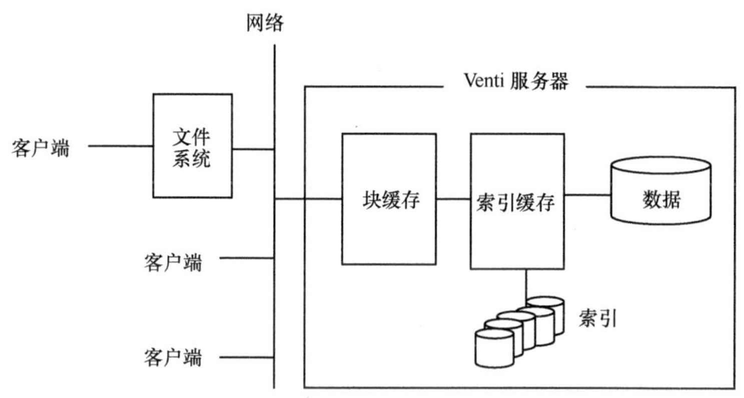

图 6-2　Venti 的系统结构

Venti 的每次读写操作都至少需要进行两次磁盘操作，这使得 Venti 的读写性能很差。为了解决该问题，Venti 在内存中增加了数据块的缓存和数字指纹索引的缓存。若数据块的缓存被命中，则可以跳过索引查找和数据块读取操作，直接返回相应的数据块；若数字指纹索引的缓存被命中，则可以跳过索引查找过程。

但由于内存空间有限，并且存在于 Venti 中的数据块没有空间或时间的局部性，无法有效地进行缓存和预取。因此，数据块缓存和数字指纹索引缓存的效果不是很好，该优化并未使 Venti 的整体性能得到很大的提高。

DDFS（Data Domain File System）[8]是易安信公司（EMC）的使用了重复数据删除技术的磁盘备份、归档、容灾文件系统。如图 6-3 所示，DDFS 由 5 层软件部件组成。

（1）DDFS 提供多种应用程序接口，包括 NFS、通用互联网文件系统（Common Internet File System，CIFS）和虚拟磁带库（Virtual Tape Library，VTL）等。

（2）文件服务层（File Service）负责处理文件的名字空间和元数据信息。

（3）内容仓库（Content Store）将输入的数据划分成一系列可变数据块，计算每个数据块的数字指纹，并存储文件到数据块的索引。

（4）数据段仓库（Segment Store）负责通过查找数据块索引去除冗余数据块。

然后将新的数据块组织成数据段存储于容器管理器（Container Manager）所指定的容器中，并在数据段索引（Segment Index）中记录该数据段到容器的索引。

（5）容器管理器负责管理存储设备，将存储空间划分为固定尺寸的自组织的容器，用于存储大小可变的数据段。

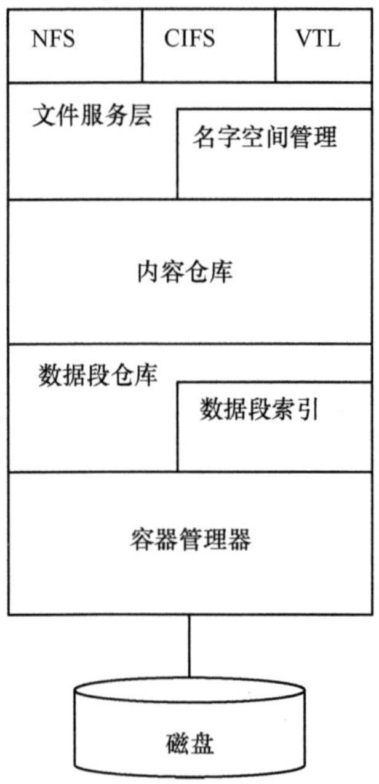

图 6-3　DDFS 文件系统的系统结构

在 DDFS 的数据段仓库中，使用了如下 3 种技术来解决磁盘瓶颈问题。

（1）总结向量（Summary Vector）。其是在内存中的简洁的数据结构，用于快速发现备份数据中的新数据块。其实现原理是使用内存中的 Bloom filter，以一定的错误肯定率（False Positive Ratio）为代价，快速过滤备份数据中的新数据块。

（2）与数据流信息相关的数据段存储布局 SISL（Stream-Informed Segment Layout）。由于 DDFS 被应用于备份或归档等应用当中，其数据流具有非常高的局部性，将同一个数据流里连续的数据块组织到一个数据段中，就能将这种局部性保留到存储布局当中，有利于提高读取效率和缓存预取优化。

（3）局部性保留的缓存（Locality Preserved Caching）。使用 SISL 之后，被存

储在每个容器中的数据块都有很好的局部性。在进行数据读取或冗余数据删除的过程中，读取某一个数据块时，会将其所在的数据段完整读出并放在数据段仓库的内存缓存当中，以提高接下来的操作效率。

DDFS 利用数据流的局部性，很好地解决了 Venti 的性能瓶颈，提高了系统的数据吞吐量和可扩展性。但如果数据流的局部性不够好，缓存无法高效命中，由预取带来的额外开销将成为系统的负担。

Sparse Indexing[9]是被应用于惠普公司的在线备份系统中的解决磁盘瓶颈的关键技术。与 DDFS 的思路不同，Sparse Indexing 通过数据抽样，以降低一定的冗余删除率为代价，提高备份系统的性能，使之达到在线工作的需求。在 Sparse Indexing 中，将 DDFS 中提到的在同一数据流中相邻数据块具有的局部性称为数据块局部性（Chunk Locality）。

如图 6-4 所示，与 DDFS 相同，在 Sparse Indexing 中，数据流在被划分为可变数据块之后，又被组织成数据段。在数据段管理器（Segmenter）中，通过类似于可变块划分的数据模式提取的方法，将连续的数据块组织成数据段，使数据块局部性被更好地保留。在冠军选择器（Champion Chooser）中，数据段通过抽样获得特征值，根据数据段的特征值，在松散索引（Sparse Index）中选取具有与该特征值最接近的特征值的数据段若干，这些数据段被称为冠军。新数据段和所选出的冠军的描述指针（Manifest ptrs）被发送给冗余数据删除管理器（Deduplicator），冗余数据删除管理器从描述仓库（Manifest Store）中读取数据段的描述，其中包含该数据段所有数据块的数字指纹。对比新数据段中的数字指纹与冠军中的数字指纹，进行冗余数据删除，将新数据块存储于容器仓库（Container Store）中，更新松散索引和描述仓库，这就完成了数据备份工作。

由此可见，Sparse Indexing 的冗余数据删除只在具有相同或相似抽样的数据段之间进行，其冗余删除率低于 DDFS 的冗余删除率。而其数据抽样和抽样后冗余删除的效果都严重依赖于数据块局部性。所以 Sparse Indexing 技术的使用具有极高的局限性，只适用于基于磁盘的在线备份系统。

Extreme Binning[6]是惠普公司为了弥补 Sparse Indexing 的冗余删除效果严重依赖于数据块局部性、只适用于基于磁盘的备份系统的局限性，而提出的冗余数据删除优化技术。该优化技术针对的数据集不具有数据块局部性，可以被应用于网络文件系统或者连续数据保护系统。

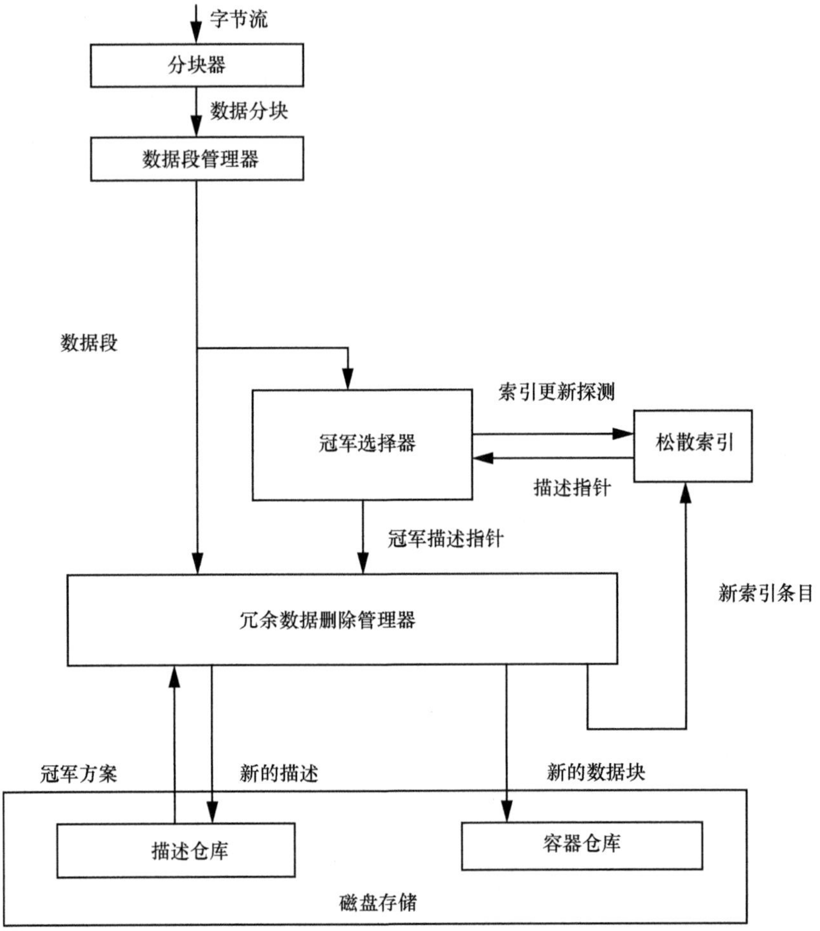

字节流
分块器
数据分块
数据段管理器
数据段
索引更新探测
冠军选择器
松散索引
描述指针
冠军描述指针
新索引条目
冗余数据删除管理器
冠军方案
新的描述
新的数据块
描述仓库
容器仓库
磁盘存储

图 6-4　Sparse Indexing 冗余数据删除流程

Extreme Binning 所依赖的重复数据条件被称为文件相似性（File Similarity），将具有文件相似性的数据块组织成数据柜（bin），而每个数据柜中最大的数字指纹被称为代表数字指纹（Representative Chunk ID，RCID），用于标识并索引数据柜。被存储的文件在分块和计算数字指纹后，其最大的指纹被作为该文件的 RCID。

如图 6-5 所示，Extreme Binning 与之前的优化技术相比，一个最大的特点是适用于分布式系统。每一个备份节点（Backup Node）都是一个自组织的独立工作的节点，冗余数据删除工作不需要备份节点之间的信息交换就可以完成。节点的负载分配和路由通过静态的状态无关算法完成：对于每个文件，其 RCID 为 R，而系统中共有 K 个节点，则该文件应由第（R mod K）个节点负责处理。

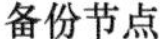

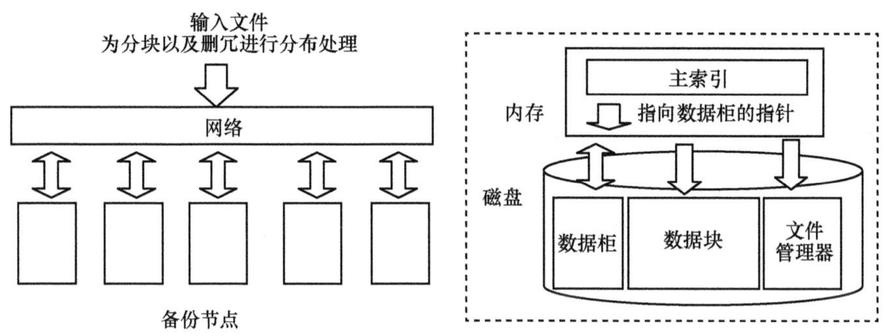

图 6-5　Extreme Binning 分布式文件备份系统结构

当一个文件的备份请求被路由到备份节点之后，首先使用其 RCID 在主索引（Primary Index）中查找对应的数据柜，如果没有找到，则直接将文件存储成一个数据柜。如果可以找到，则在数据柜中对文件中每一个数据块的数字指纹进行对比查找，如果在数据柜中找到了数字指纹说明该块已经存在；如果找不到，说明该块不存在，则将新的数字指纹加入该数据柜中，并将数据块写入磁盘。所有块处理完成之后，将文件的元数据信息写入文件管理器（File Recipes），完成备份操作。

可见，与 Sparse Indexing 相同，Extreme Binning 技术也是在损失一定冗余删除率的代价下，提高冗余删除请求的处理效率。上文还提出了将该技术分布化的方法。但是，Extreme Binning 技术的效果同样依赖于数据集的特性，如果 RCID 的失败概率较高，就会使冗余删除率严重下降；同时，使用静态的无状态的算法进行负载分配，在系统长时间运行之后，如果出现负载不均，将无法动态调整，降低了系统的可管理性和可扩展性。

前面分别介绍了 Venti、DDFS、Sparse Indexing 和 Extreme Binning 4 种应用于数据备份或归档系统的重复数据删除技术的优化方法。其基本思想都是利用数据的局部性，在尽量保证冗余删除率的前提下，通过缓存预取或者缩小冗余数据删除的范围来减少在磁盘中查找索引的次数，从而提高冗余数据删除的运行速度，满足备份系统对重复数据删除技术高数据吞吐量的需求。下面对这 4 种优化技术的优化方法、依赖局部性、冗余删除的范围、优化后的吞吐量和适用范围进行总结和比较，具体见表 6-1。

表 6-1　4 种优化技术对比

优化技术	优化方法	依赖局部性	冗余删除的范围	优化后的吞吐量	适用范围
Venti	缓存	无	全局	低	低带宽归档系统
DDFS	缓存预取	数据块局部性	全局	较高	基于磁盘的备份系统
Sparse Indexing	缩小范围	数据块局部性	抽样	高	基于磁盘的在线备份系统
Extreme Binning	缩小范围	文件相似性	抽样	较高	分布式网络备份系统

6.2　重复数据删除技术在云存储系统中的应用与优化

本节重点讨论云存储系统以及存储删冗系统，并详细讨论采用与客户端相关的重复数据删除技术的云存储系统原型 AegeanStore 的设计与实现。

6.2.1　AegeanStore 的设计与实现

作为采用重复数据删除技术的云存储系统，AegeanStore 首先要满足云存储系统对可扩展性、可用性等特性的要求；其次，要将重复数据删除技术有效地应用于云存储系统中；最后，作为网络应用基础服务平台，除了提供存储服务，还要考虑网络应用的其他需求，以方便其开发和运营。同时，作为通用的网络应用基础服务平台，AegeanStore 在设计中必须考虑实际环境和约束条件，下面将分别介绍 AegeanStore 的设计目标、约束条件等内容。

（1）设计目标

AegeanStore 的设计目标如下。

可扩展性：AegeanStore 必须是无中心的分布式系统，以保证系统在存储规模、运算能力和网络带宽等方面的性能能够按需动态扩展。

可靠性：即使在磁盘失效、节点失效的情况下，也要保证被存储于 AegeanStore 中的数据不丢失。

可用性：即使在节点失败、站点失败或网络分割等情况下，也要尽量保证用户可以访问 AegeanStore 提供的存储服务。

易管理性：当出现节点失败或者需要动态调整系统规模时，需要向系统中加入服务节点，这个过程要尽量减少人工干预，应自动化完成，以降低系统的维护难度和开销。

文件系统接口：AegeanStore 为网络应用提供的接口应是基于目录树的文件系统式接口，以方便网络应用的开发。

冗余数据删除：要在冗余数据被传输到 AegeanStore 的服务器端之前将其发现并删除，以提高系统设备的利用率和整体性能。

网络应用开发的框架和通用功能模块：AegeanStore 需要为网络应用开发提供框架，以及网络消息传递、用户管理等网络应用开发的通用功能模块，以提高网络应用开发和运营的效率。

整体性能：保证 AegeanStore 的数据吞吐量可以通过调整规模，达到用户需求的水平。

低成本：在构建 AegeanStore 的过程中，不能使用昂贵的专用设备，并且应尽量提高系统设备的利用率。

（2）约束条件

在 AegeanStore 的设计中，存在如下约束条件。

- AegeanStore 在互联网上提供存储服务，客户端到服务器端甚至服务器端到服务器端的网络性能没有得到保证，可能出现低带宽、高时延甚至网络暂时性失败等问题。
- AegeanStore 中的服务节点由普通服务器组成，可能经常性地出现设备损坏、节点失效、数据丢失等情况。
- 异构性：AegeanStore 的服务节点是性能不同的节点。更重要的是，如图 6-6 所示，AegeanStore 的客户端可能来自不同网络甚至不同设备（如笔记本电脑、台式机等），其性能差异非常大。

（3）AegeanStore 的系统结构

经过对相关工作的调研，以及对设计目标和约束条件的分析，设计出的 AegeanStore 的体系结构如图 6-7 所示。

如图 6-7 所示，AegeanStore 由客户端、应用服务、文件系统服务、索引服务和数据块服务 5 个部分组成。

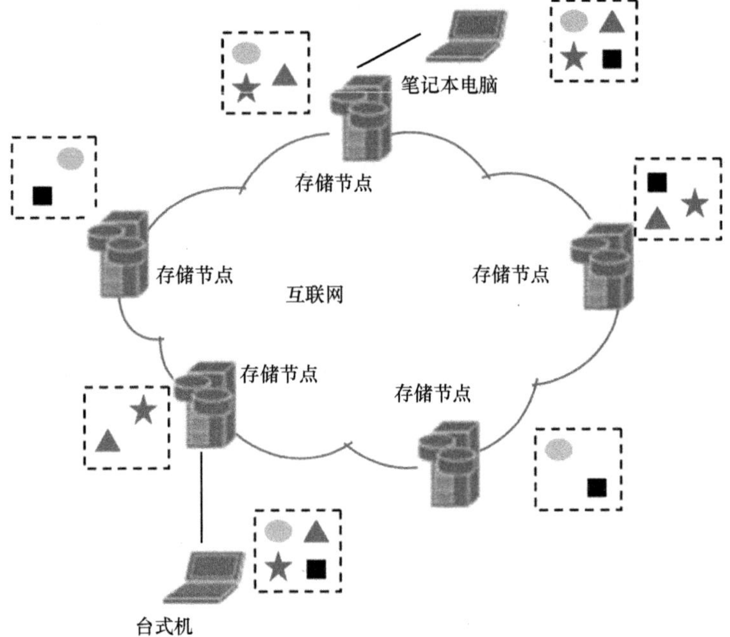

图 6-6　AegeanStore 的部署示意图

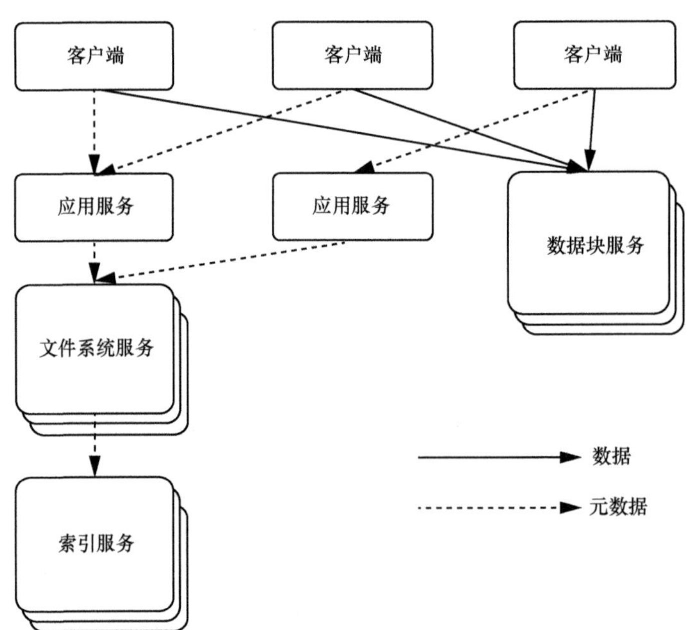

图 6-7　AegeanStore 的系统结构

- 客户端

AegeanStore 的客户端除了完成传统的响应用户输入、网络消息交换、身份验证、数据传输等任务，还要使用重复数据删除技术完成重要的任务：因为 AegeanStore 使用重复数据删除技术的目的是减少冗余数据在网络传输时造成的浪费，所以冗余数据删除中的可变数据块划分和计算每个数据块的数字指纹等工作必须在客户端完成。在获得需要上传文件的所有数据块的数字指纹后，通过应用服务提供的网络接口，查询这些文件块是否已经存在于 AegeanStore 中，然后只将新的数据块上传到数据块服务中，完成数据上传过程。同时，客户端需要管理已经被存储在本地的数据块的数字指纹，从而在下载时减少冗余数据传输。

- 应用服务

应用服务是以 AegeanStore 提供的存储服务、开发框架和功能组件为构建基础的网络应用服务。AegeanStore 不但为应用服务的开发者提供了具有冗余数据删除功能的存储服务，而且为应用服务的开发者提供了开发框架以及用户管理、网络消息交换等常用的功能组件，从而提高了在 AegeanStore 上开发应用服务的效率，降低了应用服务的开发和运营的成本。

- 文件系统服务

文件系统服务为 AegeanStore 提供文件系统视图和文件管理接口。在目前常用的提供公共存储服务的云存储系统（如 Amazon S3）中，普遍使用的应用程序接口是 Key/Value 式的。虽然这种接口在开发应用服务时使用比较方便，但是与用户习惯的基于目录结构的文件系统式接口差异较大，导致大多数构建在 Key/Value 式接口上的应用服务要开发功能相似的文件系统视图，这些重复开发增加了应用服务开发的难度和成本。更重要的是，因为缺少存储系统内部信息的辅助，无法利用数据的局部性和网络的就近访问等优化技术，在 Key/Value 式接口上构建的文件系统效率往往较低，对应用服务以及云存储系统的网络和存储资源造成了严重的浪费。因此，AegeanStore 为应用服务开发提供的接口是文件系统式的，以提高应用服务的开发效率，避免重复开发；并通过使用分布式 B 树、网络就近访问、代理访问等优化技术，提高云存储系统的吞吐量。

- 索引服务

索引服务中存储了 AegeanStore 中所有数据块的数字指纹的索引，并提供网络查询索引接口，用来判断数字指纹所对应的数据块是否已经存在于 AegeanStore 中。

以使用 SHA-1 哈希函数计算出来的数据指纹为例，每个块的数字指纹大小为 20 B，假设使用可变块划分算法划分的数据块的平均大小为 4 KB，则在索引服务中存储的数字指纹索引的数据规模为实际存储数据规模的 0.5%。由于 AegeanStore 云存储系统具有良好的可扩展性，其数据规模可以达到数百 TB 甚至 PB 级，所以索引服务应该支持 TB 级别的索引存储。和备份系统中的索引查询磁盘瓶颈相比，由于 AegeanStore 被应用于互联网上，对系统数据吞吐量的要求相对较低，所以其在索引服务的性能需求上要低于备份系统；但是由于 AegeanStore 中索引的数量级远远高于备份系统中的索引，而且索引查询请求的并发性更高，所以要求索引服务必须具有更好的可扩展性和高并发支持。

• 数据块服务

AegeanStore 的数据块服务由分布式的 Key/Value 式存储结构实现，数据块将其数字指纹作为 Key 进行存取。数据块被存储在多个存储节点上，存储位置索引被保存在分布式的结构化覆盖网络中。同一数据块在不同节点上有多个副本（副本数可以根据需要指定），以保证数据的可靠性。随着被存储的数据块数量的增加，可在不迁移任何数据的条件下，通过增加存储节点的数量扩展存储空间。单个节点失效不会造成数据丢失和服务品质明显下降，数据块副本会自动地在后台迁移到其他节点上。

（4）AegeanStore 的工作流程

图 6-7 中的数据和元数据流向指文件上传过程，文件下载过程与之相反，下面分别讨论。

文件上传：当客户端需要将文件数据存储到应用服务时，首先调用本地冗余数据删除工具，运行数据块划分算法，将要上传的文件分成数据块，并计算每个数据块的数字指纹，然后将这些数字指纹发送给应用服务；应用服务接收到冗余数据删除请求后，记录应用需要的信息，保存文件的元数据，再将请求转发给文件系统服务；文件系统服务记录文件的元信息（包括文件属性（如文件的大小、修改时间等）以及文件的冗余数据删除信息（如文件的所有数据块的数字指纹等）），再将请求转发给索引服务；索引服务进行块的数字指纹查询工作，将结果返回给文件系统服务；文件系统服务将结果通过应用服务返回给客户端；客户端按照返回结果，只将未出现在数据块服务中的数据块上传；最后，当所有新数据块都被存储到数据块服务中之后，文件系统服务将新数据块的信息更新到索引服务中。

文件下载：当客户端需要将 AegeanStore 中的文件下载到本地时，首先向应用服务发送请求；应用服务收到请求后记录应用需要的信息，再将请求转发给文件系统服务；文件系统服务解析文件的名字空间，找到对应元数据，将数字指纹列表返回；客户端收到返回的数字指纹列表后，与本地的数字指纹进行比较，去除已经存在的数字指纹，只将未存在于本地的数字指纹发送到数据块服务中，用于获取对应的数据。

（5）AegeanStore 客户端的设计与实现

AegeanStore 的客户端是由某应用服务提供的，运行在使用该应用服务的用户的网络终端上的程序。AegeanStore 客户端不仅包括响应用户输入、网络消息交换和应用相关操作等常规网络应用客户端的功能，而且要完成冗余数据删除中的可变数据块划分和数字指纹计算等工作。

如图 6-8 所示，AegeanStore 为了方便应用服务的客户端开发，提供了冗余删除模块和消息传递模块两个功能模块。下面分别介绍这两个模块的设计与实现。

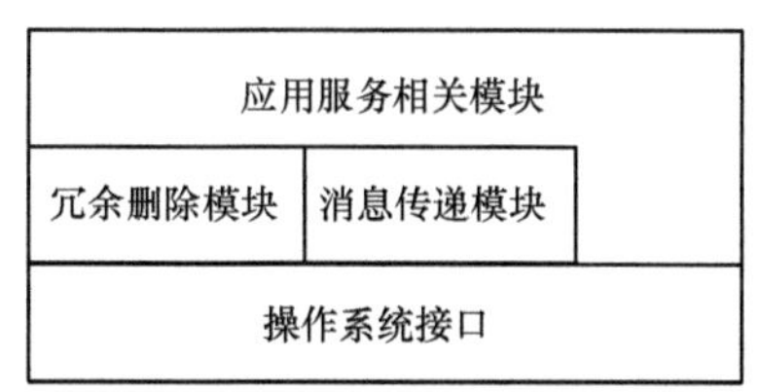

图 6-8　AegeanStore 客户端的模块

① 冗余删除模块

AegeanStore 的客户端采用的重复数据删除技术是基于内容的划块（Content Defined Chunking，CDC）算法。CDC 算法的流程如图 6-9 所示。

CDC 算法存在 3 个参数，一是目标可变数据块的预期大小 S，二是滑动窗口的大小 W（经证明，32～96 B 效果较好），三是一个小于 S 的自然数 M。当使用 CDC 算法处理一个文件时，首先从文件头开始，以每次 1 B 的步长向后滑动窗口，使用开销较小的哈希函数计算滑动窗口内部的哈希值 H。然后将 H mod S 的值与 M 进行比较，如果不同，则滑动窗口；如果相同，则发现数据块边界，并用具有抗碰撞特性的哈希函数计算该数据块的数字指纹。最后在索引中查找获得的数字指纹，如果存在则发现冗余数据块，否则说明该数据块是新的，需要将其存储到系统中。

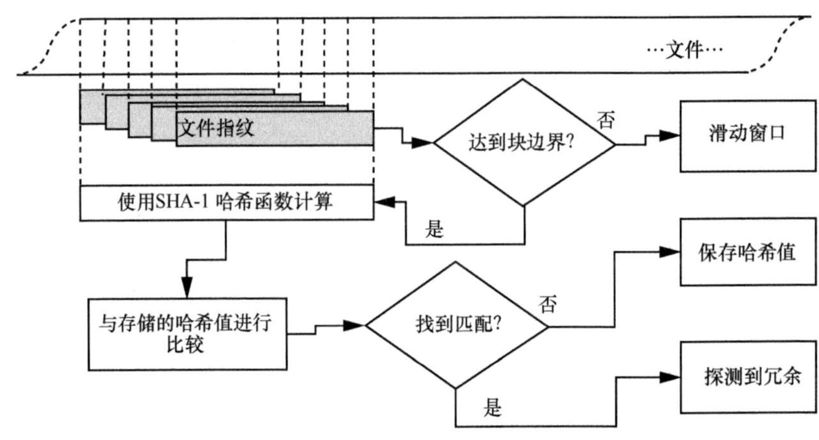

图 6-9　CDC 算法流程

由于访问 AegeanStore 的客户端可能运行于各种各样的设备之上，设备之间的性能差异非常大，所以 CDC 算法的开销必须尽量小，以适应 AegeanStore 对异构性的条件约束，CDC 算法的优化将在后面进行详细的讨论。

同时，为了适应客户端的多样性，AegeanStore 的冗余删除模块和消息传递模块具有 C#、Java、C++等多个版本，支持 Windows、Linux、Symbian 等操作系统。

② 消息传递模块

如图 6-10 所示，消息传递模块由 3 层结构组成。

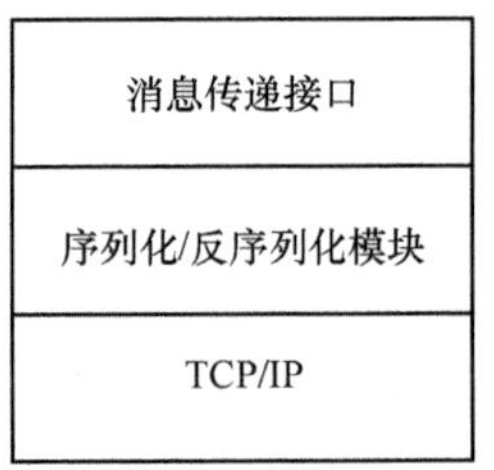

图 6-10　消息传递功能模块

- 消息传递接口包括发送和接收消息编程接口。
- 序列化是将结构化的消息转化为一个字节数组，以便经过网络进行发送；而反序列化是将接收到的字节数组转化为结构化的消息，以便调用消息传递模块的应用服务相关模块能够方便地提取有用信息。
- 通过 TCP/IP，将消息传递给 AegeanStore 的应用服务。

（6）应用服务的设计与实现

AegeanStore 作为网络应用开发的基础平台，为了方便应用服务的开发，提供了应用服务的开发框架，使得应用服务的开发可以忽略网络应用中网络端口监听、工作进程派生、负载均衡和调度等问题，专心解决应用服务的事务逻辑，使应用服务的开发工作更加方便快捷。应用服务开发者只需要将自己开发的消息处理模块和序列化/反序列化模块注册到应用服务框架中，即可被框架自动调用，进而提供网络应用服务。下面将详细介绍应用服务的工作流程以及应用服务的注册和调用过程，最后介绍在 AegeanStore 上构建的个人数据同步系统 AegeanSync。

• 工作流程

应用服务的工作流程如图 6-11 所示。

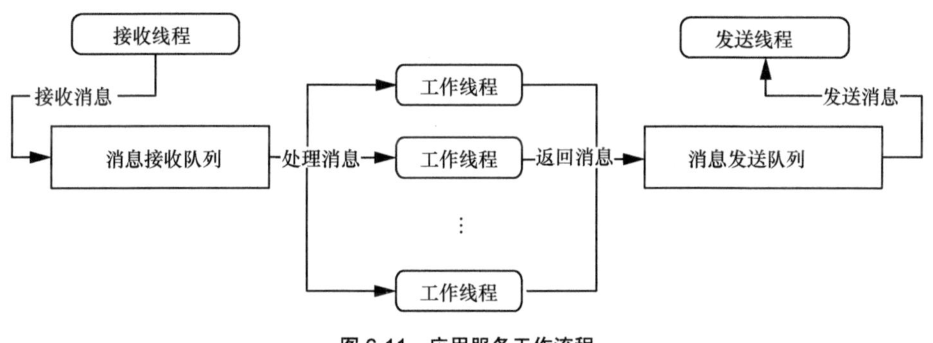

图 6-11　应用服务工作流程

接收线程：一个运行应用服务的服务节点中只存在一个接收线程。通过非阻塞的网络 I/O 技术，接收已经注册在框架中注册的应用服务的客户端的消息；接收到消息之后，调用该应用服务注册在框架中的反序列化模块，将二进制消息转化为结构化数据并放到消息接收队列中。

工作线程：一个运行应用服务的服务节点中存在多个且数量可调整的工作线程。每一个工作线程从消息接收队列获取消息，进行处理。处理过程是通过调用注册在框架中的应用服务的消息处理模块完成的。处理完成后，工作线程会获得处理模块的返回消息，并将其加入发送线程的消息发送队列中。

发送线程：一个运行应用服务的服务节点中只存在一个发送线程。首先将被加入发送队列的消息通过序列化模块转化为二进制格式，然后使用非阻塞的网络 I/O 方法，将其发送给客户端。

该流程由应用服务框架自动完成，仅在消息的序列化/反序列化过程以及与应用服务相关的消息处理过程中，需要调用应用服务开发的程序，大大降低了应用服务开发的难度和成本。

• 应用服务的注册和调用流程

图 6-12 是 AegeanStore 提供的应用服务框架接口示意图。下面详细介绍应用服务框架提供的接口及使用方法。

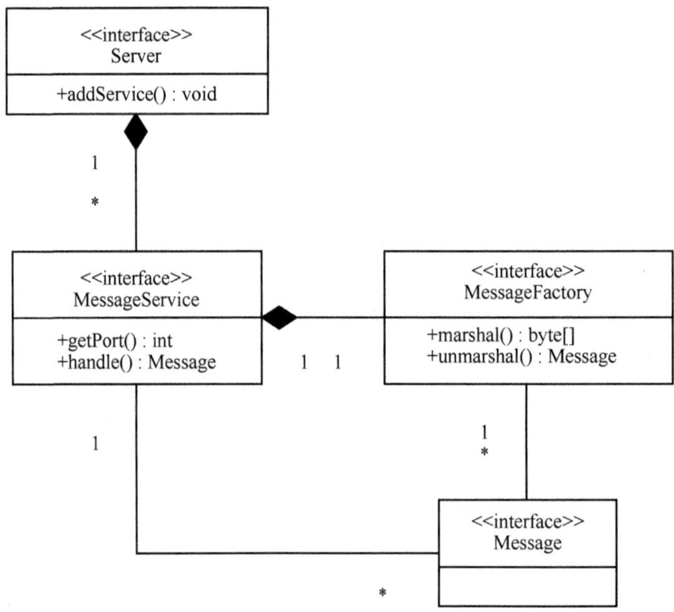

图 6-12 应用服务框架接口示意图

Server 是应用服务框架的服务器接口，提供 addService()方法作为注册应用服务 MessageService 的接口，每个 Server 可以注册多个应用服务。

MessageService 是应用服务框架的抽象接口，使用该框架的应用服务只需要实现该接口，并调用 Server 的 addService()方法即可。其中，getPort()指定了该应用服务使用的网络端口；handle()是框架获得 Message 消息之后调用的与应用服务相关的消息处理方法。

每个 MessageService 的实例都需要使用一个 MessageFactory 的实例。MessageFactory 的 marshal()方法是用来序列化 Message 的；而 unmarshal()方法是用来反序列化 Message 的。

Message 是应用服务框架的消息接口，应用服务通过实现该接口定义所需的网络消息格式，然后在 MessageFactory 中提供相应的序列化和反序列化方法，就可以方便地进行网络消息的收发。

- AegeanSync 同步系统

在 AegeanStore 提供的存储服务、开发框架、消息传递以及用户管理等模块的基础上，我们构建了个人网络数据同步系统原型 AegeanSync。AegeanSync 客户端运行在用户的网络终端上，监视需要同步的数据文件。当发现该数据文件的内容被修改之后，客户端向 AegeanSync 应用服务发起同步请求，将修改后的文件进行冗余数据删除之后，上传到 AegeanStore 中；然后该用户的其他网络终端上的客户端通过和 AegeanSync 应用服务进行消息交换，发现应用服务端的数据更新，并将更新的部分下载到本地，完成数据同步功能。AegeanSync 应用服务的开发仅使用 2 000 多行 Java 代码就完成了上述功能。

可见，AegeanStore 通过提供存储服务、应用服务开发框架，以及应用服务通用的功能模块，将应用服务的开发工作变得十分简单，提高了应用服务的生产效率，使得 AegeanStore 在构建网络应用领域具有更高的竞争力。

6.2.2　文件系统服务的设计与实现

文件系统服务为应用服务的开发提供了目录结构式的文件系统接口，使得应用服务不需重复地开发文件系统视图。但是，文件系统的复杂度要远远高于简单的基于 Key/Value 式接口的存储系统，元数据的组织和管理是文件系统结构首先要解决的问题。元数据的数据规模通常可达到其管理的数据规模的 5%左右，在云存储系统中，元数据可能达到数十 TB 的规模，而在 AegeanStore 中，还要记录关于冗余数据删除的元数据，使得元数据的规模会更大，这与传统的元数据是小数据的观念有很大差异。因此，为了保证 AegeanStore 良好的可扩展性，如何可扩展地高效地组织和访问文件系统的元数据，成为 AegeanStore 文件系统服务的设计和实现难点。此外，元数据管理系统的可用性和可靠性直接决定了文件系统的可用性和可靠性，在设计和实现元数据的管理系统时，必须将其考虑在内。

AegeanStore 使用一跳分布式哈希表（One-hop Distributed Hash Table，One-hop DHT）组织和存储文件系统元数据，在最小的性能代价的条件下，解决文件系统服

务元数据管理的可扩展性和可靠性、可用性等问题，但是仍然无法满足 AegeanStore 对文件系统元数据高效访问的需要。因此，分布式 B 树、网络位置感知的数据就近访问以及代理访问等优化技术被采用，用于提高元数据管理系统的性能。下面将详细介绍元数据管理系统中采用的一跳分布式哈希表技术，并对其提供的支持冗余数据删除的文件系统接口进行讨论，最后简单介绍元数据管理系统的性能优化。

（1）一跳分布式哈希表技术

分布式哈希表是一种提供类似于哈希表的插入、查找功能的无中心节点的分布式系统，系统中的键值对分布在系统中的不同节点之上，给定任意 Key，通过任何一个节点都可以找到这个键值对所处的节点，从而可以有效地对相应的 Value 进行读写。将 Key 映射为 Value 的任务并分布在系统中的不同节点之上，所以系统中节点的变化都只会影响系统中的部分节点，这使得分布式哈希表能够动态地扩展其规模，并且在出现节点加入、退出或失败时能够保证系统服务的质量。

分布式哈希表由几个重要部分组成：其基础是一个抽象的哈希值空间（如一个 160 bit 的字符串集合），将该空间首尾相接，组成环形。将该环分割成数个区间，并将每个区间指定给系统中的服务节点。而在此基础上形成的结构化的覆盖网络可以连接这些节点，使其能够通过哈希值空间中的任意 Key 查找到负责该值的节点。

一跳分布式哈希表在分布式哈希表的基础上，解决了其需要经过 $O(\log(N))$（N 是分布式哈希表中节点的个数）跳才能路由到负责节点造成的访问处理时延较长的问题。

如图 6-13 所示，在一跳分布式哈希表中，节点被分成不同的层次。首先，将哈希空间环分为几个固定的片（Slice），将每个片中间的节点作为片首领（Slice Leader）。继而将每个片分为多个单元（Unit），使用同样的方法选出单元首领（Unit Leader）。之后，在片首领和片首领之间、一片内的单元首领之间以及一单元内的节点之间，将所有的路由信息扩散，使得系统中任意节点的路由信息都被其他任意节点获知。这样，用户对分布式哈希表的访问只需要经过一次路由就可以完成，降低了访问的时延。

（2）支持冗余数据删除的文件系统接口

AegeanStore 的文件系统服务除了要提供通用文件系统的新建文件夹、移动文件、删除文件等目录视图操作，还要提供方便冗余数据删除的文件数据上传下载接口。图 6-14 是 AegeanStore 文件系统服务的上传下载接口的示意图，其中包含的身份验证、版本控制等信息被省略。

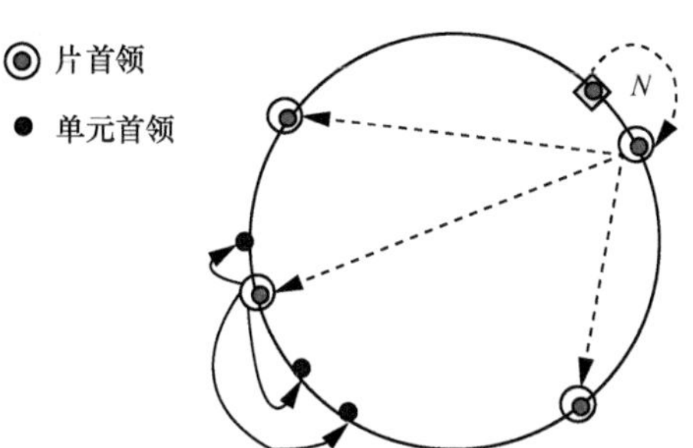

图 6-13　一跳分布式哈希表系统示意图

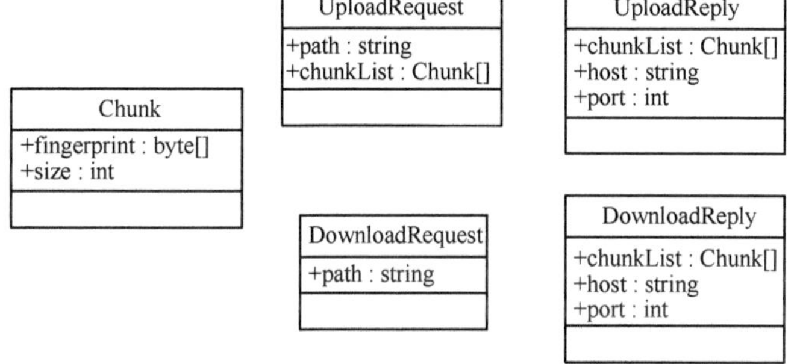

图 6-14　AegeanStore 文件系统服务的上传下载接口示意图

- Chunk 表示一个经过 CDC 算法划分而得的数据块，其属性 fingerprint 表示该数据块的数字指纹，size 表示该数据块的大小。
- 当客户端需要上传文件时，首先要生成 UploadRequest 请求，其中 path 指上传文件在 AegeanStore 文件系统服务中的存储路径，chunkList 是一个 Chunk 类型的数组，包含该文件中所有块的元数据信息。然后，将该信息通过应用服务转发到文件系统服务中，文件系统服务通过查找索引服务，确定 chunkList 中的新的数据块。接着，将这些新的数据块作为 UploadReply 的 chunkList 属性，host 和 port 属性表示数据块服务的网络位置，将该 UploadReply 返回给客户端。最后，客户端获得 UploadReply 中的信息之后，连接数据块服务器并上传所有的新数据块，完成文件上传工作。
- 当客户端需要下载文件时，首先生成 DownloadRequest 请求，指定要下载的文件的路径 path。然后，文件系统服务通过元数据查找，将组成该文件的所有数据块的元信息作为 DownloadReply 的 chunkList 属性，host 和 port 属性也表示数据块服务的网络位置，将这些信息返回给客户端。接着，客户端通

过查找本地的索引，删除该文件中不需要下载的冗余数据块，连接数据块服务器，请求下载相应的数据块。最后，下载好所有数据块之后，将所有数据块拼接成完整文件，完成文件下载工作。

（3）元数据管理系统的性能优化

为了优化元数据管理系统的性能，使之能够满足 AegeanStore 的整体性能和可扩展性的需求，采用了如下优化技术。

分布式 B 树：B 树因为其平衡性较好、查找速度快、可以在多级存储中实现等优点，在传统文件系统中作为元数据管理的数据结构被广泛使用。在 AegeanStore 中，一个文件系统的目录树对应的元数据可能达到数十上百 MB 甚至 GB 的规模。借鉴 B 树的实现方式，将元数据组织成树形，每次元数据请求只需要传输一个 B 树节点即可完成，提高了元数据访问的效率和灵活性。

网络位置感知的数据就近访问：在分布式的结构化覆盖网络中，路由的选择不考虑实际网络的拓扑结构，造成在覆盖网络中距离请求节点较近的节点在实际网络中的性能可能很差。所以，在 AegeanStore 的元数据管理系统所使用的一跳分布式哈希表中，加入与网络位置相关的信息，当元数据访问的目标节点有多个选择时，选择与请求节点的网络位置距离较近的目标节点，以提高元数据访问的速度。

代理访问：当直接访问元数据管理系统的节点和直接访问所有负责其所需数据的服务节点的性能都较差而不能满足需求时，在所有服务节点中选择与该节点连接性能较好的节点作为代理节点，使用应用层路由技术，提高该节点访问元数据管理系统的性能。

（4）数据块服务的设计与实现

AegeanStore 的数据块服务提供了分布式的基于内容定位的存储系统，其提供的接口是 Key/Value 式的。如图 6-15 所示，其系统结构由数据块服务接口、一跳分布式哈希表和数据块存储节点 3 部分组成。

当用户存储数据块时，将该数据块的数字指纹作为 Key 进行存储。首先在一跳分布式哈希表中查找该数字指纹，因为数字指纹由数据块的内容决定，所以，如果该数字指纹已经存在于分布式哈希表中，说明该数据块已经存在于数据块服务中，无须再次存储，与 Venti 相同，AegeanStore 的数据块服务具有“只写一次”的特性；如果不存在，将数据块存入数据块存储节点，将数字指纹和存储位置信息存入一跳分布式哈希表作为索引。

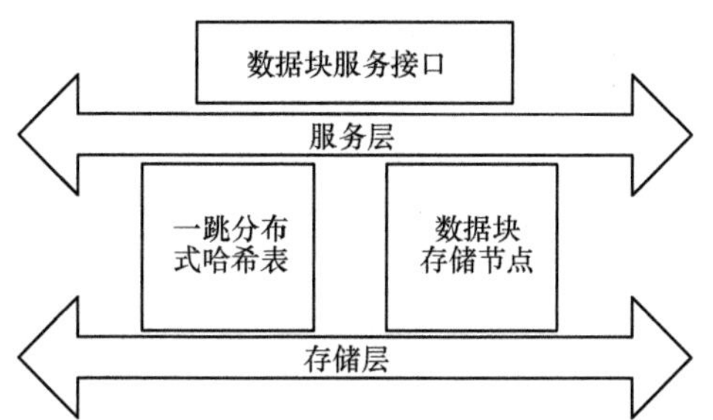

图 6-15　AegeanStore 数据块服务的系统结构

当用户读取数据时，给出数据块的数字指纹，块存储服务在分布式哈希表中查找是否存在这个数字指纹，如果存在，则根据表中的数据块位置从存储节点中读取相应数据块并返回给用户，否则返回空。

（5）索引服务的设计与实现

索引服务中存储了所有存在于 AegeanStore 中的数据块的数字指纹的索引，并提供了网络索引查询接口，用于在文件被上传到 AegeanStore 之前，发现其中的冗余数据。索引服务的系统结构如图 6-16 所示。

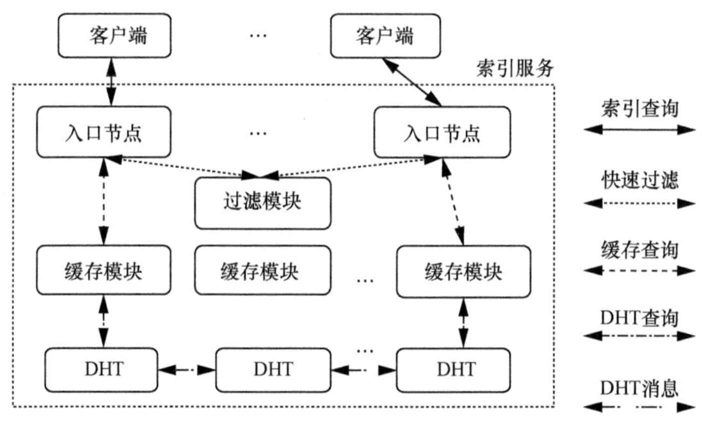

图 6-16　AegeanStore 索引服务的系统结构

客户端将索引查找请求发送给任意的入口节点。入口节点接收到查找请求后，将请求中的数字指纹列表转发给过滤模块。过滤模块采用 Bloom filter 技术，快速过滤请求中的绝大部分新数据块，并将过滤结果返回给入口节点。入口节点将带有过滤信息的数字指纹列表通过静态的路由算法转发给负责的缓存模块。缓存模块在本地的内存缓存中查找列表中的数字指纹，如果命中，说明该数据块已经存在于AegeanStore中；如果未命中，需要到索引的存储结构——一跳分布式哈希表中读取该数字指纹对应的内容，如果存在，说明该数据块已存在，将与该数据块有局部性的其他数字指纹预取到缓存模块中，以便对后面的索引查询进行加速，如果不存在，说明该数据块是未被过滤模块过滤的新数据块。最后入口节点将索引查询结果返回给客户端，完成索引查询工作。

其中，只有一跳分布式哈希表内的服务节点需要通过相互通信来维护统一的存储视图和路由信息，过滤模块、缓存模块和入口节点在模块内部是不存在消息交换的，这样的设计简化了索引服务的复杂度，使其可以根据需要动态地扩展规模。这使得索引服务可以提供能够满足AegeanStore索引查询需求的服务质量和整体性能，进而保证AegeanStore的可扩展性和整体性能。

6.2.3 AegeanStore 中重复数据删除技术的优化

大部分系统的实践证明了数据指纹的索引查询性能和效率的高低是重复数据删除技术在大规模系统中能否应用成功的重要因素。第6.2.2节也提出并验证了多种基于数据块局部性的优化方法，使得能够在基于磁盘的数据备份系统中实现高效的索引查询模块，进而使得重复数据删除技术被成功地应用。

但在AegeanStore中，重复数据删除技术在互联网的环境下被采用，并且存储于其中的数据不具有数据块局部性，使得前面提到的优化技术在AegeanStore的索引服务中不能被直接应用。本节提出几种优化技术以解决索引查询的性能瓶颈问题，包括基于文件的批量数字指纹查询、基于Bloom filter的快速新数据块过滤、基于文件局部性的缓存和预取等。

接下来将详细介绍上述优化技术的选择原因、设计思路以及实现方法。最后将通过实验结果来证明这些优化技术有效提高了索引查询的效率，从而提高了AegeanStore系统的整体性能。

（1）与客户端相关的重复数据删除技术的优化

在AegeanStore中，为了减少客户端和服务器之间网络传输中的冗余数据，采用了与客户端相关的重复数据删除技术。与客户端相关是指，冗余数据删除过程中的数据块划分、数字指纹计算工作由客户端独立完成，而通过比较数字指纹发现冗余数据的过程由客户端和索引服务通过网络交互协同完成。

与客户端相关的重复数据删除技术存在两个问题。

- 由于访问 AegeanStore 存储服务的客户端的异构性，数据块划分和数字指纹计算的算法开销应该尽量降低，以适应手机、个人数字助理或上网本等计算能力较弱的设备，使得 AegeanStore 能够得到更加广泛的应用。
- 对于 LBFS 中采取的索引查询协议，每次发送一个数字指纹进行查询，假设数字指纹使用 SHA-1 哈希函数计算得到，则每个数字指纹大小为 20 B，这样尺寸的网络数据包严重浪费了网络带宽资源。尤其是在低带宽网络中，往往伴随着网络时延较高的现象，一个若干 MB 的文件通过可变数据块划分获得上千个数据块，进行索引查找的时间可能会达到十几分钟甚至几十分钟，存在比不进行冗余数据删除直接上传文件更加耗时的可能。所以，必须优化索引查询的网络协议，以充分利用客户端的网络资源，提高 AegeanStore 的数据传输效率。

下面将分别介绍 AegeanStore 中解决上述两个问题的优化方法，之后将数据压缩技术与重复数据删除技术进行比较，并讨论两种技术协同工作的方法。

① 可变块划分算法优化

如图 6-9 所示，CDC 算法无论是在计算滑动窗口内的哈希值时还是在获得数据块划分之后计算数据块的数字指纹，都是计算密集型工作，在手机或上网本等运算能力较差的设备上存在性能瓶颈，制约了与客户端相关的重复数据删除技术的有效应用。

在 AegeanStore 的客户端中，为了优化 CDC 算法的运行效率，首先在计算滑动窗口的哈希值时，采用 Rabin's Fingerprinting 哈希函数进行计算。Rabin's Fingerprinting 哈希函数具有可迭代计算的特性，滑动窗口时，只需要将滑动前哈希值、滑入字节值和滑出字节值进行复杂度为 $O(1)$的计算，即可获得滑动后的窗口内部字节数组的哈希值。此外，每个字节的数值最多有 256 种可能，可以通过预先的计算，将与滑入字节和滑出字节相关的计算制成表格，之后，只需要通过查表和简单的位移操作、加减操作即可获得滑动后的哈希值，大大提高了 CDC 算法的运算效率。

其次，通过调节参数减少 CDC 算法的开销。在 CDC 算法的 3 个参数中，目标数据块大小 S 对 CDC 算法的开销几乎没有影响；而 M 没有物理意义，任何数据的效果都相同；只能调整滑动窗口的大小 W，滑动窗口越小，计算开销越小。但是，使用 Rabin's Fingerprinting 优化之后，减小 W 的效果非常不明显。实验证明，滑动窗口大小为 32 B 时的冗余删除率和 96 B 时没有差别，所以在 AegeanStore 中，将 W 设置为 32 B。

最后，AegeanStore 引入了双阈值双除数（Two Thresholds Two Divisors，TTTD）算法，对 CDC 算法进行进一步的优化。TTTD 算法在 CDC 算法的基础上，加入了对可变数据块最大块 S_{max} 和最小块 S_{min} 的阈值限制，目标数据块大小 S 作为第一个除数，另外定义小于 S 的第二个除数 D，其算法流程如图 6-17 所示。

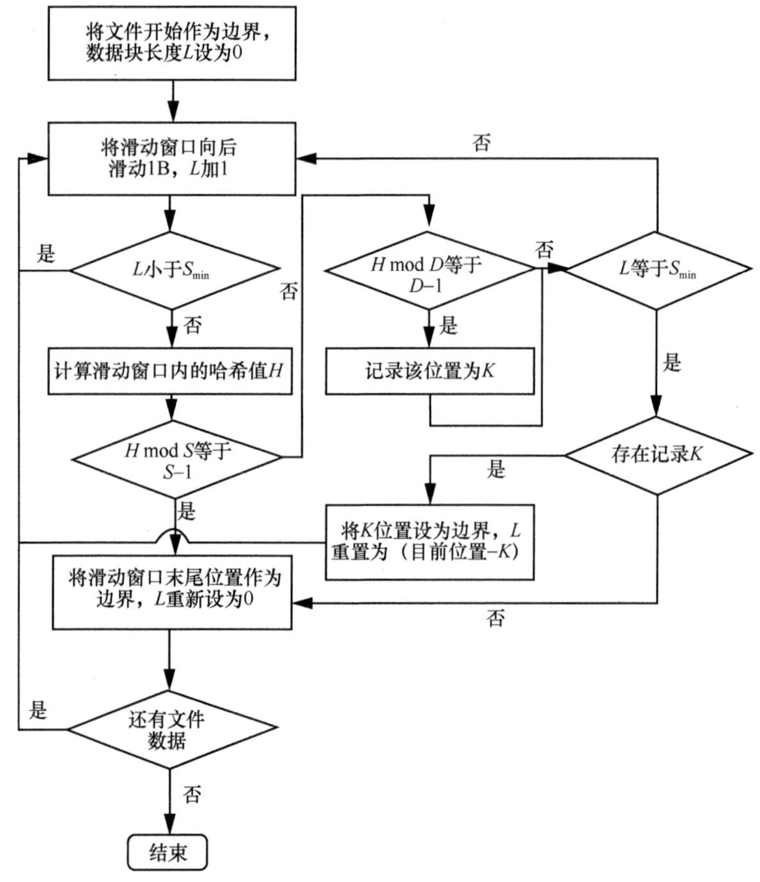

图 6-17　TTD 算法流程

- 算法初始化时，以文件开始为第一个边界，将数据块长度 L 设为 0。
- 从上个数据块边界开始，以每次 1 B 的步长向后滑动滑动窗口，使数据块长

度 L 加 1，在 L 大于等于 S_{min} 之后，使用 Rabin's Fingerprinting 哈希函数计算滑动窗口内部的哈希值 H。

- 将 $H \bmod S$ 与 $S-1$ 进行比较：如果相等，则将滑动窗口的末尾位置作为数据块边界，L 重置为 0，判断是否还有文件数据，若有则返回上一步，若无则算法结束；如果不相等，将 $H \bmod D$ 与 $D-1$ 进行比较，如果相等，则记录该位置为 K，如果不相等，直接进行下一步。
- 如果数据块长度增长到 S_{max} 时，仍然没有发现数据块边界，则将记录中的最后一个位置 K 作为边界；如果记录为空，则将目前滑动窗口的末尾位置作为边界。

由 TTTD 算法流程可知，每一个可变数据块的从开始到 S_{min} 区间内的数据不需要进行哈希值计算。TTTD 算法可以降低可变数据块划分结果中数据块大小差异太大造成的冗余删除率较差的影响，实验证明，S_{min}/S 约等于 0.85 时，可以获得最好的冗余删除率。所以使用 TTTD 算法可以大大降低冗余数据删除的计算开销，提高 AegeanStore 客户端的运行效率。实验证明，在诺基亚的智能手机 N95 上运行 TTTD 算法进行数据块划分和数字指纹计算的数据吞吐率可达到 1 MB/s，可以适应任何网络应用对 AegeanStore 客户端数据吞吐量的需求。

② 基于文件的批量数字指纹查询

AegeanStore 客户端使用 TTTD 算法处理要上传的文件之后，获得了该文件所有数据块的数据指纹列表。之后，需要将这些数字指纹发送到 AegeanStore 的索引服务中，以查询该数据块是否已经存在于 AegeanStore 中。

前面已经提到，如果沿用 LBFS 的索引查询网络协议，首先，浪费了客户端的带宽资源，使得文件上传的总时间过长，甚至超过不使用重复数据删除技术时的上传时间，影响用户体验；其次，索引服务在处理单个数字指纹查询请求时，每次只能进行一个数字指纹的查询，在云存储系统出现高并发访问时，处理效率非常低下。

因此，AegeanStore 提出了基于文件的批量数字指纹查询协议，将相同文件的数据指纹列表，连同该文件的路径、大小等元数据信息，组织到同一个文件上传请求中。经过这样的优化，减少了 AegeanStore 客户端的网络请求数，增大了每个请求的数据量，提高了网络资源的利用率；并且，使得索引服务一次可以处理很多个数字指纹的索引查询，增加了索引服务的吞吐量；更重要的是，使得同一个文件的数据块的数字指纹之间的局部性得以保持，为索引服务进行预取和缓存等的进一步优化创造了条件。

③ 数据压缩技术与重复数据删除技术

传统的数据压缩技术也经常被用于网络传输过程，可以起到节省网络带宽、提高网络资源利用率的作用。数据压缩的有效程度严重依赖文件本身的特性，文本文件可以获得很高的压缩率，但是经过编码的多媒体文件（如音频、视频等文件）则很难被进一步压缩。

与之相比，重复数据删除技术的有效程度取决于被存储文件和系统中存储的所有数据块是否存在冗余，在 AegeanStore 云存储系统中，随着存储数据规模的增长，冗余数据删除的效率会越来越高。

另外，数据压缩技术与重复数据删除技术可以被同时使用。经过冗余数据删除，并确定需要上传的新数据块后，可以使用数据压缩技术对这些新数据块进行压缩，进一步减少需要在网络上传输的数据规模，提高 AegeanStore 客户端对网络带宽的利用率，降低数据传输的总时间。

（2）基于 Bloom filter 的快速新数据块过滤

借鉴 Data Domain 中总结向量的设计思想，AegeanStore 的索引服务采用 Bloom filter 技术[10]来快速过滤索引查找请求中的新数据块。下面首先对 Bloom filter 技术进行介绍；其次，介绍索引服务中基于 Bloom filter 的快速新数据块过滤模块的实现；最后，讨论如何解决快速新数据块过滤模块的可扩展性问题。

Bloom filter 是一种可以高效地利用有限的内存空间，以一定错误肯定率（False Positive Ratio）为代价，快速判断某一个元素在一个集合中的概率的数据结构。

Bloom filter 由两个部分组成：一个大小为 M 的比特数组和 K 个预先定义的不相关的哈希函数，这些哈希函数可以将集合中的元素映射到[0, M–1]的哈希空间中。

在初始化时，将比特数组中的所有元素置为 0。

当有新元素加入 Bloom filter 中时，首先使用定义好的 K 个哈希函数，分别计算这些元素的哈希值；然后，将获得的 K 个哈希值在比特数组中对应的比特置为 1。

当需要查找已确认的某个元素是否存在于集合当中时，同样先计算这个元素的 K 个哈希值；然后，到比特数组中查找这 K 个哈希值对应的位置，如果这 K 个比特中至少存在一个 0，则可以肯定，该元素一定没有出现在集合中；如果这 K 个比特都是 1，则认为该元素存在于集合中的概率比较大。

图 6-18 是 Bloom filter 工作原理示意图，其中 K 等于 3，表示集合中已经存在 3 个元素：x、y、z。从图 6-18 可以看出，在比特数组中，这 3 个元素哈希值相应的位置被置为 1。当需要判断 w 是否存在于该集合中时，只需查找其哈希值对应的 3 个位置，其中最后一个为 0，则说明 w 一定不在该集合中。假设，将 w 的最后一个哈希值的大小加 1，则其对应的 3 个位置的比特值都为 1，则经 Bloom filter 判定，w 可能存在于由 x、y、z 组成的集合中，此时就出现了错误肯定的情况。

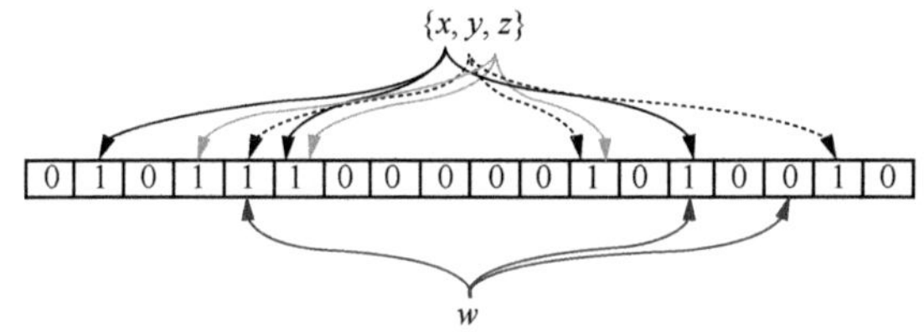

图 6-18　Bloom filter 工作原理示意图

① 快速新数据块过滤模块的实现

在索引服务中，由于会将不存在的数据块判断为已存在的数据块并将其去除，进而导致数据丢失，所以错误的肯定是不可以被接受的。因此，在索引服务当中，Bloom filter 技术只能用于快速过滤新数据块，而被 Bloom filter 判断为可能存在的数字指纹，需要通过进一步的索引查找来确定其是否确实存在于 AegeanStore 中。

目前，在 AegeanStore 的索引服务中，使用一台性能较好、内存空间较大的服务器来运行快速新数据过滤模块。将一个存于内存中的 Bloom filter 数据结构作为该模块的核心数据结构，当接收到由入口节点转发来的基于文件的批量数字指纹查询请求后，Bloom filter 判断每一个数字指纹是否存在于 AegeanStore 当中。如果判定结果为可能存在，则将其忽略；如果为一定不存在，则将这个数字指纹标记为新数据块，并将标记后的数字指纹列表返回给入口节点。最后，当数据块被成功上传到数据块服务之后，将其对应的数字指纹加入 Bloom filter 中。

由于 Bloom filter 是内存数据结构，其访问速度和并发性能都非常好，而且经过基于文件的批量数字指纹查找的优化，对快速新数据块过滤模块的网络需求也大大降低。另外，为了在不损失访问性能的前提下，保证快速新数据块过滤模块的可用性和可靠性，采用了如下两种技术。

- 使用检查点加日志的方式，保证 Bloom filter 的可靠性。定期将内存中的

Bloom filter 数据结构写到磁盘中，作为恢复检查点。在 Bloom filter 中加入新数字指纹时，将该数字指纹追加写入顺序存储的日志末尾。当 Bloom filter 节点出现临时性失败时，可以通过载入检查点，然后使用日志重放的方法，恢复 Bloom filter 中的数据。

- 使用双机热备方式，保证快速过滤服务的可用性。除了提供服务的主节点，将另一个节点作为热备节点。在向 Bloom filter 中加入新数字指纹的同时，将该数字指纹发送到热备节点中，使两个节点中的 Bloom filter 保持一致，当主节点出现失败时，热备节点可以快速接替主节点的工作，提供快速过滤服务。主节点和热备节点中的 Bloom filter 不用保证强一致性，因为即使丢失了少部分的数字指纹信息，也只会造成一些已经存在于 AegeanStore 中的数据块被重新上传，进而造成一定的浪费，但不会造成功能性的错误。所以，主节点将数字指纹发送给热备节点之后，不用等待其确认，基本不影响快速新数据块过滤模块的响应速度。

② 快速新数据块过滤模块的可扩展性

$$R_{FP}=\left(1-\left(1-\frac{1}{M}\right)^{KN}\right)^{K}\approx\left(1-\mathrm{e}^{-\frac{KN}{M}}\right)^{K} \tag{6-2}$$

式（6-2）是 Bloom filter 中错误肯定率 R_{FP} 的计算式，其中，M 是比特数组的大小，K 是哈希函数的个数，而 N 是已经存在于 Bloom filter 中的元素个数。可见，随着 Bloom filter 中元素个数 N 的增长，其错误肯定率 R_{FP} 也会随之提高。

为了保证快速新数据块过滤模块的运行效率，必须保证其错误肯定率低于一定的阈值。仍然假设使用 SHA-1 哈希函数计算数字指纹，其大小为 20 B。当索引服务中数字指纹的数据量增长为 100 GB 时，存在于 AegeanStore 中的数据块个数为 5 000 000 000 个，若以平均块大小为 4 KB 计算，其存储规模达到 20 TB。如果 Bloom filter 中哈希函数的个数 K 为 3，并且最大允许的错误肯定率 R_{FP} 为 10%，通过式（6-2）计算可知，所需要的比特数组 M 约为 24 GB。也就是说，Bloom filter 结构大约需要使用 3 GB 的内存空间来进行有效的快速数据块过滤。

由此可见，基于 Bloom filter 的快速新数据块过滤模块可以满足数十 TB 到上百 TB 的数据存储规模的需求，如果 AegeanStore 中存储的数据规模进一步提高，可以采用可扩展的 Bloom filter 和分层的 Bloom filter 阵列等技术，以提高该模块的可扩展性。

（3）基于文件局部性的缓存和预取

上文提到，索引服务中的数字指纹数据规模会达到数 TB 甚至数十 TB，传统的数据库无法满足这样大规模数据的存储和快速查找需求。另外，由于 AegeanStore 的分布式特点，数据库很难保证来自不同网络请求的服务质量。所以，索引服务中的数字指纹是由一跳分布式哈希表进行存储的，提高了索引存储的可扩展性和分布式的访问特性。

但是，在一跳分布式哈希表中查找单个数字指纹的时间也是比较长的，即使在好的网络情况下也会达到数百毫秒，这样的性能会成为 AegeanStore 使用重复数据删除技术的瓶颈。所以 AegeanStore 在索引服务中采用基于文件局部性的缓存和预取技术来解决该瓶颈。下面首先分析云存储系统中存在的文件局部性，然后介绍索引服务的缓存和预取模块的设计和实现。

① 件局部性

相关工作中提到，在基于磁盘的备份系统中，重复数据删除技术的优化主要依赖数据块局部性。数据块局部性存在的原因是：在现实工作环境中，在多次进行的数据备份之间，磁盘上被修改的内容只占磁盘总量的很小一部分，并且，数据在磁盘上的位置也不会经常改变，这使得在备份的数据流中，相邻的数据块在下次备份中相邻出现的概率非常高。

云存储系统中不存在数据块局部性的原因有 3 个：首先，文件和磁盘相比，是比较小的数据；其次，只有被修改的文件会被重新上传，而不是整个磁盘；最后，多个被修改的文件的上传顺序与它们上次被上传的顺序可能不同。

所以，在 AegeanStore 中，数字指纹索引查找的性能瓶颈是文件局部性而不是数据块局部性。文件局部性是指出现在某文件中的数据块再次出现在该文件中的概率会比较高。其存在的原因为：相同的文件或相似的文件会被不同的网络应用或不同的网络用户上传到云存储系统中，以及文件的不同迭代修改版本会被上传到云存储系统中。

为了将文件局部性信息保存到索引服务中，当一个数字指纹被存储到分布式哈希表中时，以该数字指纹作为 Key，将与该 Key 有文件局部性的所有数字指纹组成的列表称为局部性列表，并作为 Value 进行存储。当出现大文件，导致局部性列表中的数字指纹过多时，同一局部性列表作为 Value 会被存储多次，对 DHT 的存储空间造成严重的浪费。此时，可通过增加一层间接访问来解决这个问题：首先，为该局部性列表生成一个唯一标识符 UID，将 UID 作为 Key、该列表作为 Value，并存储到 DHT 中；其次，以数字指纹为 Key、UID 为 Value 并存储到 DHT 中。读取数字指纹时，如果发现获得的是 UID 而不是局部性列表，则需要以 UID 为 Key 进行再一次的 DHT 查找，以获得相应的局部性列表。

② 缓存和预取模块的设计和实现

索引服务的缓存和预取模块运行在一组不同的服务节点之上，并可以按照性能的需求动态地调整规模。

在客户端的基于文件的批量索引查找请求经过快速过滤之后，数字指纹列表中的一部分数据块被标记为新的数据块，该请求由入口节点选择一个缓存和预取节点进行处理。该负载调度算法借鉴了参考文献[6]中介绍的 Extreme Binning 的负载分配策略。该策略首先查找该数字指纹列表中最小的数字指纹，将其作为该请求的数字指纹代表 RCID。当索引服务中存在 K 个节点运行缓存和预取模块时，将该请求转发给第（RCID mod K）个节点进行处理。根据式（6-3），两个集合中最小的两个元素相等的概率等于两个集合中相同元素个数除以两个集合中所有元素个数的值。可见，使用 RCID 方法进行调度，可以以很大的概率将具有文件局部性的文件交给相同的服务节点负责，有利于缓存和预取技术的更高效运行。

$$\Pr\left[\min(H(S_1)) = \min(H(S_2))\right] = \frac{|S_1 \cap S_2|}{S_1 \cup S_2} \tag{6-3}$$

缓存和预取节点提供与 DHT 相同的 Key/Value 式的访问接口，同样以数字指纹为 Key、其局部性列表为 Value。如图 6-19 所示，当索引查找的数字指纹列表被分配到某个缓存和预取节点后，处理流程如下。对于每一个没有被标记为新的数字指纹，首先到缓存中查找该数字指纹，如果命中，说明该数据块已经存在于 AegeanStore 中，将文件的数字指纹列表和缓存中的局部性列表合并，并在结果中标记该块为存在。若未命中，则到分布式哈希表中进行查找，如果命中，则将 DHT 中存储的局部性列表加入缓存中，完成预取工作，之后的处理和缓存命中时相同；如果未命中，说明该数据块不在 AegeanStore 中，而在快速新数据块过滤模块中，出现了错误肯定的情况。

当缓存被填满时，使用 LRU 缓存替换策略，将从缓存中替换出的数字指纹的局部性列表更新到 DHT 中。多个缓存和预取模块中的服务节点可能同时处理相同的数字指纹，导致其局部性列表不一致，但局部性列表只在预取时被使用，不会影响索引服务工作的正确性。

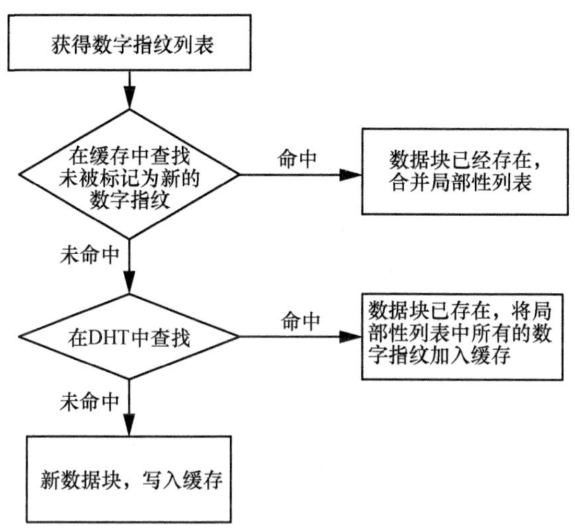

图 6-19　索引服务缓存和预取工作流程

6.2.4　AegeanStore 的效果测试与评价

本节将通过仿真实验结果证明 AegeanStore 采取的优化技术有效地提高了索引服务的工作效率，使得重复数据删除技术可以更好地被应用到云存储系统中。

（1）实验设置

AegeanStore 云存储系统是使用 Java 语言实现的。我们的实验使用两台 CPU 为 Intel Xeon 2.5GHz、内存为 8 GB 的服务器作为索引服务，两台 CPU 为 Intel Core2 2.4GHz、内存为 4 GB 的服务器作为具有索引查询请求的客户端。所有服务器都使用 Ubuntu 8.10 作为操作系统，并使用 Sun Microsystems 公司的 Java Runtime Environment Version 6 作为 Java 的运行平台。

实验的数据集为 20 个不同版本的 Linux 内核代码，这些数据的总大小超过 5 GB，目标数据块大小为 4 KB，使用 TTTD 算法将数据集划分为 1 310 656 个数据块，其中共有 386 659 个不同的数据块，冗余删除率约为 29.5%。

将索引查询请求分配给 40 个客户端线程，这些线程并发地发送索引查询请求，所以在请求中不存在数据流的局部性。

仿真实验中有两个重要参数：快速新数据块过滤模块中的 Bloom filter 大小 B，以及缓存和预取模块的缓存中存储的数字指纹个数的最大值 M。

（2）实验结果

将 B 设置为 4 MB，将所有的实验数据加入 AegeanStore 云存储系统中之后，预期的错误肯定率为 10%；将 M 设置为 35 000，其规模是数据集中不同数据块总数的 9%左右。仿真实验结果各项数值的统计见表 6-2。其中被快速新数据块过滤模块中的 Bloom filter 标记为新的数据块有 382 688 个，被错误肯定的只有 3 971 个，约为新数据块的 1%。其中，在缓存和预取模块中，缓存查询命中数为 636 051 个，只有 291 917 个数据块需要到分布式哈希表中查找，缓存命中率高达 636 051/(636 051+291 917)=68.5%。共同考虑快速新数据块过滤模块、缓存和预取模块的作用，只有 291 917/1 310 656=22.2%的数据块需要到分布式哈希表中进行查询。因此，从总体上证明了 AegeanStore 采取的优化方法可以大大提高索引服务的运行效率。

表 6-2　仿真实验结果统计

数据块总数/个	被过滤数/个	缓存命中数/个	DHT 命中数/个	错误肯定数/个
1 310 656	382 688	636 051	291 917	3 971

缓存和预取模块的缓存命中率在使用和不使用快速新数据块过滤模块进行过滤的情况下有很大的差异，如图 6-20 所示。实验参数设置同上，在实验开始阶段，绝大部分索引查询中的数字指纹都是新的，如果不使用快速新数据块过滤模块进行新数据块过滤，大部分缓存访问不会被命中；而如果使用快速新数据块过滤模块，绝大部分数字指纹被标记为新，少量的数字指纹存在于缓存当中，从而获得了很高的命中率。随着索引服务中的数字指纹数量增加，只有一部分数字指纹能够被放置在缓存中，使用快速新数据块过滤模块的缓存命中率一直在 70%左右，而不使用过滤模块的缓存命中率都低于 50%。这个实验证明了快速新数据块过滤模块的使用使得缓存和预取模块能够更好地工作。通过缓存和预取两种优化技术的联合使用，可以大大提高索引服务的索引查找效率。

随着 Bloom filter 大小的变化，过滤和缓存优化效果的变化情况如图 6-21 所示。随着 Bloom filter 大小的增长，过滤和缓存的优化效果随之提升；但是当 Bloom filter 大小达到一定程度之后，继续增大 Bloom filter 对优化效果的提升并不明显。

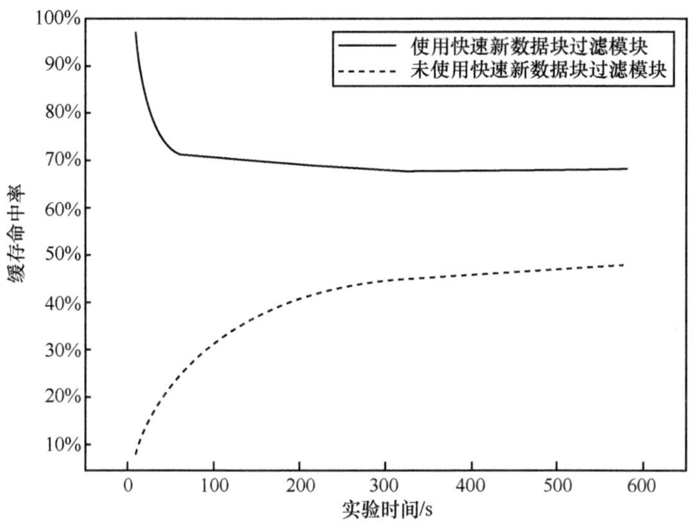

图 6-20　缓存和预取模块的缓存命中率

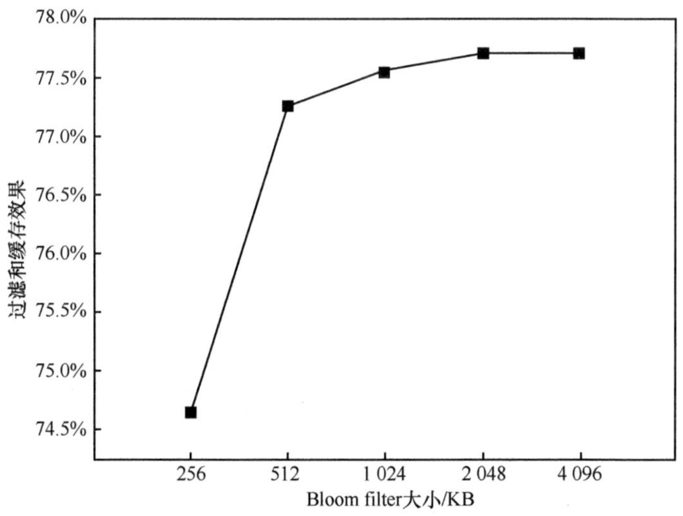

图 6-21　Bloom filter 大小与过滤和缓存优化效果的关系

由图 6-22 可以看出，随着缓存中数字指纹个数最大值的增加，过滤和缓存优化效果提升非常明显。

通过本节的仿真实验结果可以证明，AegeanStore 通过采用基于 Bloom filter 的快速新数据块过滤、基于文件局部性的缓存和预取等优化技术大大提高了索引服务进行批量数字指纹索引查找的效率，使得重复数据删除技术能被有效地应用于云存储系统中。

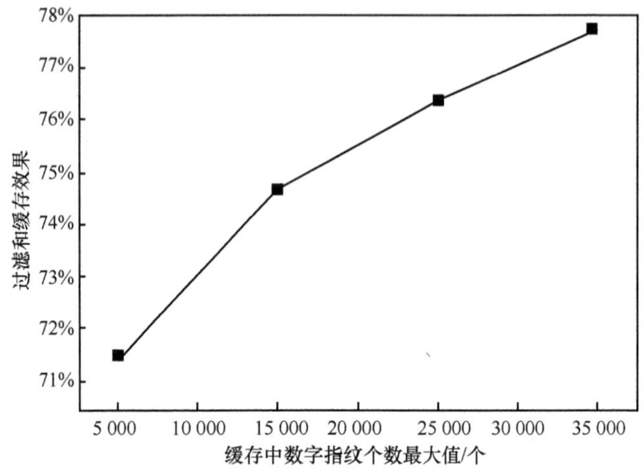

图 6-22　缓存中数字指纹个数最大值与过滤和缓存优化效果的关系

云存储系统是大数据存储的一部分，因此，对于云存储的删冗也就成为大数据删冗的重要组成部分。除了云存储的删冗，大数据删冗也包括其他方面，因此也需要一些不同的删冗技术。本章后面部分将讨论高效主内存删冗技术。

6.3　高效主存储内嵌删冗系统的设计与实现

与删冗技术在备份存储领域的大量研究和广泛应用相比较，主存储领域的删冗仍是一个未被很好解决的问题。主存储删冗直接消除了生产系统活跃数据中的冗余，如数据库、电子邮件、近线归档、用户文档等，延缓了主存储增长的速度。相比备份存储，主存储设备的每 GB 成本更高，因此主存储删冗能够节省更多的存储成本。另外，在存储系统的最高层次——主存储系统中进行删冗，还能直接减少后续存储层次的空间开销，并能减少备份数据量，降低数据备份时的网络和 I/O 带宽开销。

然而，和备份系统的删冗相比，主存储删冗面临更大的挑战。首先，主存储系统的 I/O 访问具有实时性和随机性的特点，这使得备份系统删冗中利用数据流局部性进行加速的方法在主存储系统中并不适用。其次，对于内嵌删冗，重复数据的识别处理需要在写入 I/O 的关键路径上进行，这会增加写操作的时延。由于重复数据单元的重定向，删冗会带来磁盘碎片化问题，这又会增大读操作的时延。此外，为了不影响主存储系统正常工作的性能，删冗不能占用过多的系统资源（CPU、内存、

I/O 资源等）。I/O 访问的随机性、对性能的高要求，以及在资源占用上的限制，使得主存储删冗成为一个难度更高的问题。

在这种情况下，为了确保删冗不影响主存储系统的性能，大部分存储厂商提供的主存储删冗方案采取后处理方式进行删冗。后处理删冗方式首先将所有数据保存到存储系统中，然后在系统空闲时间对存储数据进行扫描和删冗处理。这种方式避免了删冗对系统性能的影响，但是需要额外的存储空间预先存储删冗前的数据，并且依赖系统空闲时间，此外对存储数据的二次扫描和处理引入了额外的磁盘 I/O 开销。还有一些主存储删冗方案要求将与删冗相关的元数据全部放在内存，以提高删冗处理的效率。这类方案引入了相当大的内存开销，因此必然会影响主存储系统的正常负载性能。此外，删冗元数据的内存开销与存储的总数据量成正比，因此这类方案的可扩展性较差，不适用于大规模的存储系统。

下面针对主存储删冗在性能方面面临的挑战，提出基于相似性的内嵌删冗框架，并以此为基础，设计和实现了主存储内嵌删冗系统 PDFS（Partially Dedupped File System）。基于相似性的内嵌删冗框架大大降低了删冗所需的内存开销和磁盘 I/O 开销。针对主存储删冗的特征和要求，PDFS 中还额外采用了一系列针对 I/O 时延和吞吐量的优化策略。这使得 PDFS 可以在占用很少系统资源、引入很小性能开销的情况下达到很好的删冗效果（理论最大删冗率为 74%～99%）。

6.3.1　主存储删冗存在的挑战

主存储删冗面临一些新的挑战，其主要集中在主存储系统对 I/O 时延的要求和减少系统资源开销等方面。

（1）低写入时延

主存储系统的很多工作负载都具有实时性的要求，因此写入时延是一个非常重要的性能指标。删冗系统对写入时延的影响体现在两方面：一是对于内嵌删冗，删冗处理发生在写操作的关键路径上，删冗处理必然会直接增大写操作的时延；二是删冗处理需要占用系统的 CPU、内存等资源，系统资源的竞争会间接导致系统 I/O 时延增大。

（2）低读取时延

磁盘碎片化是删冗带来的固有问题。在删冗系统中，新写入的重复数据单元会

指向与其内容相同的旧数据单元的存储位置。当读取连续数据时，若读取到重复数据单元，则需要跳到与之对应的旧数据单元的存储位置，读取旧数据单元的内容后，再跳回来继续读取后续内容。即原本的连续读取转变成随机读取。磁盘碎片化导致连续读操作也需要进行磁盘寻道，增大了读操作的时延。LiveDFS 中的实验表明，若使用经过删冗的虚拟机磁盘镜像文件来启动虚拟机，需要从删冗的信息中恢复启动过程中所需的磁盘数据，虚拟机启动时间增加了 8%～50%[15]。

（3）合理的删冗率

影响删冗系统删冗率的因素主要有两个。一是数据单元划分方式。通常数据单元被划分得越小，删冗率就越高。基于内容的变长划分一般优于固定长度的划分。但是数据单元划分过小会导致删冗处理复杂度增加，进而降低删冗系统的性能。二是删冗元数据的检索方式。其可以分为全局查找（Full Lookup）和局部查找（Partial Lookup）。全局查找可以识别出给定数据单元划分方式下的所有冗余，但是性能开销大：局部查找只在一部分删冗元数据中做检索，通过牺牲部分删冗率换取删冗系统性能的提高[16]。

和二级存储超过 20:1 的数据冗余度相比，主存储系统的数据冗余度一般较低。研究表明，个人桌面环境下的数据冗余度在 30%～60%，高性能计算环境下的数据冗余度可以达到 20%～70%，而虚拟机镜像存储环境下的数据冗余度则能达到 70%～80%。

因此对于主存储删冗，既要保证删冗系统的性能，又不能损失过多的删冗率，否则删冗在节省存储空间方面的效果就会大大降低，主存储删冗的意义就不大了。

（4）减少系统资源开销

和二级存储可以为删冗处理提供专用的系统资源不同，主存储系统中一般运行着其他工作负载，如数据库、网页服务器等。这些工作负载和删冗处理流程共享系统资源，并且优先级更高。因此，为了保证这些工作负载的性能不受删冗处理的影响，删冗不能占用过多的 CPU 和内存资源，并且当发生资源竞争时，删冗处理应当处于较低的优先级[17]。

考虑到数字指纹计算、删冗元数据索引大小等因素，删冗处理流程是一个相当消耗 CPU 和内存资源的过程。如何使用尽可能少的系统资源实现高效的删冗处理，也是设计主存储删冗系统时需要解决的一个重要问题。

6.3.2　现有的主内存删冗方案

值得注意的是，为了避免对主存储系统性能的影响，大多数商业主存储删冗方案采用了后处理删冗的方式（即删冗不是必需的，是事后处理的方式），如 VMware DEDE、NetApp ONTAP、IBM Storage Tank、Microsoft Windows Server 2012 等。我们主要关注的是主存储内嵌删冗系统中性能问题的解决方法，因此不再对上述后处理删冗系统进行详细介绍。

（1）传统内嵌删冗方案

传统内嵌删冗方案不借助数据访问的特殊特征，而是通过将全部删冗元数据索引加载到内存中来避免删冗磁盘 I/O 瓶颈问题。这类系统的代表有 ZFS、SDFS、Permabit Albireo 等。其中，ZFS 的删冗元数据索引被保存在磁盘上，并在内存中放置一份缓存，如果删冗元数据索引无法被全部缓存在内存里，系统性能会严重下降；而 SDFS 则要求在系统运行时全部删冗元数据索引都被加载到内存里。

对于这类系统，一个很重要的问题是需要设计更紧凑的删冗元数据索引结构，从而尽量减少内存占用。ZFS 和 SDFS 的删冗元数据索引的空间开销都较大，因此这两个系统希望通过使用大数据块（如 128 KB）来减少删冗元数据索引所占的比例。但是数据块的增大会导致删冗率显著降低。Permabit Albireo 在压缩删冗元数据索引大小方面有较大成效，在 4 KB 分块下，可以使用 1 GB 内存保存高达 40 TB 数据的删冗元数据索引。

然而，这类系统存在两个无法解决的问题。首先，系统扩展性存在问题，随着存储系统规模的增大，删冗元数据索引消耗的内存资源会呈线性增长。其次，由于要使用专用内存资源存放删冗元数据索引，这类系统必然会对主存储系统的性能造成影响。目前尚没有测试说明这类系统对主存储系统性能（如 I/O 时延、系统正常负载性能等）的影响情况。通过对 ZFS 自带删冗的 I/O 性能进行对比测试，可以看出，即使在存储系统规模较小的情况下，ZFS 自带删冗也会导致系统 I/O 性能大幅度下降。

（2）内嵌删冗加速方法研究

目前主存储领域内嵌删冗方面的研究集中在挖掘数据访问特征，对删冗元数据进行有效缓存和预取，从而减少删冗带来的磁盘 I/O 开销。

① LiveDFS

LiveDFS[15]是面向开源云环境的针对虚拟机镜像存储的内嵌删冗方案。LiveDFS基于 Ext3 文件系统实现，提供与 Posix 兼容的接口，并能在基于 OpenStack 的开源云平台中集成。

为解决删冗磁盘 I/O 瓶颈问题，LiveDFS 主要采用如下 3 种策略。

- 空间局部性（Spatial Locality）：LiveDFS 只在内存中保存一部分删冗元数据索引，删冗元数据的全集被保存在磁盘上。为了提高删冗元数据缓存的有效性，缓解删冗带来的磁盘 I/O 开销，LiveDFS 根据数据块的位置关系存放删冗元数据索引。相邻数据块对应的索引在磁盘上也是连续的，因此可以进行预取。
- 元数据预取（Prefetching of Metadata）：LiveDFS 将删冗元数据和数据块保存在一起，一方面方便在访问数据块时对删冗元数据进行预取，另一方面减小了同时更新删冗元数据和数据块内容时的磁盘寻道时间。
- 日志（Journaling）：日志用于支持存储系统和删冗系统的出错恢复。此外，LiveDFS 还利用日志对写操作进行合并和批处理，从而提高系统的写入性能。

LiveDFS 内存中需要通过一个指纹过滤器（Fingerprint Filter）来定位磁盘上的元数据索引，指纹过滤器的内存开销是数据存储量的 0.2%左右，即每 TB 数据需要大约 2 GB 的内存开销。

LiveDFS 和 DDFS 类似，都是利用数据块访问的局部性特征来组织删冗元数据索引及其内存中的缓存。但是作为一个主存储内嵌删冗方案，LiveDFS 引入了相当大的内存开销，并且没有解决内嵌删冗影响读写时延的问题。LiveDFS 的性能测试侧重于读写吞吐量，以及虚拟机管理操作，如新增虚拟机、虚拟机启动时间等。其中虚拟机启动时间能体现出系统的读时延，受删冗磁盘碎片化的影响，虚拟机启动时间平均增加了 8%～50%。

② iDedup

iDedup[17]强调内嵌删冗不能影响主存储系统的读写时延。删冗系统影响读时延是由于删冗带来了磁盘碎片化现象，导致连续读转化成随机读。而删冗系统影响写时延的因素是删冗元数据检索带来的额外磁盘 I/O。因此，iDedup 从这两方面入手减小主存储内嵌删冗对 I/O 时延的影响。

iDedup 认为主存储系统的冗余数据在访问特征上存在空间局部性和时间局部

性（Temporal Locality）。

空间局部性是指当出现冗余数据块时，通常会以冗余数据块序列的形式出现，而不是单个的数据块。因此，iDedup 引入最小删冗序列长度（Minimum Dedup Sequence Length）的概念，只有连续的数据块序列整体可以删冗，并且序列长度超过一个阈值时，iDedup 才会对其执行删冗。由于忽略了零散的冗余数据块，当发生由于删冗导致的磁盘寻道时，寻道之后会连续读取一个数据块序列而不是单个数据块，从而降低对连续读性能的影响。

时间局部性是指冗余数据出现的时间间隔通常较短，即很少会有数据和很长一段时间之前被写入存储系统的数据重复。利用时间局部性，iDedup 在内存里维护一个大小固定的删冗元数据索引，使用 LRU 方式进行索引的更新和替换。由于内存索引的大小固定，iDedup 只能保存最近一段时间内的冗余数据索引，更早的索引项会被替换出去。如果新数据无法在内存索引里检索到，iDedup 就认为该数据是非冗余的。iDedup 通过基于时间局部性的内存索引缓存，完全消除了删冗元数据检索时的磁盘 I/O 开销。

iDedup 强调对主存储系统的读写时延的优化，但是在删冗率方面存在如下 3 个问题。

- 删冗率损失较大。最小删冗序列长度和基于时间局部性的内存索引缓存都会造成删冗率的损失。
- 索引缓存的内存开销很大。减小内存索引缓存的大小将会导致删冗率的进一步下降。
- 无法适用于通用的主存储系统。空间局部性和时间局部性在通用的主存储系统中不一定存在，或者局部性较差，这种情况下 iDedup 采用的两项策略都将起不到实际效果，导致系统删冗率很低。

③ HANDS

HANDS[18]利用启发式算法学习存储系统的数据访问模式，并根据学习到的数据访问模式对删冗元数据索引进行缓存和预取。

HANDS 在进行删冗处理之前需要先完成一个初始化阶段，称之为工作集识别（Working Set Indentification）。工作集识别阶段的主要步骤如下。

- 收集文件系统数据访问的跟踪记录（Trace）。
- 计算数据集中两两数据块之间的距离，生成距离矩阵。

- 基于近邻划分（Neighborhood Partitioning）算法识别工作集。
- 对工作集做合并，得到最终结果。

在删冗过程中，删冗元数据以工作集为分组单位进行存储和预取。每当访问到某个工作集中的一个删冗元数据时，就将整个工作集的删冗元数据加载到内存里并作为缓存，以供后续数据块删冗时使用。与 DDFS 类似，HANDS 也使用 Bloom filter 来快速识别新数据块。

利用基于启发式工作集的缓存和预取策略，HANDS 可以将删冗元数据索引的内存开销减小到低于 1%的水平，删冗率能达到理论最大删冗率的 30%～90%。HANDS 的相关论文中对多种缓存算法（LRU、LFU）和工作集识别算法的结合效果进行了测试，但是并未关注主存储系统的 I/O 时延问题，没有进行系统 I/O 时延方面的分析和测试。此外，HANDS 缓存预取的准确性取决于用于训练的 Trace 和真实访问模式之间的相似程度。

6.3.3 主存储内嵌删冗系统 PDFS 的技术选择分析

（1）删冗磁盘 I/O 瓶颈解决方法分类

删冗系统需要为存储系统的每个数据单元保存一个删冗元数据索引项，因此删冗元数据索引的大小会随着存储系统的规模的增大而线性增长。当删冗元数据索引无法被全部加载到内存时，便需要在删冗处理时按需从磁盘中读取删冗元数据项。删冗元数据项读取的高频率和随机性使得删冗磁盘 I/O 成为系统性能的瓶颈。

删冗磁盘 I/O 瓶颈问题的本质原因是删冗元数据索引的规模太大，无法被全部保存到内存中。其解决办法可以分成两类。

第一类解决办法是设计更加紧凑的删冗元数据索引结构，将删冗元数据的内存开销压缩到可接受的范围之内。对于这类系统，新数据块的删冗检索发生在整体删冗元数据索引之中，即全局查找。ZFS、SDFS 和 Permabit Albireo 可以归为此类，区别在于 ZFS 和 SDFS 仅通过增大数据块来缩小删冗元数据索引的比例，而 Permabit Albireo 设计了更加高效和紧凑的索引结构。

第二类解决方法是执行局部查找，即只在删冗元数据索引的一个子集中做检索，从而减少需要被保存在内存中的删冗元数据索引量。为此，首先要对数据做分组，将删冗元数据索引划分成若干子集。在进行删冗处理时，对于每组数据，只有一个删冗元数据索引子集（称之为搜索子集（Searching Subset））会被选中并在其中执行查找。DDFS、Sparse Indexing、ChunkStash、iDedup、HANDS、LiveDFS 等利用数据局部性特征进行加速的删冗系统都可归为这一类。

由于仅在搜索子集中进行删冗元数据索引检索，使用局部查找的删冗方案无法保证识别出全部的冗余数据。为此，DDFS、ChunkStash、LiveDFS 在局部查找失败后会补充执行全局查找，以保证不损失删冗率。补充执行全局查找会对系统性能造成影响，因此 Sparse Indexing、iDedup、HANDS 选择仅通过局部查找来识别冗余数据，以牺牲部分删冗率为代价，换取更高的系统性能。根据删冗磁盘 I/O 瓶颈问题的解决方法对现有的典型内嵌删冗系统进行分类，如图 6-23 所示。其中，括号中的“B”表示二级存储删冗系统，“P”表示主存储删冗系统，“*”表示局部查找之后不再补充执行全局查找。

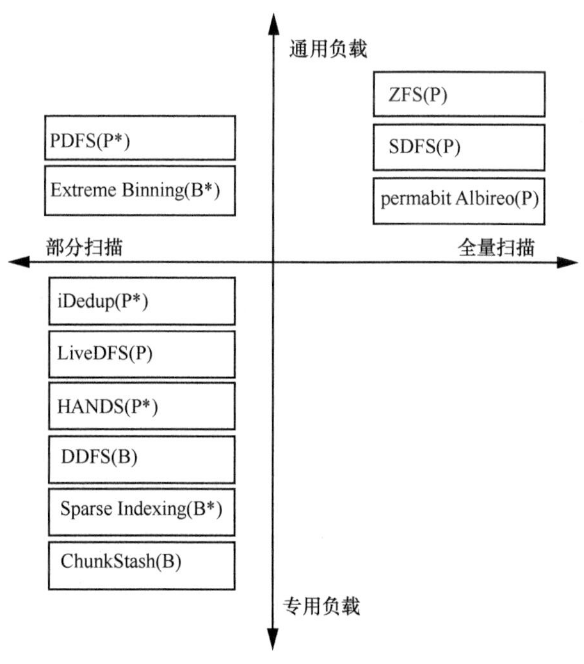

图 6-23　内嵌删冗系统分类

局部查找的关键问题是如何高效地选取搜索子集，使得大部分冗余数据出现在搜索子集中。对于具有数据访问局部性特征的系统，可以使用局部性特征来指导搜索子集的选取。例如对于面向数据备份的二级存储系统，由于周期备份时数据访问次序一致，备份数据流具备空间局部性，因此可以根据数据块在数据流中出现的次序进行分组，执行删冗检索时将邻近数据对应的删冗元数据索引作为搜索子集加载到内存中。目前存在的采用局部查找的主存储删冗方案（如 iDedup、HANDS、LiveDFS）同样借助数据局部性来选取搜索子集，这就对删冗系统面向的主存储环境数据访问提出了要求。对于通用主存储系统，数据访问具有很大的随机性，局部性特征并不适用。

此外，还可以利用数据相似性选取搜索子集。这是在设计和实现 PDFS 时采用的方法。在执行删冗时，PDFS 选择与当前数据分组相似的删冗元数据索引子集作为搜索子集。判断数据集合相似性的依据有多种，如 Jaccard 系数、海明距离（Hamming Distance）等。二级存储领域存在一些利用相似性解决删冗磁盘 I/O 瓶颈问题的删冗方案，与之相比，PDFS 更关注主存储内嵌删冗面临的性能挑战，如高 I/O 吞吐量、低 I/O 时延、低内存开销等。在利用相似性解决磁盘 I/O 瓶颈问题的基础上，PDFS 针对主存储内嵌删冗面临的这些性能问题，逐一提出了针对性的优化策略，使得 PDFS 可以在提供合理删冗率的同时满足主存储系统对 I/O 性能、负载性能的要求。

（2）基于相似性的内嵌删冗框架

PDFS 提出了适合主存储内嵌删冗的基于相似性的内嵌删冗框架。该删冗框架采用基于相似性的局部查找加速删冗元数据检索的过程。为了执行局部查找，首先需要将数据块组成定长或变长的集合，我们称这些定长或变长的数据块集合为数据段（Data Segment）。相似的数据段构成一个集合，称之为相似数据段集合，重复数据的查找将只在相似数据段集合内进行。相似数据段集合的删冗元数据索引被组织在一起，形成一个删冗元数据桶（Dedup-metadata Bucket）。对于新写入的数据段，在计算出所属的相似数据段集合后，对应的删冗元数据桶会被作为一个整体加载到内存。该数据段的所有数据块在执行删冗时都只在这个删冗元数据桶里进行检索。

基于相似性的内嵌删冗框架如图 6-24 所示。大部分删冗工作在删冗模块中完成，删冗模块被嵌入原始文件系统中。删冗流程可归纳为如下 4 个步骤。

① 数据分段

在这一步，删冗模块截获从上层文件系统传递下来的脏数据块，然后使用数据分段算法对数据块做分组，将脏数据块序列划分成数据段。

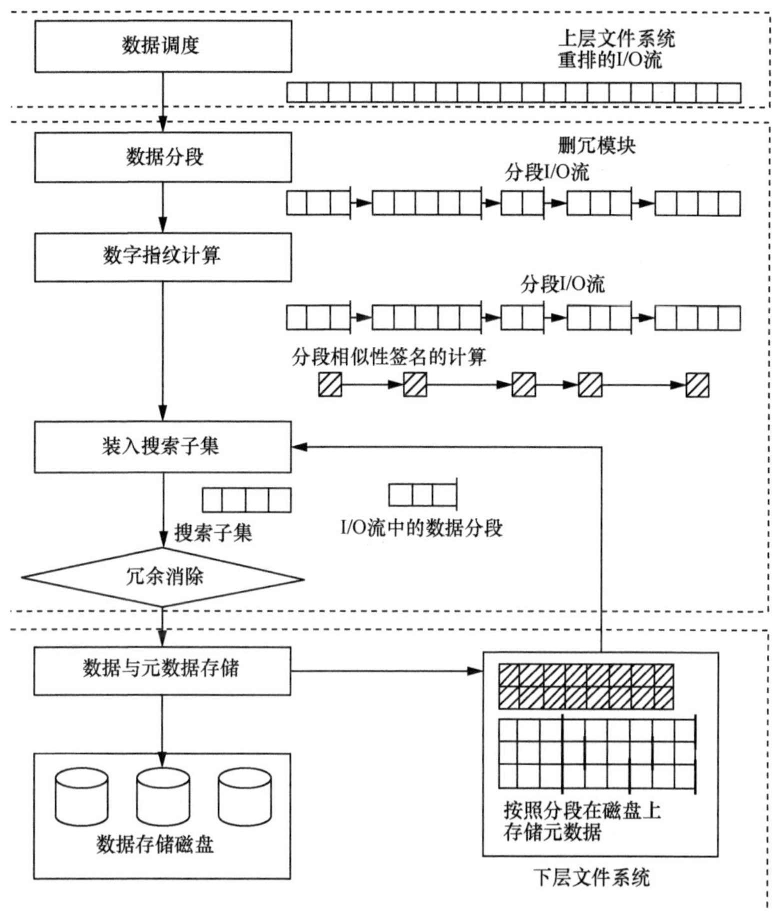

图 6-24　基于相似性的内嵌删冗框架

数据块可以是定长或者变长的，变长数据块通常被称作数据片。二级存储系统（如 Extreme Binning）使用数据片作为删冗的数据单元，但是对于被嵌入主存储文件系统中的删冗方案来说，为了保持和文件系统的一致性，只能采用定长数据块作为数据单元。

在下面的讨论中，一个数据段由若干个连续的定长数据块组成。根据在划分数据段时是否参考文件语义，可以将数据段划分算法归为 3 种层次。

- 文件层次（File Level）：将整个文件看作一个数据段，相似性识别发生在文件级别。
- 次文件层次（Sub-file Level）：将一个文件划分成多个数据段，数据段可以

是定长或者变长的，即组成数据段的数据块的数目可以不一样。

- 数据块层次（Block Level）：不考虑文件语义，直接对脏数据块序列做划分。此时，同一个数据段可能包含来自不同文件的数据块。

考虑到文件语义的数据段划分可以更好地挖掘数据相似性，但是由于需要使用文件信息，因此需要将删冗模块嵌入文件系统上层。如果采用数据块层次的划分，那么删冗模块可以被嵌入更底层的数据块 I/O 系统中，对原文件系统的干扰较小，系统复杂度更低。PDFS 中采用次文件层次的数据段划分算法，以充分利用数据相似性，达到更大的删冗率。

完成数据分段之后，每个数据段的删冗处理流程是互相独立的，这为后续的删冗流程提供了很好的并发处理时机。

② 数字指纹计算

为了执行删冗元数据检索，需要为每个数据块计算数字指纹，即哈希值，根据数据块哈希值的对比结果判断数据内容是否相同。每个数据块对应的删冗元数据索引项主要由数字指纹、存储地址、引用计数构成。为了执行基于相似性的局部查找，相似数据段集合内的所有数据块对应的删冗元数据索引项将被保存在同一个删冗元数据桶内，每个删冗元数据桶对应一个相似性签名，以便确定新数据段所属的相似数据段及其对应的删冗元数据桶。

因此，基于相似性局部查找的删冗方案需要计算两种数字指纹：数据块的哈希值以及删冗元数据桶的相似性签名。有多种相似性识别算法可以用来计算删冗元数据桶的相似性签名。这些算法保证了相似的数据段会以很高的概率计算出相同的相似性签名，从而对应到同一个删冗元数据桶。数据段的相似性签名一般是由数据段内所有数据块的哈希值计算出来的，因此数据段相似性签名的计算可以和数据块哈希值的计算放在一起，同时在数字指纹计算阶段完成。

③ 删冗元数据检索

删冗元数据检索的第一步是加载搜索子集。在基于相似性的局部查找方案中，确定搜索子集的依据是数据段的相似性签名。搜索子集由与当前数据段具有相同相似性签名的所有已存在数据段构成，而这些数据段的删冗元数据被保存在同一个删冗元数据桶中，因此只需要查找具有相同相似性签名的删冗元数据桶，这些删冗元数据桶即需要的搜索子集。

如果对应的删冗元数据桶已经存在，删冗元数据桶中的全部索引项将被加载到

内存里。然后在删冗元数据桶内对当前数据段中所有数据块的数字指纹做查找，根据查找结果确定该数据块是否是重复数据块。如果不存在与当前数据段对应的删冗元数据桶，那么当前数据段中的所有数据块都将被视为新数据块写入存储系统，并构造新的删冗元数据桶保存当前数据段内数据块的删冗元数据索引项，使用当前数据段的相似性签名作为新删冗元数据桶的相似性签名。

为了根据相似性签名定位对应的删冗元数据桶，需要构建一份额外的索引，以维护从相似性签名到删冗元数据桶磁盘位置信息的映射关系，称这一额外索引为 id-map 索引。id-map 索引的大小随着系统中删冗元数据桶的增加而线性增长，因此如果为了提高删冗元数据桶的定位速度而将 id-map 索引保存在内存里，系统就可能无法扩展到很大的规模。后面还将讨论 id-map 索引带来的内存开销问题。

④ 删冗元数据索引项更新

完成删冗元数据检索之后，新数据块将被重新提交给文件系统，完成正常的写入流程，并将存储地址记录到数据块对应的删冗元数据索引项里。对于重复的数据块，将使用已有相同数据块的存储地址作为新数据块的地址，并更新删冗元数据索引项中的引用计数。

删冗效果分析如下。

在 8 KB 数据分块情况下，为了维持 100 MB/s 的写入吞吐率，每秒需要执行超过 10 000 次删冗元数据随机 I/O。基于相似性局部查找的删冗方案能够同时降低删冗元数据 I/O 的频率和随机性，从而大大缓解删冗带来的磁盘 I/O 瓶颈问题。

首先，在基于相似性局部查找的删冗方案中，删冗元数据检索带来的额外磁盘 I/O 是以数据段为单位的，即每个数据段执行一次 I/O，而不需要每个数据块执行一次。因此，假设每个数据段平均包含 100 个数据块，删冗元数据 I/O 的频率将降低到每秒 100 多次，极大地缓解了磁盘 I/O 的压力。通过增大数据段平均包含的数据块个数，删冗元数据 I/O 的频率还可以进一步降低。在实际系统中，每个数据段通常包含 100～1 000 个数据块，因此可以将删冗元数据 I/O 的频率降低到每秒 10～100 次。

其次，在基于相似性局部查找的删冗方案中，新创建的删冗元数据桶引入的磁盘 I/O 并不是随机 I/O。传统删冗方案将删冗元数据索引组织成一个或几个大的磁盘哈希表。新创建的删冗元数据索引项在哈希表中的位置由哈希函数确定，而哈希函数的输出通常是均匀分布的，因此新索引项会被随机插入这些大哈希表中，导致一系列的随机磁盘 I/O。而在基于相似性局部查找的删冗方案中，删冗元数据被组织成多个独立的删冗元数据桶，每个删冗元数据桶内部将索引项组织成哈希表。删冗元数据桶的规模通常较小，每个桶占用一个到几个数据块的磁盘空间。不同的删冗元数据桶是完全独立的，所以多个桶可以在磁盘上连续存储。因此，写入新创建的删冗元数据桶时的 I/O 是连续 I/O 而不是随机 I/O，这进一步缓解了删冗带来的额外磁盘 I/O 压力。

（3）主存储删冗性能优化策略

基于相似性局部查找的删冗方案极大地缓解了删冗磁盘 I/O 瓶颈问题，但是由于主存储系统对性能的高要求，主存储内嵌删冗仍面临很多有待解决的问题。下面介绍 PDFS 针对这些性能问题的解决策略。

① 写入时延优化

内嵌删冗在写入操作的关键路径上引入了删冗元数据的检索和处理，消耗了额外的 CPU 和内存资源，因此必然会导致系统写入时延的增加。而对于基于相似性局部查找的删冗方案来说，还新增了数据分段阶段，增加了数据段相似性签名的计算，这些会进一步增大系统的写入时延。

为了解决写入时延的问题，一种可能的方案是选择开销较小的数据块哈希值算法和数据段相似性签名算法。但是这只能在一定程度上减小对写入时延的影响程度，并不能完全消除影响。因此很多主存储删冗方案都选择采用后处理的方式，以避免对写入时延的影响。PDFS 中采用的方法是将写操作系统调用的代码路径中的某些操作推迟执行，通过缩短代码路径长度直接缩短前台程序的写入时延，从而补偿删冗造成的影响。

内嵌删冗系统需要从文件系统的正常写操作中截获脏数据块，并在执行完删冗处理之后重新提交给文件系统，这使得上述缩短代码路径长度的策略成为可能。通常，异步写的系统调用执行流程中包含一个脏数据块标记阶段，在这个阶段将当前数据块标记为脏数据块。完成脏数据块标记之后异步写的系统调用就返回了，文件系统负责周期性地将脏数据块写回磁盘。为了缩短写操作的时延，PDFS 直接从写操作系统调用层截获脏数据块，并推迟脏数据块标记阶段的执行，使异步写操作的调用更快返回。PDFS 将脏数据块暂时缓存起来，执行完数据分段、数字指纹计算、删冗元数据检索等删冗流程之后再重新执行脏数据块标记，并将脏数据块重新提交给文件系统。

② 写入吞吐量优化

基于相似性局部查找的删冗方案中包含 3 个开销较大的操作：数据分段、数字指纹计算和删冗元数据检索。如果这些操作全部串行执行，系统吞吐量将受到严重制约。因此，必须充分挖掘并行性，通过并发提高删冗系统的吞吐量。

其中数据分段阶段负责将数据块序列划分成数据段，由于操作的是数据流，只能串行执行。完成数据分段之后，每个数据段内的数字指纹计算和删冗元数据检索是完全独立的，因此可以有效地并发执行。而数字指纹计算和删冗元数据检索是删冗流程中开销最大的两个阶段，因此并发执行可以有效地提高删冗处理的效率，进而提高系统整体的吞吐量。

在上述删冗方案中，有两个层次的并发机会可以挖掘和利用。

- 数据段层次的并发：由于不同数据段之间相互独立，数字指纹计算阶段可以做到数据段层次的并发。
- 数据块层次的并发：在删冗元数据检索阶段，将删冗元数据桶加载到内存之后，不同数据块的删冗元数据查找和后续处理是相互独立的，因此此阶段可以做到数据块层次的并发。

PDFS 利用这两个并发时机充分提高了删冗系统的效率，有效提高了系统 I/O 吞吐量，避免了对写入吞吐量的影响。

③ 读取时延优化

由于删冗必然会带来磁盘碎片化，增加了读操作的磁盘寻道次数，因此删冗系统的读性能受到影响。这里并未解决上述删冗固有的磁盘碎片化问题，而是采取措施消除了并发删冗带来的额外磁盘碎片化现象。

在 PDFS 的实现和测试过程中发现，上述并发删冗策略有效提高了系统的吞吐量，但是带来了严重的磁盘碎片化现象，导致读性能明显下降。分析发现并发删冗打乱了原有的数据写入顺序，将原本的连续写转变成随机写，原本连续写入的数据在磁盘上不再是连续存储，进而导致读取时的连续读转变成了随机读。原因在于，并发执行删冗时，每个数据段和数据块的删冗处理执行时间是不确定的，后执行的数据段或数据块也可能先完成删冗处理，因此，当按照原始写入数据流的顺序提交并发删冗任务时，任务的完成顺序是无法保证的，使得将执行完删冗的数据段或数据块提交给下层系统时，数据段或数据块的原本顺序会被打乱。而下层系统会把接收到的顺序作为原始的数据写入顺序，于是原本的顺序写就转变成随机写。

因此，即使原本写入的数据是连续且不包含冗余的，经过并发删冗，也会导致相当明显的磁盘碎片化现象。上述数据段层次和数据块层次的并发删冗都会带来数据乱序。为此，PDFS 采用如下两个措施分别解决数据段和数据块层次并发删冗的乱序问题。

- 为了避免数据块层次并发删冗带来的乱序问题，PDFS 将数据块的删冗元数据查找工作提前到数字指纹计算阶段执行。在内嵌删冗系统的数据块 I/O 阶段，只有非冗余数据块才需要进行磁盘地址的分配，因此在执行磁盘地址分配之前，需要先完成删冗元数据查找，以判断是否是非冗余数据块。而不同数据块执行删冗元数据查找的时间不确定，这就导致了在分配磁盘地址时的数据块乱序现象。为了避免删冗元数据查找对数据块地址分配顺序的影响，PDFS 在数字指纹计算阶段的最后，预先查找好每个数据块对应的删冗元数据索引项，并一直保留到数据块 I/O 阶段。
- PDFS 通过同步等待机制避免数据段层次并发删冗带来的乱序问题。在数据段并发删冗流程（包含数据段内数据块的哈希值计算、数据段相似性签名计算、删冗元数据桶的加载、数据块删冗元数据项的预先查找）的最后，重新提交脏数据之前，对每个删冗处理的线程执行一次检查，查看是否存在编号更小且正处于删冗执行阶段的其他数据段，如果存在，当前线程就需要等待，直到当前线程处理的数据段成为编号最小的数据段时再执行脏数据提交。由于需要进行线程间的同步和等待，因此会对并发删冗的并发度造成一定的影响。PDFS 的实验测试表明，同步等待机制在保证数据流顺序的同时，对删冗吞吐量的影响非常小。

④ NFS 数据流乱序优化

NFS 是一种常用的主存储文件服务应用场景。通过上述读取时延优化的两个措施，保证了数据块写入磁盘时的顺序和应用程序通过写操作系统调用提交数据块的顺序一致，然而，当以 NFS 的方式提供文件存储服务时，删冗还面临着由 NFS 带来的数据流乱序问题。

这是由于 NFS 并不保证服务器端接收到的写入数据流的顺序和客户端提交的顺序一致。NFS 数据流乱序导致 NFS 客户端连续写入的文件数据在服务器端的磁盘上不再是连续存储的，即造成磁盘碎片化现象，影响读操作的性能。此外，基于相

似性的删冗对写入数据流的顺序是比较敏感的，即使两次写入的是完全相同的文件，如果第二次写入时的数据流被打乱了顺序，那么经过数据分段之后得到的数据段会和第一次写入时的差异很大，从而降低相似数据段识别的效果，降低实际删冗率。

解决数据流乱序问题的最有效措施是主动写回（Eager Writeback），该措施要求 NFS 客户端在提交写操作时尽量避开文件系统缓存，直接提交给 NFS 服务器。这需要修改 NFS 客户端的实现代码，因此这一措施并不具有通用性，删冗系统需要考虑通过其他途径解决 NFS 数据流乱序问题。

导致 NFS 数据流乱序的原因是客户端有多个不同种类的进程向服务器提交写操作。在 NFS 客户端，应用程序通过异步写操作写入的数据不会被立即发送到 NFS 服务器端，而是被保存在客户端的文件系统缓存里。当缓存的数据过多或者系统空闲内存不足时，应用程序新写入的数据会绕过缓存直接发送到 NFS 服务器端，与此同时，以 Linux 系统为例，系统中的 pdflush、kswapd 等进程会把缓存里的数据提交到 NFS 服务器端，以尽快释放缓存。这两个数据流混合在一起就造成 NFS 服务器端接收到的数据流出现乱序现象。因此，从 NFS 服务器端看到的写入数据流可以被看作是两个数据流混合在一起的，其中一个是由应用程序提交的，另一个是由 pdflush、kswapd 等系统缓存刷写进程提交的。图 6-25 展示了 NFS 数据流乱序现象的测试结果，可以看出，这两个数据流各自是大致连续的。依据这一现象，PDFS 中针对这一问题的解决办法是在数据分段之前对 NFS 数据流进行预处理，将这两个混合在一起的数据流分开，具体执行流程如图 6-26 所示。

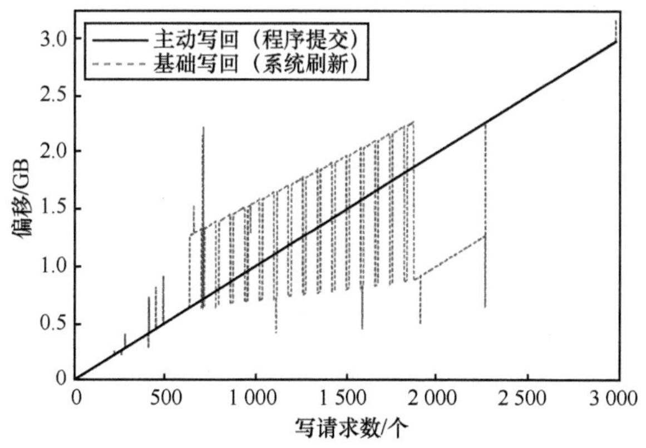

图 6-25　NFS 数据流乱序现象的测试结果

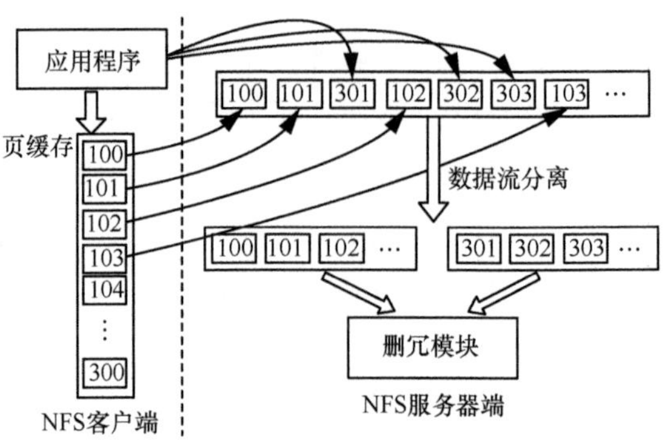

图 6-26　数据流分离流程

⑤ 内存开销优化

基于相似性局部查找的删冗方案不需要在内存中保存全部的删冗元数据，每个数据段在删冗过程中只需要使用一个删冗元数据桶。在完成一个数据段的删冗处理之后，对应的删冗元数据桶就不必再保存在内存里。因此应用这种删冗方案时，删冗元数据桶带来的额外内存开销很小。

但是为了根据相似性签名定位到对应的删冗元数据桶，需要使用 id-map 索引结构保存从相似性签名到删冗元数据桶存储位置信息的映射关系。由于相似性签名通常是随机分布的，id-map 索引需要提供很高的随机查询性能，因此最好能将 id-map 加载到内存里。在 Extreme Binning 中，完成类似功能的结构被称为一级索引（Primary Index），其被保存在内存里。虽然 id-map 索引的规模比数据存储量低好几个数量级，但是其随数据量线性增长，如果将其加载到内存里，仍然会限制系统的可扩展性。

假设 id-map 索引中的每一个条目是 20 B（其中，8 B 表示桶的相似性签名，8 B 表示磁盘存储位置信息，4 B 用于哈希表冲突处理），并假设 id-map 的哈希表负载因子为 0.5，每个数据段平均包含 100 个 4 KB 的数据块，那么可计算出每 1 TB 非冗余数据对应的 id-map 索引大小为 100 MB。在这种配置下，如果要支持大于 100 TB 规模的存储系统，id-map 索引的大小将超过 10 GB。因此如果将 id-map 索引保存在内存里，不仅会带来额外的内存开销，还会制约系统可扩展性。

在基于相似性局部查找的删冗方案中，每个删冗元数据桶的大小通常只有几十到几百 KB。因此可以将删冗元数据桶视为大量小文件。对于 id-map 索引，要解决的问题就是如何快速查询和定位这些小文件。现有的一些研究考虑如何在分布式环境下

或者特殊应用场景下高效地管理海量小文件，但是对于通用的单机文件系统来说，这仍然是一个有待解决的问题。

在 PDFS 中，我们选择将 id-map 索引保存在磁盘上，并在内存中保存一个 Counting Bloom filter，用于消除由查询不存在的桶带来的不必要磁盘 I/O。Bloom filter 是一个空间开销很小的数据结构，用于快速判断元素与集合的归属关系。

Bloom filter 可以识别出所有在元素集合中出现过的元素，但是对于未出现过的元素，存在很小的误判率，可能会被误判为出现过的元素。因此，如果被 Bloom filter 判断为不存在的桶，就没有必要再去查询磁盘上的 id-map 索引；如果判断为已经存在的桶（有很小概率是实际不存在的桶），那么就需要执行磁盘 I/O，查询 id-map 索引，以得到桶的磁盘存储地址。传统的 Bloom filter 不支持元素的删除操作，但是对于主存储删冗系统，必须支持在对应数据段集合内的全部数据都被删除之后删除该删冗元数据桶。因此 PDFS 采用了 Bloom filter 的一个支持删除操作的变种——d-left Counting Bloom filter，在实际系统中，PDFS 还实现了动态比特重分配策略，以降低 d-left Counting Bloom filter 的误判率。

6.3.4 主存储内嵌删冗系统 PDFS 的设计与实现

下面以 ZFS 为基础实现 PDFS，操作系统环境是 FreeBSD 9.0。选择以 ZFS 为实现基础，大大增加了系统实现的复杂度和难度。ZFS 的代码量超过 10 万行，且缺乏文档，在实现 PDFS 之前需要先理解 ZFS 中除设备 I/O 子模块外的其他子模块的内部机制和实现原理。PDFS 对 ZFS 代码的添加和修改超过 7 000 行，涉及从虚拟文件系统（Virtual File System，VFS）接口到数据块 I/O、自适应替换缓存（Adaptive Replacement Cache，ARC）等各个层次。以成熟文件系统 ZFS 为实现基础，虽然增大了系统实现的难度，但是使得 PDFS 可以被部署和应用于实际的大规模存储系统中，提高了这个工作的实用价值。

在介绍 PDFS 内嵌删冗的具体流程之前，有必要先对 ZFS 及其写操作的 I/O 路径进行介绍。ZFS 是由原 Sun 公司开发的一个设计思想非常先进的 UNIX 文件系统。ZFS 的最主要特征是超大的存储容量、基于存储池的磁盘管理和端到端的数据完整性。此外，ZFS 还具有很多特色功能，如快照、克隆、压缩、删冗、RAID-Z、自动修复、透明加密等。在实现方面，ZFS 的核心机制是写时复制、数据校验以及基于事务的对象管理模型，这 3 个机制是 ZFS 保证数据完整性和磁盘结构一致性的关键。

ZFS 写操作的执行流程可以划分为 3 个阶段，如图 6-27 所示。

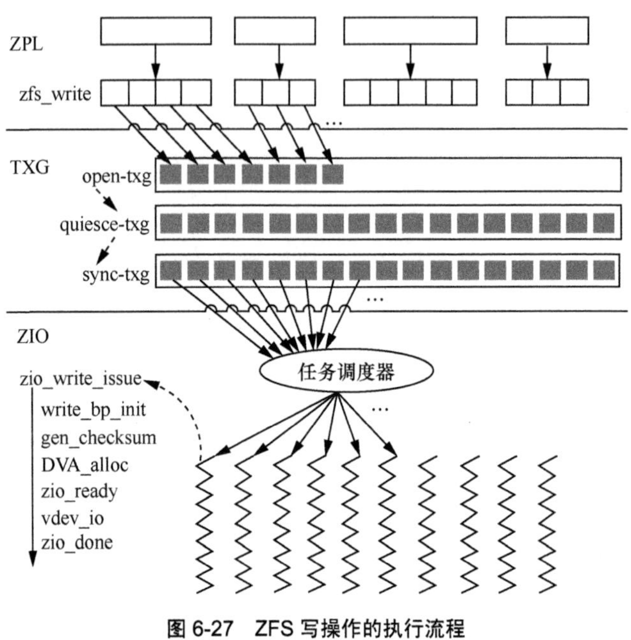

图 6-27　ZFS 写操作的执行流程

（1）ZPL 阶段

在 ZFS Posix 兼容层（ZFS Posix Layer，ZPL）阶段，ZFS 和 VFS 接口进行交互，将来自 VFS 的写操作包装成事务（Transaction）。对于每个 VFS 写操作，ZFS 将数据划分成多个更细粒度的数据片段（通常以数据块为划分单位），并为每个数据片段构造写操作的事务。当 VFS 写操作包含的所有事务均被提交到事务组之后，VFS 写操作的系统调用就返回了。

ZFS 中同步写的数据和异步写的数据通过相同的 I/O 路径写入磁盘，区别在于，对于同步写，ZFS 会通过额外的 ZIL（ZFS Intent Log）机制在 VFS 调用返回之前将写操作的日志写回磁盘，以便出现失败时能够重新执行写操作。

（2）TXG 阶段

事务组（Transaction Group，TXG）是 ZFS 中基于事务的对象管理模型的核心部分。ZFS 中所有的元数据和数据都被视为对象，对对象的修改被组织成事务，多个事务构成一个事务组。每个事务与一个或多个对象关联，包含对这些对象的一系列修改操作。属于同一个事务组的所有操作要么全部成功，要么全部失败，从而保证磁盘数据的一致性。

对于每个 ZFS 存储池，系统中最多有 3 个活跃的事务组，分别处于 3 种不同的状态。在任何时间点都不允许两个或多个事务处于同一状态。

- 开放（Open）状态：开放状态的事务组用于收集新事务。当事务组的规模达到一定程度，或者达到预设的时间限制时，事务组就尝试由开放状态转变为静止（Quiesce）状态。如果此时系统已经存在一个静止状态的事务组，那么当前事务组需要等待该事务组转变成写回（Sync）状态之后，才能完成状态转变。之后系统会生成一个新的开放状态事务组。
- 静止状态：静止状态的事务组不再接收新事务，而是等待组内的所有事务到达就绪状态。当所有事务完成对关联对象的修改操作之后，事务组就会尝试进入写回状态。
- 写回状态：写回状态的事务组将其包含的所有事务操作提交给下层模块，进而将与其相关联的所有脏数据写回磁盘。

（3）ZIO 阶段

ZFS I/O（ZFS I/O，ZIO）流水线是 ZFS 中处理数据块 I/O 的子模块。ZIO 实现了多级的流水线机制，可以提供很高的并行性、灵活性和可扩展性。ZIO 流水线由多个流水线级组成，每个流水线级完成一个相对独立的操作，如数字指纹计算、数据校验、数据压缩、磁盘地址分配等。根据 I/O 类型的不同（写、读、删除等）和系统参数的不同，每个具体的 ZIO 任务可能包含不同的流水线级。

图 6-27 中展示的是简化后的写操作 ZIO 流水线。ZFS 使用 128 位的存储地址——数据虚拟地址（Data Virtual Address，DVA）对数据块进行寻址。新数据块 DVA 的分配发生在 DVA_alloc 这一流水线级。流水线级 vedv_io 负责将数据块内容写回磁盘的指定存储位置。

① PDFS 内嵌删冗流程

ZFS 本身具有内嵌删冗的功能。ZFS 自带删冗在数据块 I/O 层次实现，即 ZIO 子模块中，在原有写操作流水线中增加了一个执行删冗处理的流水线级。删冗处理的流水线级发生在 DVA_alloc 之前，根据删冗处理的结果决定是否分配新的磁盘地址。ZFS 自带删冗采用的是全局查找方案，将删冗元数据组织成几个大的磁盘哈希表，ZFS 自带删冗的磁盘哈希表以 ZFS 属性处理器（ZFS Attribute Processor，ZAP）的形式存储。

ZAP 对象是在 ZFS 内部实现的一种磁盘数据结构，用于存储 name-value 形式的属性值。其中 name 部分是一个最多 256 B 的字符串或整数数组，value 部分可以是一个整数，也可以是一个整数数组（最大不超过一个数据块）。在 ZFS 中，ZAP 对象主要用于实现目录结构、保存存储池和文件系统的配置信息、保存快照属性等。

ZFS 自带删冗使用 ZAP 对象简化了删冗元数据索引磁盘结构的设计。然而，由于 ZAP 对象的最初设计目标是保存属性值，因此其只支持并发查询而不支持并发修改。但是在执行删冗处理时，需要对删冗元数据索引进行并发的插入和更新。由于这个限制，在 ZFS 自带删冗中，每个数据块对应的删冗元数据的创建和更新是串行执行的，这也从另一方面降低了 ZFS 自带删冗的性能。

PDFS 内嵌的删冗流程如图 6-28 所示。在 ZPL 和 TXG 这两个阶段之间，PDFS 增加了一个删冗（Dedup）阶段，此外，还对 ZPL 和 ZIO 阶段做了一些改动。

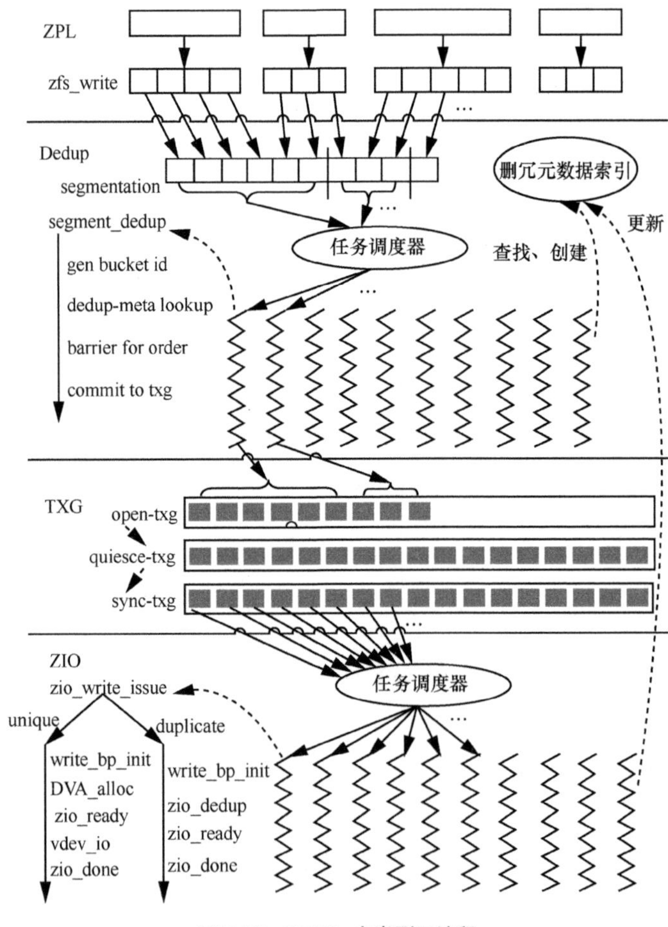

图 6-28　PDFS 内嵌删冗流程

在 ZPL 阶段，脏数据块被提交到 PDFS 的删冗模块，而不是 TXG。PDFS 缓存每个文件的脏数据块，然后通过数据分段算法将每个文件的脏数据块序列划分成多个数据段。每个数据段的后续删冗流程通过内核任务队列（Kernel Task Queue）并发执行。每个数据段的删冗流程主要包含如下 4 个步骤。

- 计算数据段内所有数据块的数字指纹，以及数据段的相似性签名。
- 根据相似性签名查找删冗元数据桶。如果不存在，则构造新的删冗元数据桶，并创建所有数据块对应的新索引项；如果存在，则将删冗元数据桶加载到内存，查询所有数据块对应的索引项，若索引项不存在则创建。
- 执行同步等待，以保证数据段按顺序提交。
- 构造写操作对应的事务，将数据段内所有数据块对应的写操作重新提交给 TXG。

剩余的删冗工作在 ZIO 阶段完成。原始的写操作 ZIO 流水线主要由如下 6 个流水线级组成：write_bp_init、gen_checksum、DVA_alloc、zio_ready、vdev_io 和 zio_done。其中 gen_checksum 不需要再执行，因为在删冗阶段已经为每个数据块计算了数字指纹。在删冗阶段中预先为每个脏数据块查找到与之关联的删冗元数据索引项，根据索引项中的相关信息可以判断数据块是否是重复数据块。新数据块和重复数据块执行的 ZIO 流水线有所不同。

- 对于新数据块，执行去除 gen_checksum 后的正常写操作 ZIO 流水线，并在 DVA_alloc 执行好之后，将 DVA 添加到对应的索引项中，更新索引项的引用计数。
- 对于重复数据块，ZIO 流水线包含如下阶段：write_bp_init、zio_dedup、zio_ready 和 zio_done。其中 zio_dedup 阶段负责将索引项中的 DVA 填充到数据块指针里，并更新索引项的引用计数。

② 数据分段算法

数据分段算法用于将数据块序列划分成多个数据段。PDFS 采用的是基于 CDC 的动态分段算法。原始的 CDC 算法用于数据分片，其使用一个固定长度的窗口扫描数据序列，计算和检查每个重叠窗口的 Rabin 哈希值，哈希值满足某个特征的窗口将被作为数据片的边界。

在 PDFS 中，数据按照固定长度分块，数据分段算法处理的是数据块序列。每个数据段包含若干个数据块。为了进行数据段划分，PDFS 为每个数据块计算

Fletcher2 哈希值。如果哈希值能够被某个指定因子整除，那么对应数据块就被作为数据段的边界。上述因子决定了数据段平均包含的数据块个数。此外，为了避免产生过长或者过短的数据段，PDFS 对数据段长度的最大值和最小值做了限制。

数据段边界确定之后，每个数据块的数字指纹将在后续删冗阶段利用 MD5 或 SHA256 算法重新进行计算。PDFS 没有将 Fletcher2 作为删冗时的数字指纹算法，这是因为该算法的随机性不够强，哈希冲突较多，无法用于删冗。但是由于其 CPU 开销很小，Fletcher2 很适合用作数据段划分时的哈希函数。

③ 相似性识别算法

相似性识别算法的选择将直接影响基于相似性的删冗方案的实际删冗率。PDFS 中采用了两种不同的相似性识别算法：位置敏感哈希算法和依赖 Broder 定理的算法。

Broder 定理是一个很常用的相似性识别算法，定理内容如下。

Broder 定理：对于两个集合 S_1 和 S_2，$H(S_1)$和 $H(S_2)$分别表示由 S_1 和 S_2 中所有元素的哈希值组成的新集合，其中 H 是一个随机选取的满足 Min-wise Independent 特征的哈希函数。令 min(S)表示整数集合 S 中的最小元素，那么：

$$\Pr[\min(H(S_1)) = \min(H(S_2))] = \frac{|S_1 \cap S_2|}{|S_1 \cup S_2|} \tag{6-4}$$

即两个集合元素的最小数字指纹相同的概率等于这两个集合的 Jaccard 相似系数。

根据 Broder 定理，可以选择每个数据段的所有数据块哈希值中的最小值作为该数据段的相似性签名。选择最小哈希值的过程非常简单，CPU 开销非常小，因此 Broder 定理被很多基于相似性的删冗方案采用。

位置敏感哈希提供了另一种识别相似性的途径。位置敏感哈希将高维的输入数据映射到低维的哈希值，相似的输入被映射到相同哈希值的概率很高，这恰好和相似性签名的要求相符。

首先定义两个集合的海明距离。

$$D_{\mathrm{H}}(S_1, S_2) = |S_1 \cup S_2| - |S_1 \cap S_2| \tag{6-5}$$

海明距离是另一种评价集合相似性的指标，海明距离越小，两个集合的相似度越高。如果将数据块的哈希值看成无符号整数，并用其代表向量下标，那么对于每个集合 S，可以定义其代表向量 $\boldsymbol{V}$ 如下：

$$\boldsymbol{V} = (v_1, v_2, \cdots, v_N)^{\mathrm{T}} \tag{6-6}$$

进而可定义两个集合的海明距离如下：

$$D_{\mathrm{H}}(S_1,S_2)=\|\boldsymbol{V}_1-\boldsymbol{V}_2\| \tag{6-7}$$

然而，由于哈希值的取值范围很大，向量 $\boldsymbol{V}$ 的维度非常高，实际中无法使用式（6-7）来计算两个数据段的海明距离。位置敏感哈希可以用来将上述高维的代表向量 $\boldsymbol{V}$ 映射为低维的相似性签名。

下面是基于 p-stable 分布的位置敏感哈希函数组构造方法。分布 D 为实数空间 R 的 p-stable 分布，如果 $\exists p \geqslant 0$，对于 n 个实数 $\mathrm{v}_1,\cdots,\mathrm{v}_n$ 和 n 个独立同 D 分布的随机变量 $X_1\cdots X_n$，随机变量 $\sum_i v_i X_i$ 和随机变量 $\left(\sum_i |v_i|^p\right)^{1/p} X$ 具有相同分布，其中 X 是符合 D 分布的随机变量。

对于任意两个数据段的代表向量 $\boldsymbol{V}_1$ 和 $\boldsymbol{V}_2$，假设 $\boldsymbol{\alpha}$ 表示符合 p-stable 分布的独立同分布随机向量，那么随机变量 $\boldsymbol{\alpha}\cdot V_1-\boldsymbol{\alpha}\cdot V_2$ 和 $\|\boldsymbol{V}_1-\boldsymbol{V}_2\|_p$ 具有相同分布。当 $p\to 0$ 时，$\|\boldsymbol{V}_1-\boldsymbol{V}_2\|_p$ 表示 $\boldsymbol{V}_1$ 和 $\boldsymbol{V}_2$ 之间的海明距离。

PDFS 使用如下基于 p-stable 分布的位置敏感哈希函数组：

$$H_{\alpha,\mathrm{b}}(\boldsymbol{V})\cong\left\lfloor\frac{\boldsymbol{\alpha}\cdot\boldsymbol{v}+\mathrm{b}}{r}\right\rfloor \tag{6-8}$$

其中，$\boldsymbol{\alpha}$ 表示符合 p-stable 分布的独立同分布随机向量，$p\to 0$，b 是在 $[0,r]$ 范围内的随机选取的实数，$\boldsymbol{V}$ 表示输入的代表向量，r 表示哈希值集合的大小。

由于哈希值的取值范围非常大（MD5 为 2^{128}，SHA256 为 2^{256}），必须先对上述输入向量 $\boldsymbol{V}$ 的维度进行压缩，然后才能计算 $H_{\alpha,\mathrm{b}}(\boldsymbol{V})$。为此，PDFS 使用一个包含 k 个哈希函数的 Bloom filter，将每个数据块的原始哈希值转变为 k 个 $[0,m]$ 范围内的新哈希值，其中 m 比原先的取值范围要小得多。

当 $p<0.02$ 时，随机变量的取值范围将超出 64 位整数的表示范围，因此 PDFS 中选择 p=0.02。符合 p-stable 分布的随机变量 $\beta(\beta\in\boldsymbol{\alpha})$ 可以由两个均匀分布的随机变量 r_1 和 r_2 生成：

$$\beta=\frac{\sin\sin(p\theta)}{\theta}\left(\frac{\cos\cos(\theta(1-p))}{-\backslash\ln r_2}\right)^{\frac{1-p}{p}},\theta=\pi\left(r_1-\frac{1}{2}\right) \tag{6-9}$$

在 PDFS 中，取 m=2^{20}，每个随机变量是一个双精度浮点数，占据 8 B，由此可知随机变量 β 一共需要约 8 MB 的存储空间。因此 β 可以预先计算好，在删冗系统初始化时将其载入内存。

④ 多重相似性签名

为了提高相似性识别的效果，进而提高删冗系统的删冗率，可以为每个数据段计算多个相似性签名。PDFS 中每个数据块有两个相似性签名，和其中任何一个相似性签名相匹配的删冗元数据桶都会被用于该数据段的删冗。对于 Broder 定理，PDFS 使用数据段内所有数据块哈希值的最小值作为第一个相似性签名，所有哈希值的最大值作为第二个相似性签名。对于位置敏感哈希，PDFS 计算了两组不同的随机变量，从而为每个数据段计算出两个无关的位置敏感哈希值。为了区别第一个和第二个相似性签名，PDFS 将第一个相似性签名的最后一位设置为 0，将第二个相似性签名的最后一位设置为 1。

⑤ 删冗元数据的组织和管理

ZFS 自带删冗使用 ZAP 对象作为删冗元数据索引的磁盘结构。而 PDFS 重新设计和实现了更加高效的删冗元数据桶的磁盘结构，从而提供更高的删冗元数据访问速度，并且更加节省磁盘空间。PDFS 中和删冗元数据相关的磁盘结构共有 3 类：删冗元数据桶、id-map 索引、d-left Counting Bloom filter。

删冗元数据桶：PDFS 中每个删冗元数据索引项的结构见表 6-3。每个数据块对应的删冗元数据索引项占据的总磁盘空间是 80 B。在删冗元数据索引项的字段中，ddv_phys_birth 和 ddp_next 需要额外解释。ddv_phys_birth 保存的是创建该数据块时的 TXG 编号，这对 ZFS 实现快照和克隆非常重要，所以必须保存。ddp_next 用于解决删冗元数据桶内的哈希冲突。删冗元数据桶内将索引项组织成哈希表，并预留一部分空间用于存储冲突项，如图 6-29 所示。当发生哈希冲突时，ddp_next 字段将指向被保存在冲突区域中的冲突索引项。

表 6-3 删冗元数据索引项

类别	数据类型	字段	大小	描述
Key	zio_cksum_t	ddk_cksum	32 B	数据块的数字指纹
	uint64_t	ddk_spa_guid	8 B	数据块所属存储池的 guid
Value	dva_t	ddv_dav	16 B	数据块的 128 位存储地址
	uint64_t	ddv_refcnt	8 B	数据块引用计次
	uint64_t	ddv_phys_birth	8 B	数据块创建时的 TXG 编号
Next	uint64_t	ddp_next	8 B	用于解决删冗元数据桶内的哈希冲突

删冗元数据桶的磁盘结构如图 6-29 所示，由元数据区、哈希表和冲突区 3 部分组成，3 部分共同占据一个磁盘数据块的空间。如果删冗元数据桶内的索引项个数较多，索引项将会被划分成多个哈希表，被保存到多个磁盘数据块中。

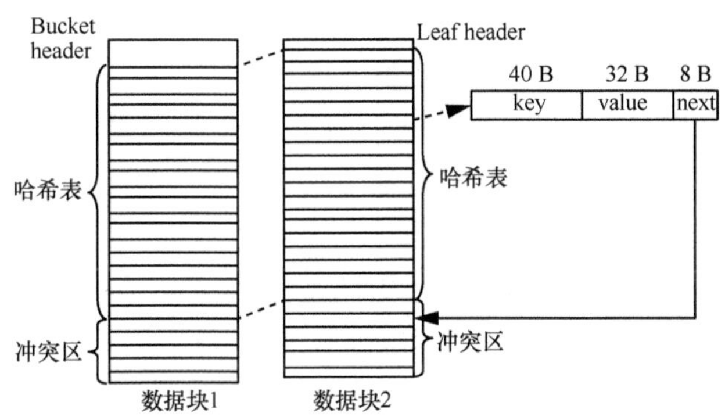

图 6-29　删冗元数据桶的磁盘结构

当访问到某个删冗元数据桶时，删冗元数据桶的内容会被加载到内存，其中的哈希表可以直接作为内存哈希表进行访问。任何对哈希表的修改和更新都将直接作用到删冗元数据桶的数据块缓存上，并在之后直接写回磁盘，不需要进行内存结构和磁盘结构的转换。为了支持并发和互斥访问，删冗元数据桶的哈希表由一组互斥锁进行保护，每个锁控制着哈希表的一小部分。

由于对删冗元数据桶的访问不具备局部性特征，PDFS 不在内存里缓存最近访问过的删冗元数据桶。删冗元数据桶以文件系统普通元数据的形式缓存在 ZFS 的自适应替换缓存系统里，不再被访问的删冗元数据桶将会在一段时间之后被 ARC 释放。

假设数据块大小为 4 KB，那么 80 B 的删冗元数据索引项的存储开销约占 2%。删冗元数据桶的元数据区和冲突区域占据了额外的空间，同时 PDFS 在存储删冗元数据桶前会进行数据压缩，这又会节省一部分空间。从实际系统的经验来看，PDFS 删冗元数据与数据存储量的比例通常是 1%～5%。

⑥ id-map 索引和 d-left Counting Bloom filter

id-map 索引用于根据数据段的相似性签名查找对应的删冗元数据桶的存储位置信息。在 PDFS 中，该存储位置信息即删冗元数据桶对应的 ZFS 对象的编号。在 ZFS 中，每一个对象（如目录、文件、ZAP 对象等）都对应一个唯一的编号，根据对象编号可以定位该对象在磁盘上的存储位置。PDFS 使用 ZAP 对象作为 id-map 索引的磁盘结构，其中 name 字段为相似性签名，value 字段为删冗元数据桶的对象编号。

在实现 d-left Counting Bloom filter 时，PDFS 采用了 3 个子哈希表，每个表有 128 位，其中 8 位用于存储当前引用计数和最大引用计数，另外 120 位用于存储哈希值。PDFS 中 d-left Counting Bloom filter 的大小取决于存储系统的预期规模，如果为每个数据段生成一个相似性签名，那么每 1 TB 数据对应的 d-left Counting Bloom filter 的空间开销为 4～8 MB，如果使用双重相似性签名，空间开销将翻倍为 8～16 MB。在上述配置下，d-left Counting Bloom filter 的平均负载为 5%～10%，误判率低于 0.1%。PDFS 将 d-left Counting Bloom filter 完全加载到内存中，并在每个 TXG 写回周期写回磁盘中。由于 d-left Counting Bloom filter 和对应删冗元数据桶的修改操作属于同一个 TXG，d-left Counting Bloom filter 的内容和删冗元数据桶的状态总是一致的。

6.3.5 实验与评价

PDFS 实验系统的硬件环境如下。

- CPU：Intel Core i7-2600，3.4 GHz，4 核 8 线程。
- 内存：DDR3，1 333 MHz，8 GB。
- 硬盘：Seagate Barracuda，2 TB。
- SSD：Crucial M4 SATA SSD，512 GB。
- PCI-E SSD：Ejitec，2 TB。

在测试 ZFS 的删冗性能的时候，使用的 SSD 型号有所不同，为 Intel SSD 520 Series，480 GB。

PDFS 支持使用专用磁盘存储删冗元数据，实验对比了选择不同类型磁盘来存储删冗元数据的性能差异，实验时数据通常被存储在上述 Seagate Barracuda 硬盘上。实验的操作系统环境是 FreeBSD 9.0。为了评估 PDFS 内嵌删冗的性能开销，实验中使用关闭删冗功能的 ZFS 作为对照。后续章节中如无特殊说明，提到 ZFS 时均指关闭了删冗功能的 ZFS。

性能测试中使用的数据集通常是不包含冗余数据的，我们称之为无冗余数据集。在某些测试中，无冗余数据集可能会被多次写入删冗系统，后续写入的数据将和第一次完全重复，因此后续写入的数据集将被称为全冗余数据集。

（1）删冗率测试

删冗率测试中共使用了如下 4 个数据集。

- 数据集一：windows，122.94 GB

该数据集收集自个人桌面系统，包含 Windows 操作系统文件、程序文件、办公文档、影音文件等。其中系统分页文件和休眠文件被排除。

- 数据集二：vm-images，26.52 GB

该数据集包含 20 个公共虚拟机镜像文件，其中 11 个是不同版本的 Ubuntu Server，版本号从 6.10 到 12.04。另外 9 个是 CentOS，版本号从 5.3 到 6.2。

- 数据集三：fedora-vm，7.04 GB

该数据集包含两个系统为 Fedora 17 的虚拟机镜像。在安装系统时两个虚拟机镜像的配置和软件包完全相同。

- 数据集四：weather，1.65 TB

该数据集包含海冰模拟程序的迭代计算中间结果。海冰模拟程序是社区地球系统模式（Community Earth System Model，CESM）气象模拟系统的一部分，是一类常见的高性能计算场景。气象模拟程序每轮迭代之后将内部变量按照固定格式写回磁盘，由于每次迭代只更新其中一部分变量的值，这些中间结果文件中包含相当多的冗余。

图 6-30 展示了删冗率的测试结果。测试时对比了不同相似性识别算法和不同数据分段参数对删冗率的影响。其中变长数据分段算法的数据段平均长度（即每个数据段平均包含的数据块个数）取值为 20、100、500，定长数据分段算法使用的数据段长度为 100。图 6-30 中靠上的 4 条曲线表示相对删冗率，即实际删冗率和理论最大删冗率的比值；靠下的 4 条线表示实际删冗率。理论最大删冗率通过将定长数据分段算法的数据段长度设置为 1 得到，此时 PDFS 退化为执行全局查找。从图 6-30 可以得出如下结论。

- 实际删冗率随着数据段长度的增大而降低。其中 weather 数据集是个反例，数据段长度为 500 时，删冗率反而最高。此外，数据段长度造成的实际删冗率变化并不大，在 10%的范围之内。
- 在变长分段算法平均分段长度设置为 100 时，windows 数据集的实际删冗率可达到理论最大删冗率的 99%，最低的是 vm-images 数据集，为 74%，另外两个数据集介于二者之间。

- 在大部分情况下，采用 Broder 定理作为相似性签名算法的实际删冗率高于位置敏感哈希算法。同样存在一个反例，在 weather 数据集上位置敏感哈希的删冗效果更好。这两个算法的实际删冗率差别很小。
- 变长分段算法的效果通常优于定长分段算法。对于 vm-images 和 fedora-vm 这两个虚拟机数据集，变长分段算法分别比定长分段算法多识别出 4%和 10%的冗余数据。而对于 windows 和 weather 数据集，两种算法的差别很小。

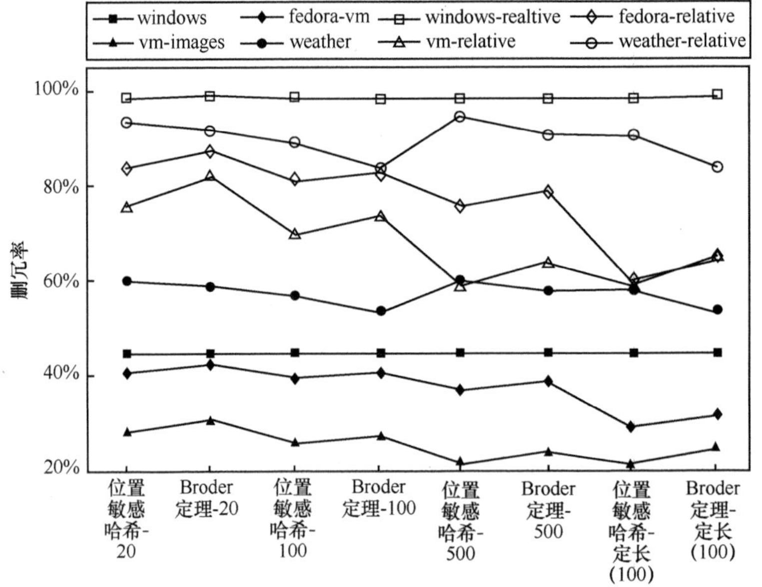

图 6-30 删冗率的测试结果

对于 windows 数据集，实验还统计了冗余数据中相同文件所占的比例。在全部 45.5%的冗余数据中，重复文件所占的比例高达 39%，这和目前微软的相关工作中的统计结果类似。PDFS 能够识别出全部的文件级别的数据冗余，并识别出了超过 90%的次文件级冗余，使得整体的删冗率达到了理论最大删冗率的 99%。

PDFS 为每个数据段计算两个相似性签名，为了验证多重相似性签名的效果，在 vm-images 数据集上进行了对比实验。实验中采用了数据段平均长度为 100 的变长分段算法，实验结果见表 6-4。从表 6-4 可以看出，多重相似性签名的使用有效提高了 PDFS 的删冗率。

表 6-4　相似性签名删冗效果对比

相似性签名数量	数据集/MB	Broder 定理的删冗量/MB	位置敏感哈希的删冗量/MB
双重相似性签名	27 152	7 508	7 087
单一相似性签名	27 152	7 027	6 864

在后续性能测试相关部分，如无特殊说明，测试中默认采用变长数据分段算法和基于 Broder 定理的相似性识别算法。数据块的数字指纹算法是 MD5。每个性能测试均执行多次，并取结果的平均值。

（2）写入时延测试

写入时延是主存储系统的一个重要性能指标。系统写入时延会受到多种因素的影响。当系统负载较低时，写入时延基本由写操作系统调用的执行时间决定。但是当系统负载较高时，由于数据缓存和等待等随机因素的干扰，系统写入时延的分布情况更加复杂。在上述情况下，从平均值的角度来看，系统写入时延的平均值实际上是系统平均写入吞吐率的倒数。实验测试了这两种负载情况下的写入时延，测试时使用的是无冗余数据集。

首先，一个测试程序以 10 MB/s 的速率向文件系统写入数据，并记录每个数据块写操作的 write()调用的执行时间。ZFS 对每 4 KB 数据的平均写入时延是 7.84 μs，而 PDFS 的平均写入时延仅 6.88 μs。这说明 PDFS 通过缩短写操作代码路径有效降低了删冗系统的写入时延，甚至比原系统的写入时延还要更低。

然后，使用 IOZone 进行高 I/O 负载的测试，连续写入 32 GB 的无冗余数据，并记录每 4 KB 数据的写入操作执行时间。实际测试时为了减少频繁计时对测试的干扰，记录每 128 KB 数据的写入操作执行时间，然后除以 32 得到 4 KB 数据的近似结果。测试分为多组，每组采用不同的删冗元数据磁盘类型和不同的数据段长度。写入时延的累积分布函数（Cumulative Distribution Function，CDF）如图 6-31 所示。由于写入吞吐率很接近，PDFS 和 ZFS 的平均写入时延也很接近，但是从图 6-31 可以看出，与 ZFS 相比，PDFS 有更大比例的写入操作返回得更快，写入时延的分布特性优于 ZFS。

由此可见，通过缩短写操作系统调用的代码路径长度，PDFS 内嵌删冗不仅没有增大写入时延，反而有效改善了原有系统的写入时延特性。

（3）写入吞吐率测试

在写入吞吐率的测试方面，首先使用 IOZone 测试了连续写的吞吐率。对无冗余数据和全冗余数据两种情况下的性能都做了测试，测试文件大小是 24 GB，是系统内存的 3 倍，从而消除文件系统缓存对实验结果的影响。测试时，IOZone 的每个写操作提交的数据片长度为 128 KB。测试结果如图 6-32 所示，其展示了不同删冗元数据磁盘类型和不同数据段长度（数据块个数）情况下的写入吞吐率。其中 unique 表示无冗余数据，duplicate 表示全冗余数据。

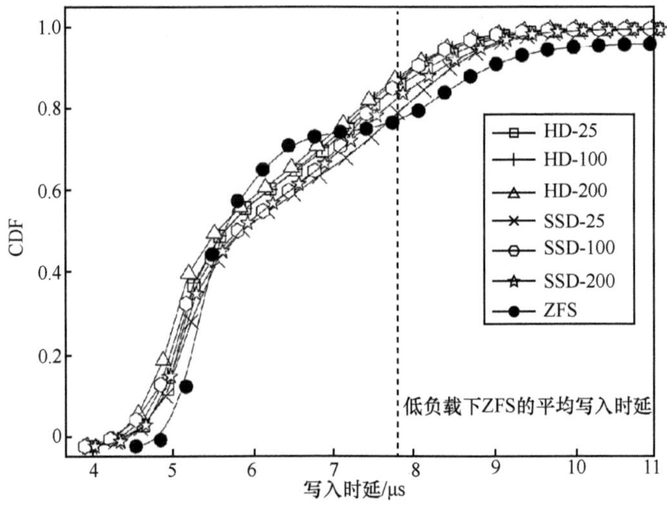

图 6-31　写入时延的累积分布

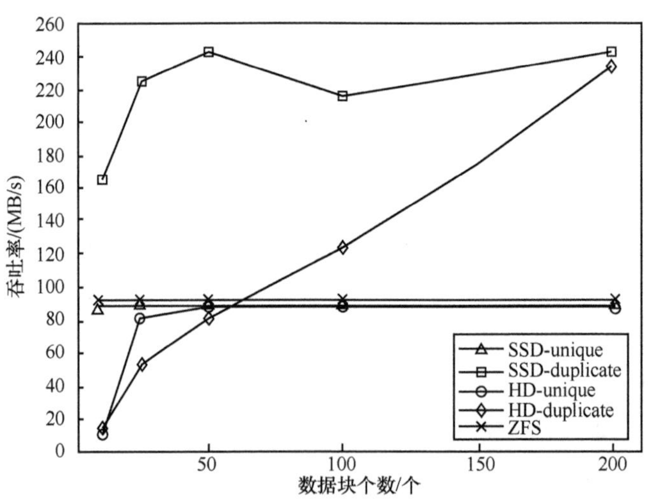

图 6-32　连续写的吞吐率对比

对于无冗余数据，PDFS 的写入吞吐率略低于 ZFS。当删冗元数据被存储在 SSD 上时，性能差距在 1%～4.2%，这种情况下数据段平均长度对吞吐率的影响很小。如果使用硬盘作为删冗元数据的存储设备，当数据段平均长度不低于 50 时，写入吞吐率的损失能保持在 8%以内；如果数据段平均长度被设置得很小，写入吞吐率将明显下降，这是由于硬盘无法为删冗元数据访问提供足够的 IOP。

对于全冗余数据，仅需要更新删冗元数据而不需要真正写入数据。此时如果将删冗元数据存放在 SSD 上，PDFS 可以达到高达 243 MB/s 的写入吞吐率；如果删冗元数据被存储在硬盘上，最高写入吞吐率也能达到 235 MB/s。

当删冗元数据被存放在硬盘上时，需对 PDFS 的写入吞吐率进行额外分析。如果删冗系统的删冗元数据被组织成大的磁盘哈希表的形式，删冗元数据的访问将带来频繁的随机 I/O，使用硬盘存储删冗元数据将会导致删冗系统性能的急剧下降。在 PDFS 中，删冗元数据以大量删冗元数据桶的形式来组织，每个桶内的索引项被聚集到一个或几个数据块中。因此，在写入过程中，删冗元数据引入的 I/O 将被聚集成以数据块为单位，而不是以索引项为单位，这大大降低了 I/O 的随机性，缓解了磁盘 I/O 的压力。

上述对随机 I/O 的聚集效果和数据段平均长度相关，数据段长度越大，对随机 I/O 的消除作用就越明显。因此，当删冗元数据被存放在硬盘上时，PDFS 的写入吞吐率和数据段平均长度的相关性较明显。从图 6-32 来看，当删冗元数据被存放在硬盘上时，只有数据段平均长度不低于 50 时，PDFS 才能提供可接受的写入吞吐率性能。

随机写的吞吐率测试结果对比如图 6-33 所示。从图 6-33 可看出，PDFS 和 ZFS 的随机写性能差距很小，不再进行详细分析。

（4）PDFS 性能对比测试

下面对 PDFS 的性能进行对比测试，测试了相同环境下 PDFS、ZFS 自带删冗以及关闭删冗的 ZFS 三者的写入吞吐率。测试工具是 IOZone。由于 ZFS 自带删冗不支持删冗元数据的分离存储，在本次测试中，PDFS 的删冗元数据和数据被存储在同一个磁盘上。实验分别测试了使用硬盘和 SSD 的性能结果，以及改变数据块大小对结果的影响。对于 PDFS，数据块大小为 4 KB、32 KB、128 KB 时，将数据段平均长度分别设置为 100、32 和 16。

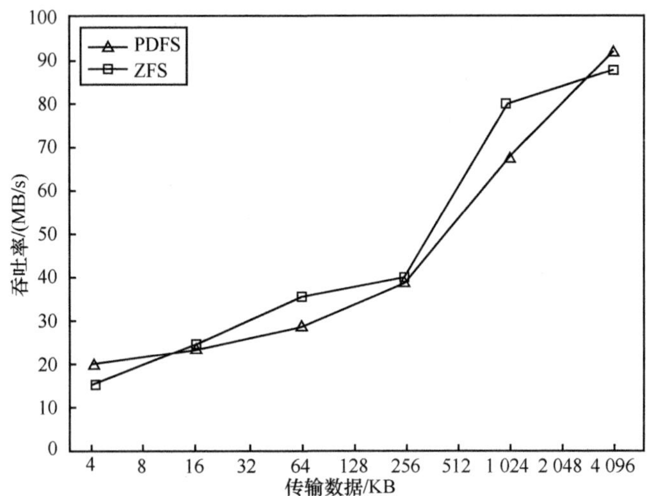

图 6-33　随机写的吞吐率测试结果对比

测试结果如图 6-34 所示。其中，dedup-disabled ZFS 表示关闭删冗的 ZFS，ZFS-native-dedup 表示 ZFS 自带删冗，unique 表示无冗余数据，duplicate 表示全冗余数据。当数据块大小被设置为 4 KB 时，无论是硬盘还是 SSD，ZFS 自带删冗的写入吞吐率都非常低。这是由于删冗处理带来的随机 IOPS 远远超出了硬盘和 SSD 的处理能力。增大数据块大小能够降低删冗处理的开销，但是，即使使用 128 KB 的数据块，ZFS 自带删冗的写入吞吐率仍然明显低于关闭删冗的 ZFS，性能差距超过 20%。此外，由于使用大数据块会降低删冗率，这并不是一个可取的降低删冗开销的手段。作为对比，PDFS 在无冗余数据情况下的写入吞吐率和关闭删冗的 ZFS 很接近，全冗余数据情况下的写入吞吐率远大于 ZFS。相同配置下，PDFS 内嵌删冗的性能远远高于 ZFS 自带删冗。

测试结果中有一个现象值得进行分析：在 4 KB 分块情况下，ZFS 自带删冗对于全冗余数据的写入吞吐率反而低于无冗余数据。当使用硬盘作为存储设备时，全冗余数据和无冗余数据的写入吞吐率分别为 1.2 MB/s 和 6.8 MB/s；使用 SSD 时，分别为 20.3 MB/s 和 48.6 MB/s。对于无冗余数据，需要不断创建新的删冗元数据，因此引入的是随机写 I/O。对于全冗余数据，需要从磁盘加载删冗元数据，更新引用计数后再重新写回，因此引入的是随机读写混合的 I/O。因此，从删冗元数据 I/O 的角度来看，全冗余数据引入的 I/O 压力更大。当数据块很小时，上述删冗元数据 I/O 的压力会超出下层磁盘设备的处理能力，成为制约整个系统性能的瓶颈。而此时全冗余数据带来的删冗元数据 I/O 压力更大，因而全冗余数据的写入吞吐率比无冗余数据更低。当使用硬盘存储删冗元数据时，类似的现象在 PDFS 中也能看到，可参考图 6-32 中 HD-unique 和 HD-duplicate 这两条曲线在数据段平均长度很小时的情况。

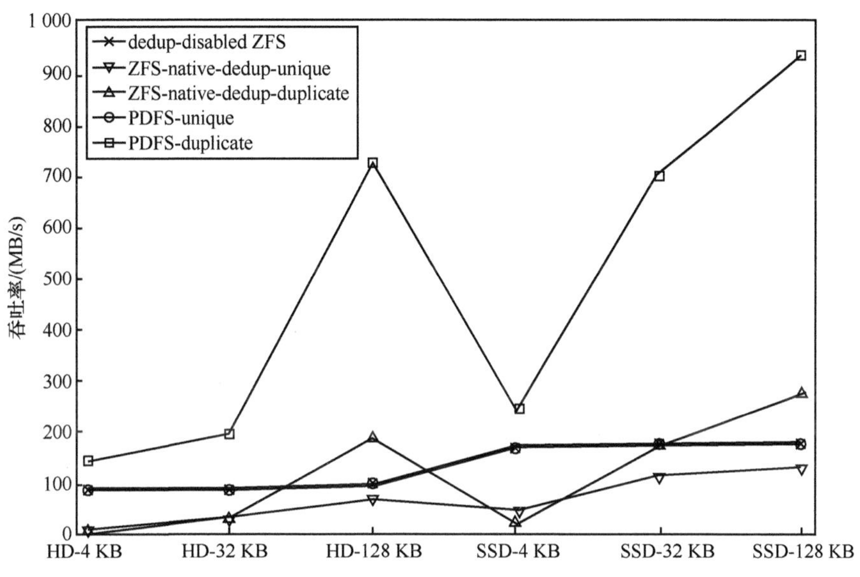

图 6-34　PDFS、ZFS 自带删冗、关闭删冗的 ZFS 的性能对比

（5）并发删冗相关测试

PDFS 利用并发处理提高删冗系统的吞吐率，下面通过两项测试分别分析并发删冗对写入吞吐率和写入时延的影响。

第一项测试针对并发删冗对删冗系统吞吐率的影响。由于 PDFS 删冗处理的吞吐率比系统 I/O 吞吐率高很多，为了在测试中体现出删冗系统能达到的最大吞吐率，本项测试使用高速 PCI-E SSD 存储数据和删冗元数据。测试系统的 CPU 包含 4 个物理核，开启超线程之后的并行度是 8。改变删冗处理的线程个数和数据块大小，得到的多组测试结果如图 6-35 所示。从图 6-35 可以看出，PDFS 的吞吐率随着删冗线程个数的增加而增大，体现出删冗处理流程很好的扩展性。从图 6-35 还可以看出，最大吞吐率受限于 CPU 的性能。此外，由于 SHA256 算法的复杂度比 MD5 算法高很多，使用 SHA256 时系统的吞吐率明显降低。

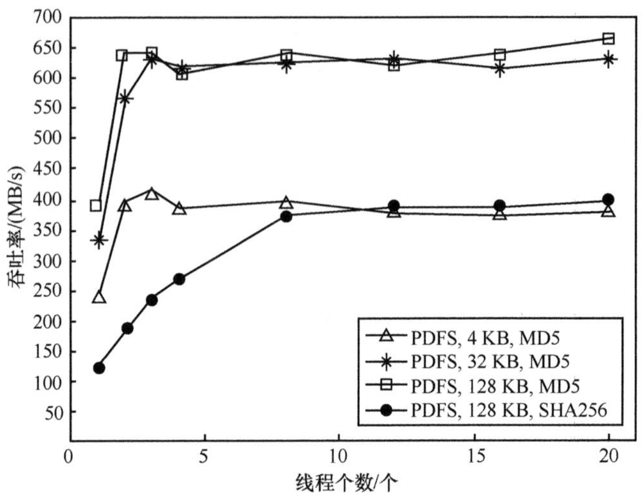

图 6-35 并发删冗的写入性能对比

第二项测试针对并发删冗对系统写入时延的影响。测试时使用 SSD 存储删冗元数据，并采用数据段平均长度为 100 的变长分段算法。不同删冗处理线程个数的多组写入时延分布情况如图 6-36 所示。从图 6-36 可以明显看出，写入时延特性随着删冗线程个数的增加而变差，即并发删冗虽然有利于提高写入吞吐率，但同时会增大写入时延。

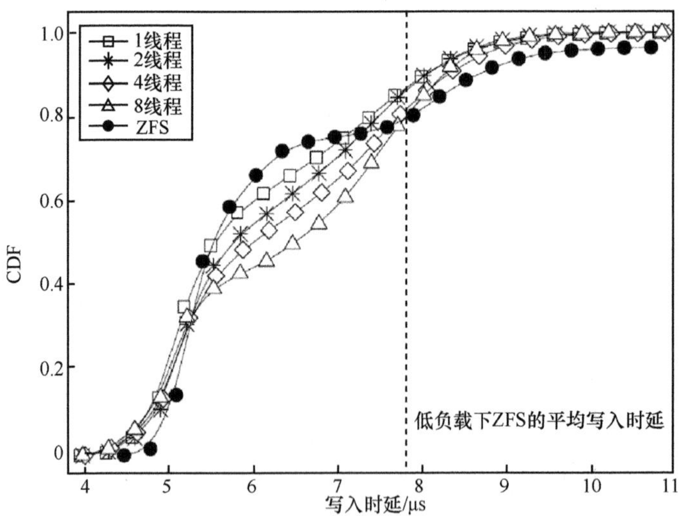

图 6-36 并发删冗对写入时延的影响

从这两项测试的结果可以得出关于 PDFS 删冗线程个数设置的原则：在需要提供足够吞吐率的情况下，删冗线程个数应该设置得尽量小。实际系统的写入吞吐率受限于 I/O 系统的能力而不是删冗处理的吞吐率，因此删冗处理只需要提供比实际 I/O 系统略高的吞吐率即可，删冗线程个数的选择应该以系统实际的 I/O 吞吐率为目标。在满足上述条件的情况下继续增加删冗线程个数，不仅无法继续提高写入吞吐率，还会进一步增大写入时延。

（6）读取时延测试

下面测试并发删冗导致的磁盘碎片化对读性能的影响，以及 PDFS 采用的数据流顺序保持措施的效果。

PDFS 并没有解决删冗固有的磁盘碎片化现象，但是通过两项数据流顺序保持措施避免了并发删冗带来额外的磁盘碎片化。为了评估这两项措施的效果，下面测试向新创建的文件系统连续写入 6 GB 数据，统计物理地址不连续的数据块的个数，并记录总读取时间。下面引入非连续数据阈值（Non-contiguous Data Threshold）D_0 作为判断两个逻辑上相邻的数据块是否在磁盘物理地址上连续的标准。假设两个逻辑上相邻的数据块的物理地址差值为 D，只有当 D 超过阈值 D_0 时才认为这两个数据块是不连续的。测试发现，对于 ZFS，也存在一些间隔较小的不连续数据块，但是对读性能的影响很小。而对于采用并发删冗并且不做数据流顺序保持的 PDFS，则明显存在更多间距较大的不连续数据块，这种碎片化对读性能的影响更加明显。

不同线程个数情况下，PDFS 中不连续数据块个数与 ZFS 中不连续数据块个数的比值（即 PDFS 与 ZFS 的磁盘碎片化比）随阈值 D_0 变化的曲线如图 6-37 所示。其中，no-preserve 表示不采取数据流顺序保持措施。从图 6-37 可以看出，随着删冗线程个数的增加，大间距的不连续数据块明显增多，磁盘碎片化的程度明显增大，而采取数据流顺序保持措施之后，PDFS 几乎完全消除了由并发删冗带来的磁盘碎片化。对应的读取时延见表 6-5。可看出，由于并发删冗的影响，读取时间最多增加了 144.58%，而数据流顺序保持措施使得 PDFS 的磁盘碎片化水平略低于 ZFS。

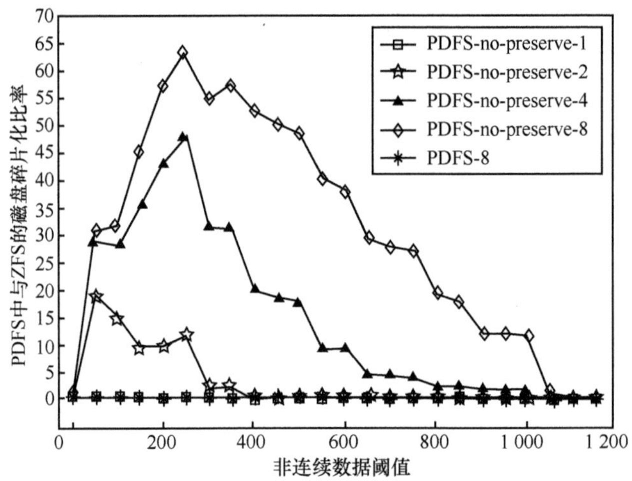

图 6-37　PDFS 与 ZFS 的磁盘碎片化比率与非连续数据阈值的关系

表 6-5　不同线程个数下的读性能

对比项	ZFS	PDFS-no-preserve				PDFS-8
		1	2	4	8	
读取时延/s	55.12	56.06	90.32	123.70	134.81	53.31

下面以典型基准测试 TPC-C 为例，测试内嵌删冗对主存储系统工作负载的影响。

这里使用的测试程序是 HammerDB，这是一个开源的 TPC-C 测试程序，支持多种数据库类型。根据 TPC-C 测试的规范，HammerDB 会生成混合了 5 种不同类型事务操作的并发负载。本测试使用的服务器 CPU 型号为 Intel i7 3960X（6 核 12 线程，3.3 GHz），内存 16 GB，数据库为 MySQL。测试中为 HammerDB 配置了 300 个数据仓库，约占据 45 GB 磁盘空间。

HammerDB 测试的性能指标是每分钟处理的总事务操作个数（Transactions Per Minute，TPM）和每分钟处理的创建操作个数（New Orders Per Minute，NOPM）。测试结果如图 6-38 所示。在大部分情况下，PDFS 的性能指标略高于 ZFS（差距很小）。本测试生成的数据中冗余数据很少，因此可以认为 PDFS 的性能优势并不是数据冗余带来的，而是由于 PDFS 内嵌删冗的处理过程足够高效，没有损害原存储系统的 I/O 性能。

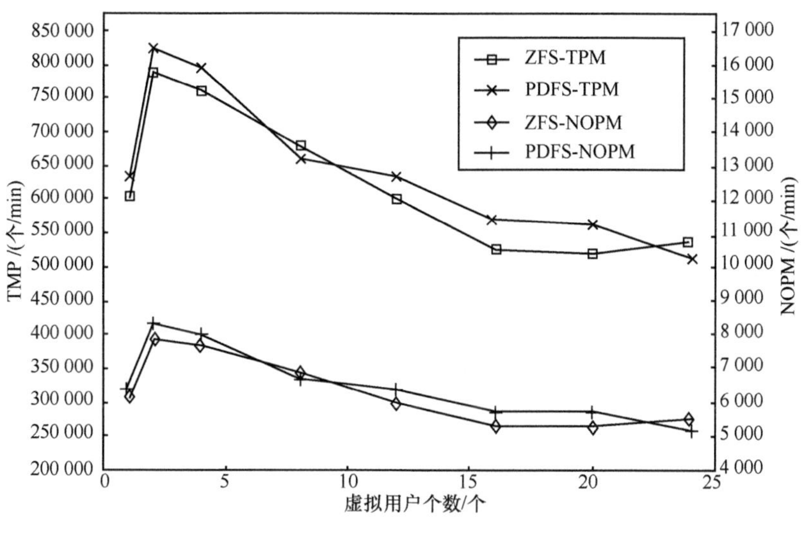

图 6-38　HammerDB 的测试结果

6.4　本章小结

本章讨论了大数据存储系统的删冗技术。数据信息总量的飞速增长使得数据存储的成本和复杂度越来越高。重复数据删除技术，作为一项能够有效缩减数据存储总量的新技术，在近几年得到了深入研究，并被广泛应用于数据备份系统。而随着主存储容量的不断增长，主存储领域的删冗也成为一个研究热点。本章关注备份存储的删冗以及主存储的删冗两个方面的存储删冗技术，分别讨论了不同场景下的删冗技术，包括大数据云存储场景下的删冗技术以及主存储内嵌删冗技术。

大数据云存储场景下的删冗技术：云存储系统中普遍存在的冗余数据不仅浪费了云存储系统的资源，而且造成了云存储系统的性能损失。将现有的重复数据删除技术应用到云存储系统中时，云存储系统的存储容量大规模可扩展性和缺乏数据块局部性造成的数字指纹索引查询效率过低成为性能瓶颈。AegeanStore 采用基于文件的批量数字指纹查询、基于 Bloom filter 的快速新数据块过滤以及基于文件局部性的缓存和预取 3 项优化技术，解决索引查询的性能瓶颈问题。最后，通过仿真实验证明了上述优化技术可以有效提高索引服务的运行效率，使重复数据删除技术能够被有效应用于 AegeanStore 中，从而提高其资源利用率、可扩展性以及整体性能。

主存储内嵌删冗技术：由于主存储系统对性能的要求很高，主存储内嵌删冗的实现难度很大。本章首先对解决删冗磁盘 I/O 瓶颈问题的方法进行了分类，并提出适用于主存储环境的基于相似性局部查找的内嵌删冗框架。该删冗框架有效解决了内嵌删冗带来的磁盘 I/O 瓶颈问题，同时大大缓解了删冗元数据的内存开销。然后本章在该删冗框架的基础上实现了 PDFS。针对主存储内嵌删冗面临的各个性能问题，本章逐一进行分析并给出了性能优化措施，这些措施有效提高了系统吞吐率，减小了系统读写时延，使得 PDFS 可以在提供合理删冗率的同时满足主存储系统对 I/O 性能、负载性能的要求。实验表明，和基础文件系统 ZFS 相比，PDFS 只占用很少的系统资源，维持了系统原有的写入吞吐率和写入时延，同时能达到 74%～99% 的理论最大删冗率。

参考文献

[1] GANTZ J, REINSEL D. The digital universe in 2020: big data, bigger digital shadows, and biggest growth in the far east[R]. 2012.

[2] DUTCH M. Understanding data deduplication ratios[R]. 2008.

[3] DUBOIS L, AMALDAS M. Key considerations as deduplication evolves into primary storage[R]. 2011.

[4] FREEMAN L, BOLT R, SAS T. Evaluation criteria for data de-dupe[R]. 2007.

[5] DEBNATH B, SENGUPTA S, LI J. ChunkStash: speeding up inline storage deduplication using flash memory[C]// The 2010 USENIX Annual Technical Conference. Berkeley: USENIX Association, 2010.

[6] BHAGWAT D, ESHGHI K, LONG D D E, et al. Extreme Binning: scalable, parallel deduplication for chunk-based file backup[C]// The 17th IEEE International Symposium on Modeling, Analysis and SimulatIOn of Computer and Telecommunication Systems. Piscataway: IEEE Press, 2009: 1-9.

[7] LILLIBRIDGE M, ESHGHI K, BHAGWAT D. Improving restore speed for backup systems that use inline chunk-based deduplication[C]// The 11th USENIX Conference on File and Storage Technologies. Berkeley: USENIX Association, 2013: 183-198.

[8] ZHU B, KAI LI K, PATTERSON H. Avoiding the disk bottleneck in the data domain deduplication file system[C]// The 6th USENIX Conference on File and Storage Technologies. Berkeley: USENIX Association, 2008: 269-282.

[9] LILLIBRIDGE M, ESHGHI K, BHAGWAT D, et al. Sparse Indexing: large scale, inline deduplication using sampling and locality[C]// The 8th USENIX Conference on File and Storage

Technologies. Berkeley: USENIX Association, 2009: 111-123.
[10] BRODER A, MITZENMACHER M. Network applications of Bloom filters: a survey[J]. Internet Mathematics, 2004, 1(4): 485-509.
[11] HUNT J W, MCILLROY M C. An algorithm for differential file comparison[R]. 1976.
[12] HUNT J J, VO K P, TICHY W F. Delta algorithms an empirical analysis[J]. ACM Transactions on Software Engineering and Methodology, 1998, 7(4): 192-214.
[13] MUTHITACHAROEN A, CHEN B, MAZIERES D. A low-bandwidth network file system[C]// The 18th ACM Symposium on Operating Systems Principles. New York: ACM Press, 2001: 174-187.
[14] QUINLAN S, DORWARD S. Venti: a new approach to archival storage[C]// The FAST 2002 Conference on File and Storage Technologie. Berkeley: USENIX Association, 2002: 89-101.
[15] NG C H, MA M, WONG T Y, et al. Live deduplication storage of virtual machine images in an open-source cloud[C]// The ACM/IFIP/USENIX 12th International Middleware Conference. Heidelberg: Springer, 2011: 81-100.
[16] MEYER D T, BOLOSKY W J. A study of practical deduplication[C]// The 9th USENIX Conference on File and Storage Technologies. Berkeley: USENIX Association, 2011.
[17] SRINIVASAN K, BISSON T, GOODSON G, et al. iDedup: latency-aware, inline data deduplication for primary storage[C]// The 10th USENIX Conference on File and Storage Technologies. Berkeley: USENIX Association, 2012.
[18] WILDANI A, MILLER E L, RODEH O. HANDS: a heuristically arranged non-backup in-line deduplication system[R]. 2012.

第7章 大数据存储纠删码技术与优化

本书前面章节讨论了冗余删除的问题，可以在系统中删除冗余的数据，缩减存储空间所需要的容量。此外，就像在分布式文件系统中讨论过的一样，有时存储空间还需要用来保证系统的可靠性。例如可以通过副本的方式提高系统的可靠性，当一部分副本失效时，仍然可以保证数据可用。副本方式的一个问题是所占用的空间过大，在这个问题上，数据存储的纠删码技术可以在保证可靠性的同时，降低所需存储空间的大小，这就是本章要讨论的内容。

7.1 大数据存储的纠删码技术

现今是一个数据的时代，社会到处都离不开数据，如银行用户存款信息、天体运行数据、企业档案，以及人们日常的手机通信或计算机通信数据等。并且随着计算机技术的发展，数据也逐渐从纸质存储转向计算机存储，并且这些数据呈几何倍数增长。任何行业都离不开数字信息。2007 年，全球的数据信息规模是 281 EB，而到了 2011 年涨了近乎 10 倍[1]。如此巨大的信息量意味着对存储空间和数据传输时网络带宽的巨大要求。为了提高存储空间和网络带宽的利用率，云存储环境下纠删码技术和重复数据删除技术的应用具有很好的现实意义。

纠删码技术在云存储系统中的应用已经成为比较热门的话题。一旦云存储环境下的数据节点出现故障，其中的关键数据出现损坏，那么后果很可能是毁灭性的、令人无法接受的。因此如何对这些数据进行有效存储，避免数据损失，格外受人关注。随着大型数据存储系统中数据量的不断增加，原本根据标准 RAID 级别（RAID1-6、RAID01 和 RAID10）进行的冗余数据存储，在很多情况下已经不再适用了。这些大型数据存储系统最多只能允许两个磁盘或节点出错。但是随着存储部件数量的增长、广域网的飞速发展和故障模式的增多，存储系统的设计者们希望未来设计出的系统能够允许同时出现更多的磁盘或节点错误，而不影响系统的正常运行。那么如何更有效地对大型数据存储系统中的数据进行保护，能够容许同时出现

多个磁盘或节点错误，避免其因系统中的存储设备宕机而丢失数据，成为当前数据冗余保护技术的研究热点。

在过去的几年中，许多生产厂商（包括 Google、Microsoft、IBM 和 Cleversafe 等公司）和研究机构都对此进行了很多深入的研究，如 OceanStore、DiskReduce、HAIL 等科研项目，它们都允许系统同时出现 3 个或 3 个以上的磁盘或节点错误。在这些存储系统进一步发展的同时，系统部署的网络环境也在不断发展，而人们对存储系统的容错能力的要求也越来越高。因此，纠删码技术在存储领域的应用也逐渐引起人们的重视，纠删码技术能够实现多错误盘冗余恢复，并且相较于传统的镜像副本数据冗余，其大大节省了存储空间。在存储系统中，纠删码技术主要通过利用纠删码算法将原始的数据进行编码得到冗余数据，并将原始数据和冗余数据一并存储起来，以达到容错的目的。

虽然多副本技术在大型数据存储系统中一直备受青睐，但是相比纠删码技术，多副本技术会在存储数据的过程中消耗更多的存储空间和占据更多的带宽，提高了系统的部署代价。为了使纠删码技术在存储系统中得到更广泛的应用，还有很多方面需要研究。其中纠删码的编码性能是影响存储系统是否采用纠删码的一个重要因素。虽然纠删码的存储利用率要高于镜像副本技术，但需要进行编码和解码操作，系统性能有所下降。因此如何提高纠删码的编码性能成为一个迫在眉睫的科研问题。已经有研究者提出纠删码中的 CRS 编码方法，将有限域的算术运算转换成位异或运算，大大提高了编码性能，更有利于将纠删码应用于数据存储系统中。那么在此基础上，进一步减少纠删码计算过程中的异或操作，提高编码性能仍是有必要的。

7.2　纠删码相关技术与工作

7.2.1　纠删码技术简介

纠删码技术是不同于多副本技术的另一种容灾策略，它的基本思想是：通过纠删码算法对 k 个原始数据块进行数据编码得到 m 个纠删码块，并将这 $k+m$ 个数据块存入不同的数据存储节点，完成容灾机制的建立。这样当 $k+m$ 个数据块中任意的不

多于 m 个数据块出错（包括原始数据块和纠删码块出错）时，均可以通过对应的重构算法恢复出 k 个原始数据块。纠删码技术与传统的镜像副本技术相比，具有冗余度低、磁盘利用率高等优点。如何将纠删码技术高效地应用到存储系统中逐渐成为一个研究方向。

为了便于后续展开对纠删码以及 CRS 编码工作的介绍，现在先介绍一些基本的概念。因为目前的研究工作中对于纠删码的相关概念没有统一的定义，所以本章根据参考文献[2-3]给出定义。

原始数据（Original Data）：用户存储的真实的原始数据信息。

纠删码（Erasure Code）：根据纠删码算法，利用原始数据信息计算出冗余数据，这些数据源于原始数据，保证了原始数据出错时，能够及时恢复。

配置参数（k, m, w）：其中 k 为数据块个数，m 为纠删码块个数，w 为编码字长。

元素（Element）：在纠删码编码的过程中，元素是携带原始数据信息或冗余数据信息的原子单位，也是纠删码计算的基本单位。

编码（Encode）：根据纠删码算法，利用原始数据计算出纠删码数据的过程就是编码。

解码（Decode）：当原始数据出错时，根据纠删码编码机制，利用该原始数据对应的纠删码数据计算并恢复原始数据的过程就是解码。

更新（Update）：若原始数据在用户的需求下进行了适当的修改，那么相应的纠删码也需要重新计算，这个计算过程就是更新。

容错率（Fault Tolerance Rate）：一组纠删码计算包含 k 个原始数据块，m 个纠删码块，将原始数据块和纠删码块分别存储在不同的磁盘上，之后这组原始数据块和纠删码块最多可以允许任意的不多于 m 个块出错，m 除以 $k+m$ 就是容错率。

MDS（Maximum Distance Separable）编码：在任意 k 个原始数据块、m 个纠删码块的情况下，这 $k+m$ 个块中任意 m 个块出错都能恢复的编码方式即 MDS 编码。MDS 编码在存储利用率方面达到了理论上的最优。

以 3 个原始数据块、两个纠删码块为例介绍纠删码的工作过程。L_0、L_1、L_2 是用户的原始数据块，经过纠删码编码，构造出两个纠删码块 C_0、C_1。当其中的 L_1、C_0 出错时，利用剩余的块 L_0、L_2、C_1，采用纠删码编码相应的解码算法，求出出错的数据，整个过程如图 7-1 所示。

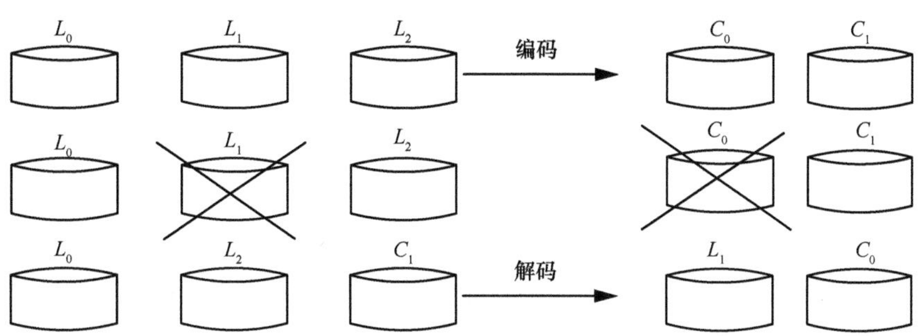

图 7-1　数据块编码和解码过程示意图

7.2.2　RS 编码相关工作

柯西里德-所罗门编码是一种纠删码编码，源于里德-所罗门（Reed-Solomon，RS）编码。RS 编码是支持任意 k 个数据磁盘、m 个冗余磁盘的纠删码编码技术。

RS 编码利用了可逆范德蒙矩阵，编码形式为矩阵（Matrix）×向量（Vector）：$\boldsymbol{A}\times\boldsymbol{D}=\boldsymbol{B}$，其中 $\boldsymbol{A}$ 是生成矩阵，上半部分为单位矩阵（用符号 $\boldsymbol{I}$ 表示），下半部分为范德蒙矩阵（用符号 $\boldsymbol{F}$ 表示），也可将 $\boldsymbol{A}$ 表示为 $\left[\frac{\boldsymbol{I}}{\boldsymbol{F}}\right]$；$\boldsymbol{D}$ 为数据列向量；$\boldsymbol{B}$ 为由原始数据和纠删码数据组成的列向量。展开上式可以得到 $\left[\frac{\boldsymbol{I}}{\boldsymbol{F}}\right]\times\boldsymbol{D}=\boldsymbol{B}$，具体如图 7-2 所示。其中，$L_i(0\leqslant i\leqslant k-1)$ 为第 i 个数据块，$C_j(0\leqslant j\leqslant m-1)$ 为第 j 个纠删码块。

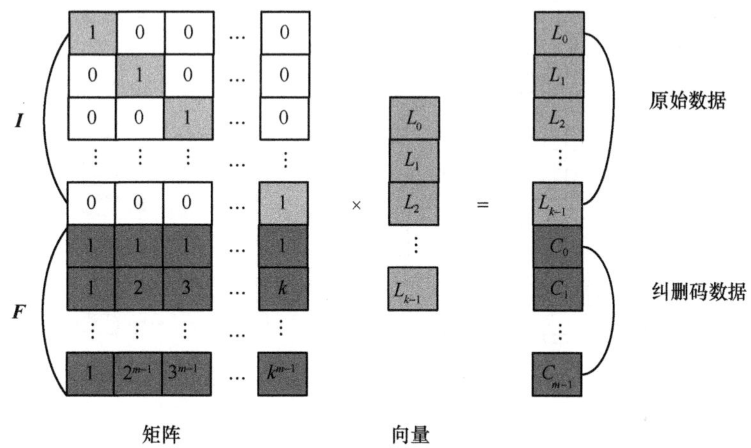

图 7-2　纠删码矩阵与向量乘积的表示

当 k+m 个原始数据块和纠删码块中，不多于 m 个块出现错误时，从 $\begin{bmatrix} \boldsymbol{I} \\ \boldsymbol{F} \end{bmatrix}$ 中取 k 行组成新的可逆矩阵 $\boldsymbol{A}'$，以及这 k 行对应的有效数据组成数据列向量 $\boldsymbol{D}'$，并求得 $\boldsymbol{A}'$ 的逆矩阵 $\boldsymbol{A}^{-1}$。然后利用 $\boldsymbol{A}^{-1}\times\boldsymbol{A}'\times\boldsymbol{D}=\boldsymbol{A}^{-1}\times\boldsymbol{D}'$，进一步化简得到 $\boldsymbol{D}=\boldsymbol{A}^{-1}\times\boldsymbol{D}'$。这样原始数据就被恢复了，数据的灾后重建任务得到了保证。

RS 编码涉及矩阵和向量的乘积计算问题，包括加减法和乘除法，这些计算都是在伽罗瓦域 GF(2^w)（w 为编码字长）上完成的。伽罗瓦域上的加减法运算是异或运算，而乘除运算比较复杂，代码实现开销较大。而柯西矩阵的任意 k 阶子矩阵都是可逆的，满足数据灾后重建工作的基本条件，因此 Blomer J[4]等人利用柯西矩阵代替范德蒙矩阵作为生成矩阵的下半部分，即柯西里德-所罗门编码。CRS 编码在 RS 编码的基础上进行了两方面的改进：使用柯西矩阵代替范德蒙矩阵进行数据编码；将伽罗瓦域的乘法运算转换为异或运算。

CRS 编码的一个关键环节是柯西矩阵的构建。设定配置参数(k,m,w)，满足 $k+m\leqslant 2^w$ 时，从集合$\{0,1,\cdots,2^w-1\}$中选取集合 X、Y，其中 $X=\{x_1,\cdots,x_m\}$，$Y=\{y_1,\cdots,y_k\}$，且 $X\cap Y=\varnothing$。然后利用 $1/(x_i+y_j)$计算出 m 行 k 列的柯西矩阵中的第 i 行、第 j 列元素，其中加法和除法都在 GF(2^w)上运算，这样就得到了 m 行 k 列的柯西矩阵。接着将柯西矩阵中的每个元素转换为 w 行 w 列的位矩阵（只含“0”和“1”），这样就可以根据参数 w 把 m 行 k 列矩阵转换为（$m\times w$）行（$k\times w$）列的位矩阵，同时对应地把每个数据块 L 和每个纠删码块 C 分成 w 份。CRS 编码过程如图 7-3 所示。

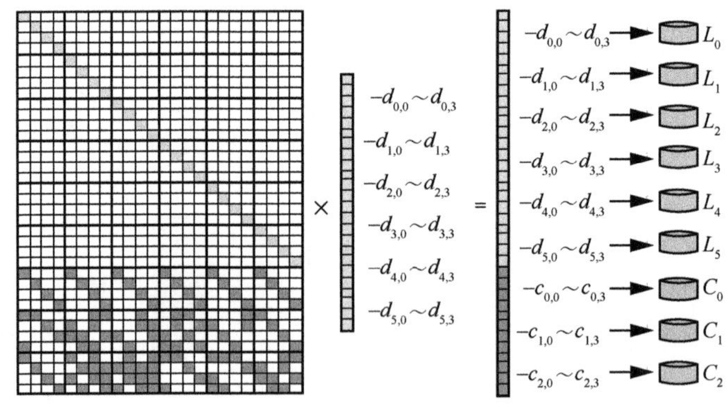

图 7-3　CRS 编码过程

当位矩阵的行中出现“1”时，原始数据中相应的数据就要进行异或操作，以得

到纠删码元素。以其中的一小块矩阵和相应的数据为例，纠删码计算过程如图 7-4 所示（异或次数为 12 次）。

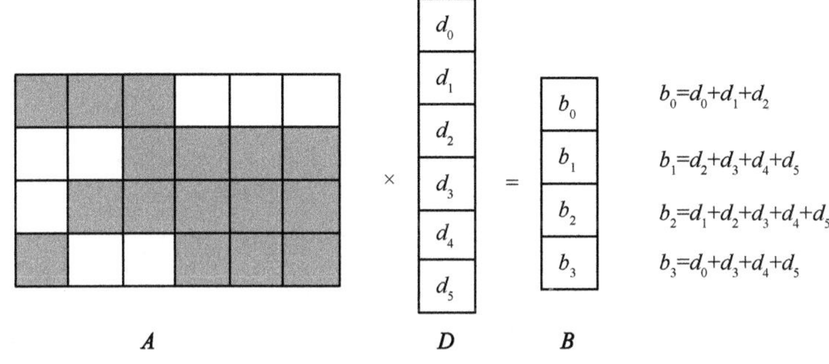

图 7-4　纠删码计算过程

在应用纠删码的存储系统中，每当有一定数量的新数据写入时都会发生编码操作，以保证这些数据的冗余。数据编码的开销对整个系统来说成为重要性能开销[5]，因此为了提高系统的整体性能，必须提高纠删码的编码性能，也就意味着需尽最大努力减少 CRS 编码过程中的异或次数。目前的 CRS 编码方案有两种。一是直接根据柯西矩阵编码，如图 7-4 所示。柯西矩阵中“1”的个数最终决定异或次数，也就决定了编码的性能。二是利用调度进行编码。先对柯西矩阵求取异或操作序列，即调度，然后根据调度进行编码，调度中的异或次数决定了编码性能。

当配置参数(k, m, w)一定时，可以构造$\binom{2^w}{k+m}\binom{k+m}{k}$个柯西矩阵，而任何一个柯西矩阵都可以用于数据编码。直接利用柯西矩阵进行数据编码时，为了得到较好的编码性能，柯西矩阵中“1”的个数越少越好。因此需要从大量柯西矩阵中挑选一个“1”的个数较少的柯西矩阵。当(k, m, w)一定时，柯西矩阵的数量是一个组合问题。在表示矩阵规模的参数(k, m, w)较小时，枚举所有柯西矩阵是可行的，但是当(k, m, w)较大时，枚举柯西矩阵的时间令人无法接受。而 Optimizing Cauchy[6]、Cauchy Good[7]等方法在 k、m、w 较大时也能生成一个“1”的个数较少的柯西矩阵，但是不能保证该柯西矩阵是所有柯西矩阵中“1”的个数最少的柯西矩阵。

Optimizing Cauchy 的构造方法如下。

（1）首先构造矩阵 **ONES**（**ONES** 中的元素为常数，元素的含义是将对应位置的伽罗瓦域中的每个数转换为位矩阵后，位矩阵中“1”的个数），w=3 时，如

图 7-5（a）所示。

（2）在$\{0,1,\cdots,2^{w-1}\}$中选择不相交的集合 X、Y。

①当 k=m 且为 2 的幂时，构造平衡柯西矩阵 **GC**(k, k, w)（如图 7-5（b）所示），其中 **GC**(k, k, w)总是包含 **GC**(k/2,k/2,w)，且 **GC**(2,2,w)总是包含列集合 Y(1,2)（即包含元素“1”和“2”的列集合 Y）。

②当 k=m 但不为 2 的幂时，首先构造 **GC**(k',k',w)，其中 k'>k 且为 2 的幂，然后交替减去多余的行和列，以保持剩余柯西矩阵中“1”的个数最少，直到柯西矩阵只含 k 行为止。以 k=m=3、w=3 为例，**GC**(4, 4, 3)在交替减去 1 行和 1 列后得到 **GC**(3,3,3)，如图 7-5（c）所示。

③当 k!=m 时，可以根据上面两步先构造出 **GC**(min(k, m), min(k, m),w)，然后相应地添加行和列，并在添加的过程中保持柯西矩阵“1”的个数最少。例如，构造 **GC**(3,4,3)，可以先构造 **GC**(3,3,3)，然后添加一列得到 **GC**(3,4,3)。

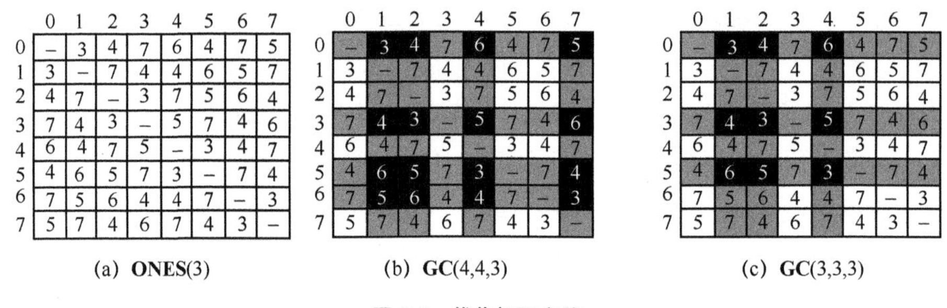

(a) **ONES**(3)

	0	1	2	3	4	5	6	7
0	–	3	4	7	6	4	7	5
1	3	–	7	4	4	6	5	7
2	4	7	–	3	7	5	6	4
3	7	4	3	–	5	7	4	6
4	6	4	7	5	–	3	4	7
5	4	6	5	7	3	–	7	4
6	7	5	6	4	4	7	–	3
7	5	7	4	6	7	4	3	–

(b) **GC**(4,4,3)

	0	1	2	3	4	5	6	7
0	–	3	4	7	6	4	7	5
1	3	–	7	4	4	6	5	7
2	4	7	–	3	7	5	6	4
3	7	4	3	–	5	7	4	6
4	6	4	7	5	–	3	4	7
5	4	6	5	7	3	–	7	4
6	7	5	6	4	4	7	–	3
7	5	7	4	6	7	4	3	–

(c) **GC**(3,3,3)

	0	1	2	3	4	5	6	7
0	–	3	4	7	6	4	7	5
1	3	–	7	4	4	6	5	7
2	4	7	–	3	7	5	6	4
3	7	4	3	–	5	7	4	6
4	6	4	7	5	–	3	4	7
5	4	6	5	7	3	–	7	4
6	7	5	6	4	4	7	–	3
7	5	7	4	6	7	4	3	–

图 7-5　优化柯西方法

Cauchy Good 的构造方法主要如下。

（1）首先建立柯西矩阵 $\boldsymbol{M}$。

（2）将每一列中的每个元素都在伽罗瓦域 GF(2^w)内除以 $\boldsymbol{M}[0,j]$（即矩阵 $\boldsymbol{M}$ 中第 0 行第 j 列的元素）得到一个新的值，这样操作之后第 0 行就全部变成“1”了。

（3）然后对剩余行做如下操作。先计算出第 i 行中“1”的个数 num；然后对该行中的每个元素分别除以 $\boldsymbol{M}[i, j]$（$0 \leqslant j \leqslant k-1$），再计算该行“1”的个数 $\mathrm{num}_0,\cdots,\mathrm{num}_{k-1}$；最后从$\{\mathrm{num}, \mathrm{num}_0, \cdots, \mathrm{num}_{k-1}\}$选出最小值，并对应这个最小值，更新该行每个元素（除以最小值对应的柯西矩阵元素）。

虽然上述两种构造柯西矩阵的方法都可以产生含有“1”的个数较少的柯西矩阵，但是在大量的柯西矩阵中无法保证它们是最优的柯西矩阵，也就不能保证能得到的

柯西矩阵是所有柯西矩阵中含有“1”的个数最少的那个柯西矩阵。

在研究如何减少纠删码编码过程中的异或次数时，有学者发现柯西矩阵中“1”的个数是有下限的[8]，如果只是通过减少柯西矩阵中“1”的个数来减少异或次数，编码性能很难再有很大的提高。因此人们在柯西矩阵的基础上提出了调度的思想。调度方法就是根据柯西矩阵求新的异或操作序列，以利用中间结果加速后续纠删码元素的计算，减少重复计算，从而减少异或次数。这是一种利用空间换取时间的思想。调度的简单示例如图 7-6 所示。

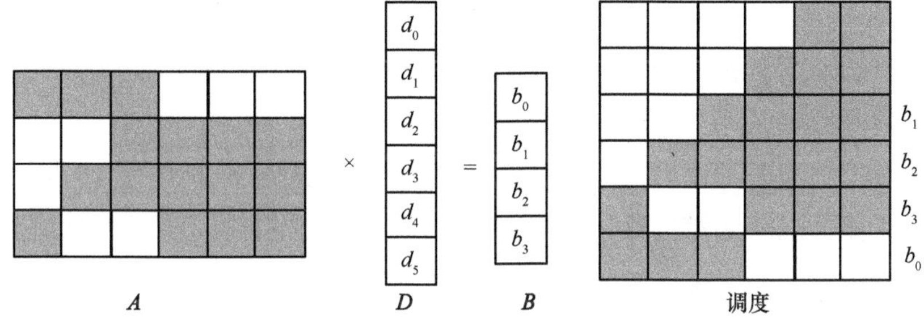

图 7-6 矩阵的调度示例

求出柯西矩阵 **A** 的调度后，生成所有的纠删码元素只需要 6 次异或，小于直接利用柯西矩阵进行编码时的 12 次异或，在一定程度上提高了编码性能。调度的提出使数据编码的异或次数突破了柯西矩阵中“1”的个数的下限。

对柯西矩阵求调度的算法有很多，如 CSHR[2]利用先前生成的纠删码元素计算后续的纠删码元素，避免重复计算；UBER-CSHR[9]又在此基础上做了改进，不仅仅利用纠删码元素，同时利用计算纠删码过程中生成的中间结果计算后续的纠删码元素，并尝试利用中间结果间的异或结果加速后续纠删码元素的计算。X-Sets[9]标识和利用生成纠删码过程中都需要进行的异或操作，避免重复计算。如图 7-7 所示，先计算公有的异或操作集合 $s_6=\{x_4, x_5\}$，后续纠删码的计算就可以利用 s_6 了，不用再重复计算。

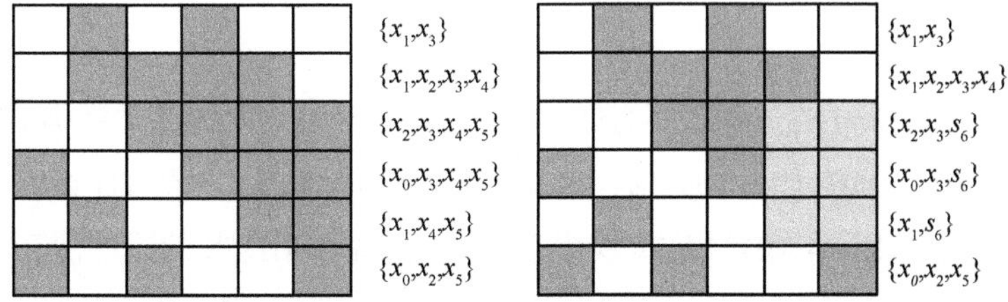

图 7-7 调度求取过程示意图

X-Sets 中，对于究竟选取哪一个公有异或操作先放入调度序列中，又有很多方法（下面称出现次数最多的公有异或操作集合为 MAX）。

MW：选择 MAX 中的任何一个公有异或操作放入调度中。MW_SS：在 MAX 中，哪个公有异或操作对应的纠删码元素能够先计算完成，就优先选择。MW_SQ：先尝试把 MAX 中的每一个公有异或操作加入调度，测试在此基础上的|MAX|（MAX 中的元素数量），最终选择能使|MAX|最大的公有异或操作加入调度。UBER_XSET：在所有纠删码元素中，计算它们所包含的每个公有异或操作对应的公有异或次数，优先选择公有异或次数最多的那个异或操作。MW-Matching：在 MAX 中找到一个与当前纠删码计算匹配的长度最大的异或操作序列，再从该匹配中选出任何一个异或操作加入调度。还有其他的方法，如 SUBEX 等。

每个柯西矩阵都可以拥有一个调度，调度相比利用柯西矩阵中的“1”进行编码，在提高编码性能方面更有优势。但是它需要在编码前提前计算，如果每次编码都需要对柯西矩阵求调度，也会造成不小的开销（包括时间、计算资源等各种开销）。调度可以在执行数据编码之前提前生成，形式为：$Q_0 + Q_1 = Q_2$、$Q_2 + Q_3 = Q_4$、$Q_2 + Q_5 = Q_6$。原本得到纠删码结果 Q_4 和 Q_6，需要计算 $Q_0+ Q_1+ Q_3$ 和 $Q_0 + Q_1 + Q_5$，共 4 次异或。而利用 $Q_0 + Q_1 = Q_2$ 这个中间结果，就只需要 3 次异或，这只需要多消耗一些内存空间来存储中间结果 Q_2，但相比异或计算的消耗，性能会有比较大的提高。

在利用公有异或操作求最优调度时，研究者推测这是一个 NP-hard 问题。

目前很多系统应用到纠删码技术，在云存储环境中使用纠删码技术实现数据的冗余存储，相较于多副本方法，在数据写入时其能够节省更多的存储空间和网络带宽。对利用纠删码作为容灾策略的 Hadoop+ec 与多副本方法在多个方面做了比较全面的比较，从 Hadoop+ec 的用例运行结果来看，纠删码在存储系统中的应用还是很有前途的。

7.2.3 HDFS

HDFS 是 Hadoop 的一个重要组件，用于管理云计算用到的海量数据。HDFS 不同于一般文件系统的存储分块原则，为了实现大数据（GB，甚至 TB 量级的文件数据）的高效性，其以 64 MB 的数据块为存储单位。整个 HDFS 的设计使云计算能够在普通的商业计算机上运行，为了达到比较好的计算性能，HDFS 支持多台（可以上千台，甚至上万台）计算机的并行计算，这样就可以达到很多大型计算机不能达到的计算效果。

HDFS 的节点可以分为元数据节点（Name Node）和数据节点（Data Node）。其中，数据节点主要用于存储数据块，不涉及文件组织；而元数据节点主要保存 HDFS 中所有数据的元数据信息，记录文件分布的位置、大小等详细信息，用于与用户和数据节点之间的交互。HDFS 的结构如图 7-8 所示。

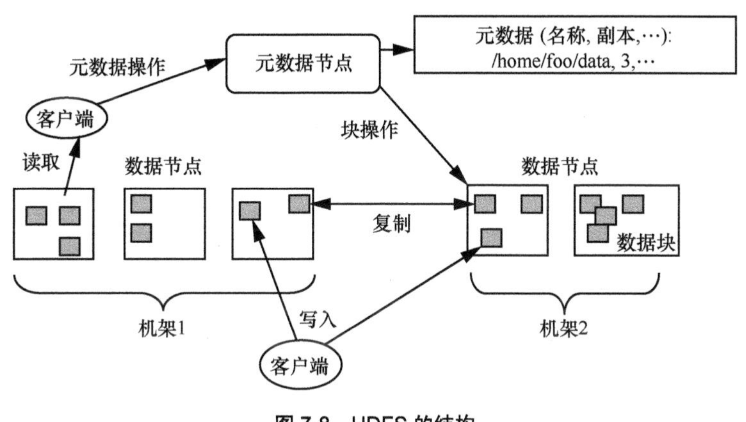

图 7-8　HDFS 的结构

HDFS 在应对计算机比较容易出现故障的情况时，采用多副本策略（一般为三副本），即每个 64 MB 的数据块要在 3 个不同的数据节点上分别存储一个副本。这样，当一个数据块出错时，可以采用另外两个副本中的内容进行代替服务。一个文件可以包含很多数据块，元数据节点记录了该文件中每个数据块的存储位置，以对用户的操作进行服务。

HDFS 以网络流的方式写入和读取文件。数据在传输过程中被分成多个包（Packet），每个包一般为 64 KB。每个包由很多块（Chunk）组成的，每个块的大小一般为 512 B。为了验证数据传输和数据保存过程中是否出错，每个 Chunk 相应有一个校验和（Checksum）。每个包的结构示意如图 7-9 所示。

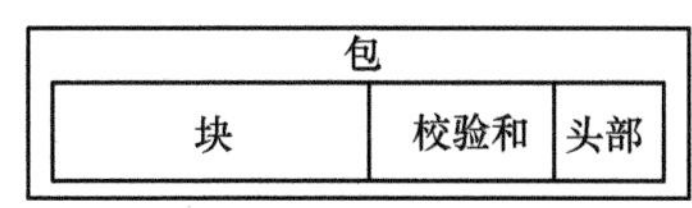

图 7-9　包的结构示意

写入数据：当客户端提出写入请求时，HDFS 在元数据节点上建立一个新的文件。建立成功后，客户端开始上传该文件的数据。首先在本地缓存 64 MB 的数据块，当 64 MB 的数据块准备好后，客户端向元数据节点申请存储位置，申请成功后，元数据节点向客户端发送数据块需要存储的数据节点信息和数据块的存储位置，该位置在三副本情况下会有 3 个数据节点信息。客户端从暂存包的 dataQueue 中提取出一个包传送给第一个数据节点，并将包中的块部分写入数据文件（以 blk_开头的文件），将校验和写入相应的元数据文件（Meta File）中，然后在第一个数据节点中通过 pipeline 将该包传递给第二个数据节点，第二个数据节点再通过 pipeline 将该包传送给第三个数据节点，当 3 个节点都成功接收到这个包后，返回成功信号给客户端，让客户端为下一个包的传递做准备，直至整个数据块传送结束。整个过程如图 7-10 所示。

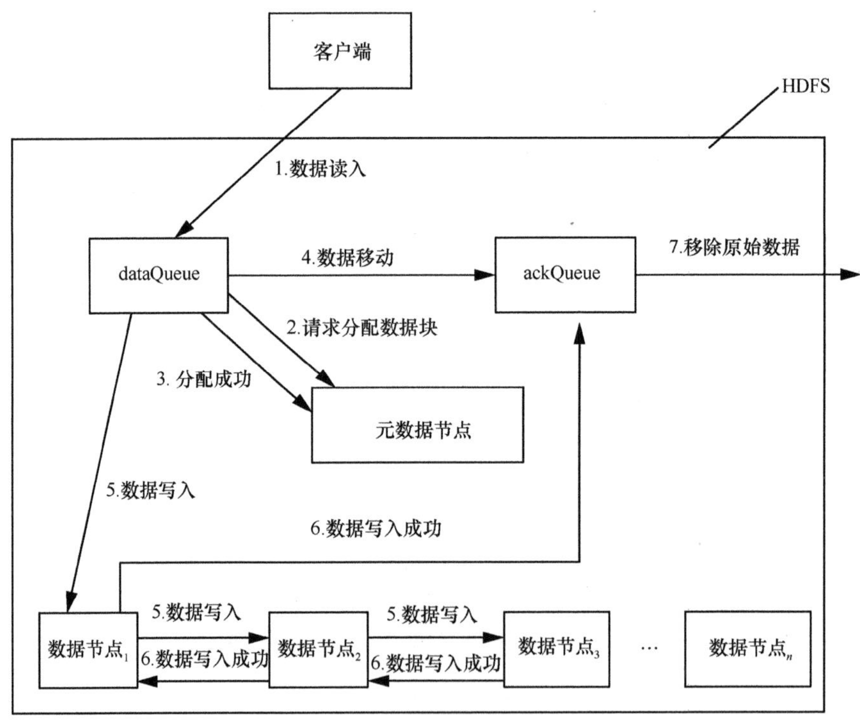

图 7-10　HDFS 写入数据

读取数据：当客户端读取文件的请求到来时，HDFS 向元数据节点查询该文件包含的数据块的存放位置并发给客户端，客户端得到位置信息后向对应的数据

节点发送读取数据的请求。该数据节点接收到请求后，BlockSender 将数据文件中的内容提取到包中，并将与该部分内容对应的元数据文件中的校验和也读取到包中，然后发给客户端。客户端接收到该包后，利用校验和验证块，确认无误之后返回给客户端。

删除数据：当客户端要求删除一个文件时，也必须先由 HDFS 向元数据节点发送删除请求，元数据节点返回该文件所包含的数据块存储信息，HDFS 收到数据块存储信息后将删除命令发送给各个数据节点，数据节点执行删除命令。

多副本容灾策略：Hadoop 通过心跳机制发现节点故障，每个数据节点在规定的周期内向元数据节点发送心跳信息。网络的中断可能会导致部分数据节点失去与元数据节点的联系，发生这种情况时，数据节点的心跳信息无法到达元数据节点，此时元数据节点就判断这些数据节点出现故障。元数据节点将这些没有心跳信息的数据节点标记为死节点，之后不再向这些死节点发送写入数据和读取数据请求。而已经注册在这些数据节点上的数据块对于 HDFS 来说也不可用了，当用户有对这些数据的读写请求时，HDFS 将这些请求映射到该数据的其他正常副本上。当数据节点出现故障时，为了仍然保持节点上数据块的三副本数量，需要采用复制策略。元数据节点始终跟踪这些数据块副本小于特定值（一般为 3）的数据块，并在必要时启动复制。上述故障的原因是网络中断，还有很多可能引起故障的原因，如一个数据节点出现故障，一个数据块副本出错，数据节点上的一块硬盘出现故障等。在出现故障时，三副本策略使得 HDFS 依然能够很好地为用户服务。

HDFS 虽然利用多副本策略很好地实现了容灾功能，但是在云存储的海量数据时代，每个 64 MB 的数据块都需要两个冗余块来保证容灾，在很大程度上扩大了对存储空间的需求。因此，将纠删码技术作为容灾策略加入 HDFS 中，有效减少了对存储空间和网络带宽的需求。但是这导致 HDFS 每次存储数据时，都需要进行纠删码计算以生成纠删码，保证数据的冗余，它的编码性能有待提高。

在目前的海量数据信息中，文件与文件之间、数据块与数据块之间都有很多相同的数据，这些相同数据只要存储一份，这就是重复数据删除技术。HDFS 目前还没有实现重复数据删除技术。本章希望能在 HDFS 中实现重复数据删除技术，从而降低对存储空间的需求。

7.3 高效纠删码编码方法 CaCo

在云存储平台中，将纠删码技术作为容灾策略，相比多副本容灾策略，对存储空间和网络带宽的需求有所降低，但是同时引进了纠删码计算，也就是数据异或操作。如何提高一组纠删码编码的计算速度是本章的重点研究内容。为了提高以纠删码为容灾策略的云存储系统中数据存储的速度，最有效的办法就是减少一组纠删码计算过程中的异或次数。本章首次提出了关于纠删码求调度的选择框架思想，利用该选择框架能够求出目前技术水平下高效的数据编码方案——优化调度方案。

目前求调度的算法都是启发式的，如 CSHR、UBER-CSHR、X-Sets 等，使用它们对一个柯西矩阵求调度时，各自都无法保证自己的调度是所有调度方法中最优的；并且柯西矩阵配置参数（k, m, w）组合下有$\binom{2^w}{k+m}\binom{k+m}{k}$个柯西矩阵，究竟哪一个柯西矩阵会产生比较好的调度，目前没有好的方法。

鉴于上述问题，为了提高数据编码效率，本章提出了选择框架思想，在柯西矩阵配置参数（k, m, w）下选择出目前能实现高效编码的柯西矩阵和相应的调度，以用于云存储的数据编码。选择框架如图 7-11 所示，包括 3 个部分。

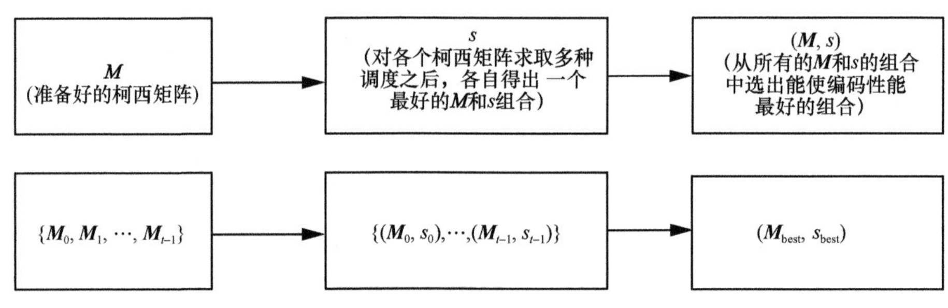

图 7-11　选择框架简单示意图

步骤 1：准备柯西矩阵，根据多种生成柯西矩阵的算法生成柯西矩阵集合$\{\boldsymbol{M}_0, \boldsymbol{M}_1, \cdots, \boldsymbol{M}_{t-1}\}$。

步骤 2：对步骤 1 中准备好的柯西矩阵求调度。对每个柯西矩阵运行多种求调度的启发式算法后得出各自最优的柯西矩阵和调度组合$(\boldsymbol{M},s)$，所以本步骤的结果为$\{(\boldsymbol{M}_0, s_0), (\boldsymbol{M}_1, s_1), \cdots, (\boldsymbol{M}_{t-1}, s_{t-1})\}$。

步骤 3：从步骤 2 的结果中，选出所有调度中异或操作次数最少的调度，得到能使编码性能最高的柯西矩阵和调度组合($\boldsymbol{M}_{\text{best}}$, s_{best})。

整体的选择框架描述如图 7-12 所示。其中，HM 表示生成柯西矩阵的算法，HS 表示对柯西矩阵求调度的算法。

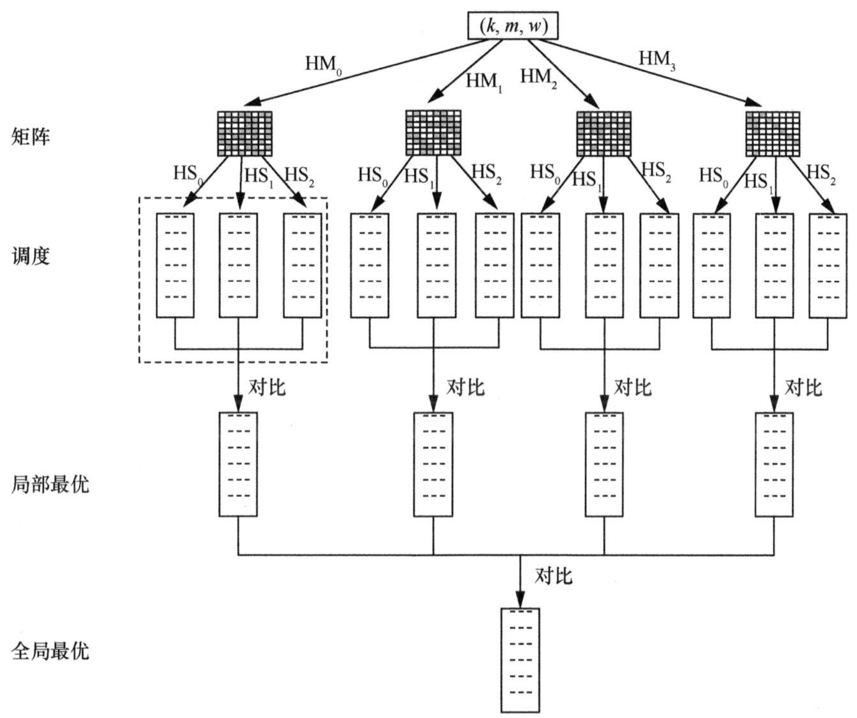

图 7-12　整体的选择框架描述

7.3.1　准备柯西矩阵

柯西里德-所罗门编码实现容灾策略的基础是柯西矩阵的任何 k 阶子矩阵都是可逆的。CRS 编码首先需要构造合适的柯西矩阵，而由柯西矩阵的构造方法可知，当柯西矩阵的配置参数(k, m, w)一定时，会有$\binom{2^w}{k+m}\binom{k+m}{k}$个柯西矩阵。选择柯西矩阵是个组合问题，当(10, 6, 8)组合出现时，柯西矩阵数量级为 10^{29}，枚举数据量如此大的柯西矩阵已不可能实现。而这些矩阵中究竟哪一个柯西矩阵能够产生优于

其他柯西矩阵的调度，目前还没有好的解决方法。

因为不可能一一列举$\begin{pmatrix}2^w\\k+m\end{pmatrix}\begin{pmatrix}k+m\\k\end{pmatrix}$个柯西矩阵，所以需要在用户可以接受的时间内从中选择一定数量的柯西矩阵用于调度，考虑到更新性能（柯西矩阵中“1”的个数越少越好），我们还是倾向于选择柯西矩阵中“1”的个数较少的那个柯西矩阵。本章搜集了目前研究工作中比较频繁用到的柯西矩阵，当然为了增加柯西矩阵的多样性，本章也设计了贪心算法，以生成一系列矩阵。这里使用前面介绍过的能产生柯西矩阵，并且该柯西矩阵中“1”的个数较少的方法（如 Cauchy Good、Optimizing Matrix 等），得到$\{\boldsymbol{M}_0, \boldsymbol{M}_1,\cdots, \boldsymbol{M}_{t-1}\}$。

在数据块个数为 k，纠删码块个数为 m，且 $k+m\leqslant 2^w$ 的情况下，为了构造柯西矩阵，我们需要选出 X 集合$\{x_1,x_2,\cdots,x_m\}$、Y 集合$\{y_1,y_2,\cdots,y_k\}$，且 $X\cap Y=\varnothing$，然后通过 X 和 Y 集合构造柯西矩阵。使用贪心算法生成柯西矩阵的主要步骤如下。

步骤 1：构造矩阵 **ONES**，从中选出“1”的个数最小的位置，并记录相应坐标值(x, y)。**ONES** 是对称的，如果坐标值(x, y)出现，那么(y, x)也会出现。因为最小值对应多个坐标，所以会产生一系列组合，如图 7-13（a）灰色区域所示。

步骤 2：从中选择一个坐标值(x_1, y_1)，将 x_1 放入集合 X 中作为 X 的第一个值，得到$\{x_1\}$，同样地，将 y_1 放入 Y 中得到$\{y_1\}$，如图 7-13（b）所示。

步骤 3：从除去 x_1 和 y_1 的剩余列中，选出与 x_1 相交的前 k–1 个最小值，并将相应的列放入 Y 集合中，这样就可以得到一个 Y 集合$\{y_1,y_2,\cdots,y_k\}$，如图 7-13（c）所示。

步骤 4：此时剩余行中的元素为 **ONES** 除去集合 X 和 Y 后的元素，个数为 2^w-k-1，Y 集合中的列与这些剩余行各有 k 个相交值，分别将这 k 个值相加，从中选出前 m–1 个最小值，并将相应的行放入 X 中得到$\{x_1,x_2,\cdots,x_m\}$，如图 7-13（d）所示。

确定集合 X 和 Y 之后，就可以利用 X 和 Y 创建柯西矩阵了。从图 7-13（a）可以看到，“1”的个数最小的位置有 8 处，因此重复上述步骤可以得到 8 个柯西矩阵。这样通过贪心算法生成了一系列柯西矩阵，在一定程度上增加了柯西矩阵的多样性。如果以后发现有利于生成较好的调度的柯西矩阵，也可以将其加入集合$\{\boldsymbol{M}_0,\boldsymbol{M}_1,\cdots,\boldsymbol{M}_{t-1}\}$中。

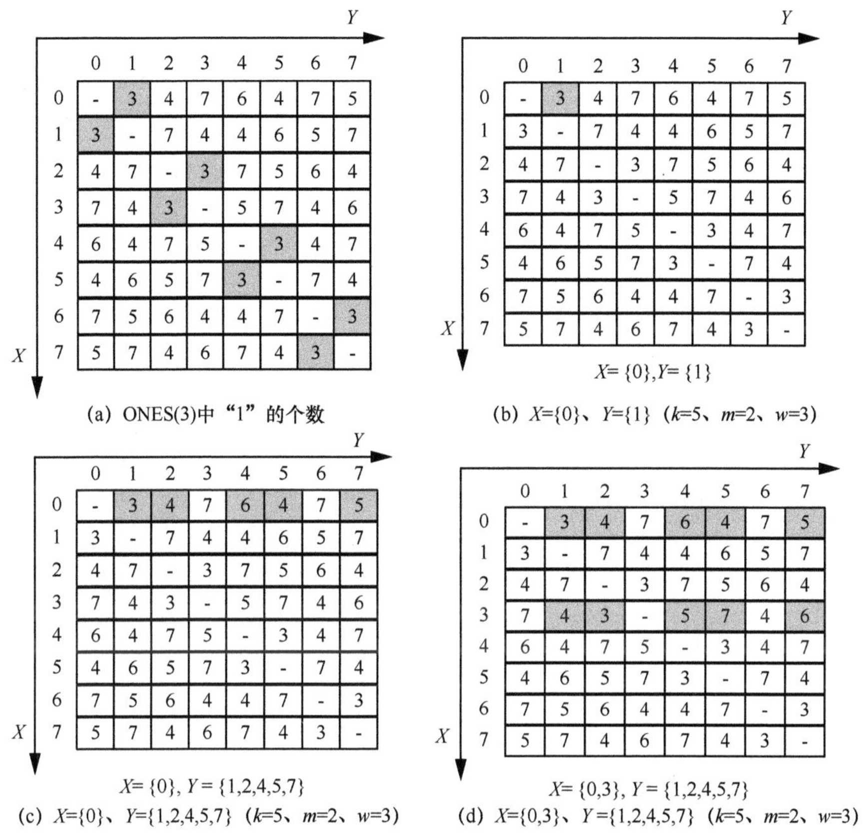

图 7-13　贪心算法选择集合 X 和 Y

7.3.2　求调度

准备好柯西矩阵集合$\{\boldsymbol{M}_0, \boldsymbol{M}_1, \cdots, \boldsymbol{M}_{t-1}\}$之后，就要对这些柯西矩阵求调度，并从中选出异或操作次数最少的调度。调度使一组 CRS 编码的异或次数不再跟柯西矩阵中的"1"的个数有关，突破了柯西矩阵中"1"的个数下限。因此在数据编码时按照调度中的异或操作顺序来执行，编码性能会有很大提高。调度中异或操作次数的多少最终决定了调度的效率，从而决定了数据编码性能。但是目前还没有哪一个求调度的方法能够保证在对所有柯西矩阵求调度时，都能产生最优的调度，因此需要使用多种求调度的启发式算法对一个柯西矩阵求调度，以从中选取目前技术水平下高效的优化调度方案，最终得到各个柯西矩阵对应的最优的柯西矩阵和调度组合

$(\boldsymbol{M}_{\text{best}}, s_{\text{best}})$，如图 7-12 中的调度部分所示。

此外，哪个柯西矩阵会产生相对最优的调度是不确定的，因此有必要对生成的每一个柯西矩阵调用现有的多种求调度的启发式算法。每种矩阵生成后，与配置参数(k,m,w)一起传递给函数 do_schedule(int *k*,int *m*,int *w*,int * matrix)，在 do_schedule 中对该柯西矩阵依次调用多种求调度的启发式算法，如 UBER-CSHR、X-Sets 等，最终得到$\{(\boldsymbol{M}_0,s_0), (\boldsymbol{M}_1,s_1), \cdots, (\boldsymbol{M}_{t-1}, s_{t-1})\}$。

如果以后有新的调度算法出现，也可以将其加到 do_schedule 函数中。

此方法的简单示例如图 7-14 所示。例如存在数据元素(a,b,c,d)，希望生成纠删码元素(g,h)，可能会出现的中间结果为(e,f)。此时假设柯西矩阵 $\boldsymbol{M}_0$ 满足此条件下的构造要求，在 UBER-CSHR 算法下求得的调度如图 7-14（a）所示，而在 X-Sets 算法下得到的调度如图 7-14（b）所示。根据调度中的异或操作次数，为柯西矩阵 $\boldsymbol{M}_0$ 选取优化调度方案，因此图 7-14（a）的调度会被选取出来。

(a) UBER-CSHR算法下求得的调度	(b) X-Sets算法下求得的调度
$a+b=e$ $c+e=g$ $d+e=h$	$a+b=e$ $a+c=f$ $c+e=g$ $d+e=h$

图 7-14　调度示例

7.3.3　选择优化调度方案

对每个柯西矩阵求调度后，它们会产生自己的优化调度方案。而这些调度中的异或操作次数又不相同，因此需要在其中选出异或操作次数最少的调度用于数据编码。在集合$\{(\boldsymbol{M}_0,s_0), (\boldsymbol{M}_1,s_1), \cdots, (\boldsymbol{M}_{t-1},s_{t-1})\}$中选择异或操作次数最少的$(\boldsymbol{M}, s)$组合，如果最小值对应多个组合，那么考虑到更新性能，选择柯西矩阵 $\boldsymbol{M}$ 中“1”的个数最少的组合，得到相对最优的柯西矩阵和调度组合$(\boldsymbol{M}_{\text{best}}, s_{\text{best}})$。选择好优化调度方案之后，就可以利用 s_{best} 进行数据编码。

通过选择框架选出$(\boldsymbol{M}_{\text{best}}, s_{\text{best}})$之后，将其保存在创建好的文件中，在以后部署使用了纠删码技术的云存储平台时就可以根据柯西矩阵的配置参数(k, m, w)读取调

度并直接使用了，避免了框架的重复执行。既然 $\boldsymbol{M}_{\text{best}}$ 在框架的执行过程中已经确定，那么当数据块出现故障时，可以根据 $\boldsymbol{M}_{\text{best}}$ 构造出合适的柯西逆矩阵 $\boldsymbol{M}^{-1}$，此时也能通过选择框架计算出解码时的优化调度方案，只不过此时框架的柯西矩阵集合中只有一个逆矩阵 $\boldsymbol{M}^{-1}$。因为逆矩阵的复杂度和原柯西矩阵没有直接关系，因此解码时调度中的异或操作次数是不可控的。

7.4　高效纠删码编码方法的应用

7.4.1　原型实现

求编码调度时选择框架的执行过程如算法 7-1 所示。

算法 7-1　利用选择框架求编码调度

```
schedule_best = null;                          //初始化，schedule_best 即（s_best）为空
matrix_best = null;                            //初始化，matrix_best（即 M_best）为空
select_best_schedule_and_matrix(k, m, w){
    while(method for produce matrix is not empty){
        matrix = produce_matrix(k, m, w);      //使用各种方法生成的柯西矩阵
        while(method for produce schedule is not empty){
            schedule = do_schedule(k, m, w, matrix); //利用启发式算法对当前的柯西矩阵求调度
            get_best_schedule_and_matrix(schedule, matrix); //对比调度中的异或操作次数，得出当前最优的 schedule_best 和 matrix_best
        }
    }
    write_to_file(schedule.txt, schedule_best, matrix_best);
}
```

步骤 1：输入云存储系统利用纠删码实行冗余策略时采用的柯西矩阵配置参数(k,m,w)。

步骤 2：根据参数(k,m,w)准备柯西矩阵，本章生成柯西矩阵时用到的方法有多种，如 Cauchy Good，以及本章提出的贪心算法等。

步骤 3：针对步骤 2 得到的柯西矩阵，使用多种针对柯西矩阵求调度的启发式算法求调度（如 UBER-CSHR、X-Sets 等）。

步骤 4：将步骤 3 得到的调度中的异或操作次数与当前最优调度的异或操作次数进行比较，得出相对最优的 s_{best} 和 $\boldsymbol{M}_{best}$。

循环步骤 2~4，最终得出在配置参数(k,m,w)下最优的 s_{best} 和 $\boldsymbol{M}_{best}$，并将其写入 schedule.txt。

求解码调度时选择框架的执行过程如算法 7-2 所示。

算法 7-2　利用选择框架求解码调度

```
decode_schedule(k, m, w, matrix_best, erased){
    inverse_matrix = inert_matrix(k, m, w, matrix_best, erased);
    while(method for produce schedule is not empty){
        schedule =do_schedule(k, m, w, inverse_matrix); //对当前逆矩阵求调度
        get_best_decode_schedule_and_matrix(schedule); //对比调度中的异或
        操作次数，得出当前最优的 schedule_best
    }
write_to_file(schedule.txt, schedule_best);
}
```

步骤 1：输入云存储系统利用纠删码实行冗余策略时采用的柯西矩阵配置参数(k,m,w)，$k+m$ 个块中每个块的故障状态（出现故障的数据块、纠删码块的总和不能超过 m），以及求编码调度时得到的 $\boldsymbol{M}_{best}$。

步骤 2：根据步骤 1 的输入得到解码时用到的逆矩阵 invers_matrix（即 $\boldsymbol{M}^{-1}$）。

步骤 3：针对步骤 2 的逆矩阵，使用多种针对柯西矩阵求调度的启发式算法求调度（如 UBER-CSHR、X-Sets 等）。

步骤 4：将步骤 3 得到的调度中的异或操作次数与当前最优调度的异或操作次数进行比较，为当前 $k+m$ 块出现的故障状态选出最优的 s_{best}。将得到的解码调度的故障状态和对应的最终 s_{best} 写入 schedule.txt。

通过上述编码和解码调度的求取操作，当云存储环境需要用到纠删码，且配置参数(k, m, w)一定时，数据编码需要用到的 s_{best} 和 $\boldsymbol{M}_{best}$ 已经被存入 schedule.txt 中；

在配置参数(k, m, w)下，当数据块或纠删码块的出错状态一定时，对应的 s_{best} 也已经被写入 schedule.txt。下一步需要将 schedule.txt 的调度应用到真实的云存储系统的数据编码和解码中。

7.4.2 本地编码中的应用

针对执行选择框架得到的调度，为了验证利用它进行数据编码的效率相比以往的方法有所提高，本章设计了本地编码程序进行实验。

为了方便将以后利用选择框架得到的优化调度方案加入 Hadoop 中，本地编码使用 Java 本地接口（Java Native Interface，JNI）技术。在本地准备好 k 个数据块，然后依次将 k 个数据块放入缓存中，读取存储调度方案的文件，得到优化调度方案，最后进行数据编码。本地编码程序中的读取数据和写入数据采用 Java 语言，而数据编码部分则采用 C/C++语言，在 Java 中采用 JNI 调用 C/C++生成的 lib 库，整个过程如图 7-15 所示。

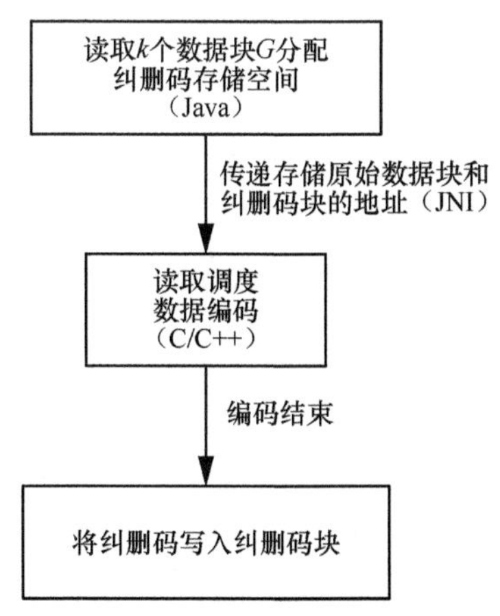

图 7-15 JNI 本地数据编码过程

经过本地数据编码的验证发现，利用选择框架得到的调度的异或操作次数相比以往方法要少，而且并非在每次编码之前都需要生成柯西矩阵和计算该柯西矩阵的调度，数据编码性能得到提高。

7.4.3 云存储系统中的应用

目前 Apache 下的 HDFS 仍采用多副本实现数据的容灾策略，为了节省存储空间和网络带宽，将纠删码技术引入 HDFS。本章在利用选择框架求取优化调度方案的基础上，对 Hadoop+ec 同样做了改进。例如，提前执行框架，将得到的优化调度方案存入文件，Hadoop 可以直接通过读取文件中的优化调度方案进行数据编码，避免了 Hadoop+ec 原有方法每次进行数据编码之前都需要生成柯西矩阵并求取该柯西矩阵的调度，加快了数据编码速度，提高了 Hadoop 为用户和应用程序提供服务的效率。

经过本地数据编码的验证发现，利用选择框架得出的优化调度方案对 CRS 编码的性能有很大提高。本章接下来将利用选择框架得到的优化调度方案加入 Hadoop+ec 中，以提高数据编码性能。

对任何柯西矩阵配置参数(k,m,w)执行选择框架后都会得到相对最优的调度，那么下一步工作就是利用这个调度在云存储系统中进行数据编码，以实现 CRS 编码的容灾策略（允许不多于 m 个数据节点出错）。以当前比较流行的 Hadoop 三副本系统为例，当有数据包到来时，HDFS 将数据放入队列 dataQueue 中，然后向 FSNamesystem 申请 block 及其所在的数据节点（要保证 3 个副本在 3 个不同的数据节点中，以避免一个数据节点失效，多个副本失效的情况发生），申请成功后，把数据放入队列 ackQueue 中，然后将数据写入数据节点，写入成功后将 ackQueue 中的数据删除。如果写入失败，则将数据包从 ackQueue 移植到 dataQueue 中，以实现重新写入，直至数据写入成功。

如果想在 Hadoop 中利用纠删码代替多副本实现冗余，就需要对 Hadoop 的数据写入操作做一定的改进。三副本策略能保证当一个数据块的两个副本出现错误时，还能为用户提供正常的服务，而 CRS 编码容灾策略同样能够在数据块出现故障时及时恢复出错数据，为用户提供正常的服务。三副本容灾策略是针对单个数据副本的，而 CRS 编码容灾策略针对的是由 k 个数据块和 m 个纠删码块形成的一个数据块组，也就是说，当采用 CRS 编码的云存储系统中的一个数据块出错时，需要同组的任意 k 个块的支持才能恢复。因此，在 CRS 编码中，由 k 个数据块与 m 个纠删码块组成的分组中的每个块必须分别存储在不同的数据节点上。

将纠删码加入 HDFS 中时，需要对原有多副本策略进行相应的修改。在移除原始数据时，不再将数据直接删除而是存入一个内存缓存区中，为执行纠删码编码做好数据准备，直到 k 个 64 MB 的数据块准备好之后，就可以从存有优化调度方案的文件中得到该调度，并利用该调度对这 k 个数据块进行编码。数据编码结束后可以得到 m 个纠删码块，需要将它们放入 parityQueue 中，然后将 parityQueue 中的纠删码元素放入 dataQueue 中，再重新申请纠删码元素——数据块和数据节点。在申请的过程中，注意将一组纠删码编码中的 k 个数据块和 m 个纠删码块分别存放在不同的数据节点中，以保证在一个数据节点失效时，$k+m$ 个块中只有一个块失效，避免出现一个数据节点出错，同一组中多个数据块出错的情况。而在元数据节点中，要将这 $k+m$ 个块作为一组 CRS 编码的基本单位，当其中的数据块或纠删码块出现故障时，能够确定需要哪些块来恢复数据。以 k=4、m=2 为例，客户端传来 4 个数据块 $D1$、$D2$、$D3$ 和 $D4$，然后从文件中读取优化调度方案，根据该调度进行数据编码，得到纠删码块 $C1$ 和 $C2$，然后将这 6 个块分别放到不同的数据节点上，具体如图 7-16 所示。

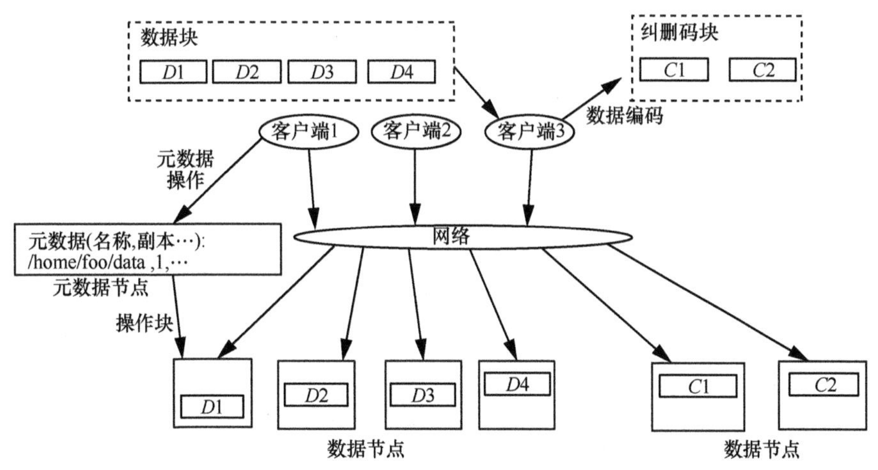

图 7-16　Hadoop 中的 CRS 编码示例

本章在执行选择框架得到优化调度方案之后，就将记录有该优化调度方案的文件 schedule.txt 放入 Hadoop+ec 中，然后在 Hadoop 执行测试命令和测试用例时，直接利用记录的调度进行编码，从而提高数据编码效率，节省时间。直接利用提前生成的调度进行数据编码的示意如图 7-17（a）所示。而在图 7-17（b）中，每当 k 个数据块准备好之后，Hadoop+ec 都需要生成柯西矩阵并对该柯西矩阵求调度，然后利用调度进行数据编码，而本章因为提前得到了优化调度方案，所以节省了这部分不必要的计算时间。

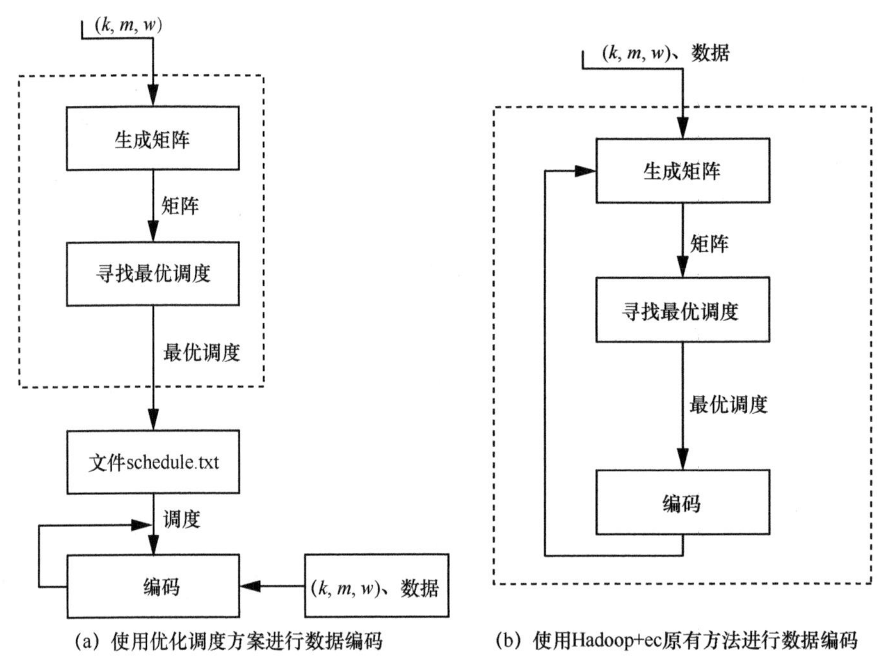

(a) 使用优化调度方案进行数据编码　　(b) 使用Hadoop+ec原有方法进行数据编码

图 7-17　数据编码方案对比

7.5　高效纠删码编码方法的性能评价

7.5.1　选择框架实验测试

（1）选择框架的优化调度方案

单个对柯西矩阵求调度的算法不能保证在柯西矩阵的配置参数(k, m, w)一定的情况下求出目前最优的调度，选择框架不仅解决了这一问题，还选出了能够用于部署云储存系统的柯西矩阵 $\boldsymbol{M}_{\text{best}}$ 和针对该柯西矩阵的调度 s_{best}。

在多个不同配置参数(k, m, w)组合下，我们记录了执行选择框架后可以产生相对

最优组合(M_{best}, s_{best})的(HM,HS)，其中 HM 表示生成柯西矩阵的方法，HS 表示对柯西矩阵求调度的方法。在执行选择框架的过程中，我们为调度算法 UBER-CSHR 设置了 I 标志位（利用中间结果加速后续纠删码的计算）以及 L=2（尝试利用两个中间结果间的异或结果加速后续纠删码的计算），不同(k, m, w)组合下相对最优的（HM, HS）组合见表 7-1。表 7-1 中的 greedy 表示本章提出的利用贪心算法生成柯西矩阵的方法。从表 7-1 可以看出，在不同的配置参数(k, m, w)下，最优组合(HM,HS)是不确定的。也就是说，在不同的配置参数(k, m, w)下，没有通用的(HM,HS)组合总能够产生最优的(M, s)组合。而我们的选择框架总能在所有组合中选出目前最优的(M, s)组合。

本次实验采用的机器配置如下。

双核处理器：Intel® Xeon® X5260 @3.33GHz。

内存：32 GB。

操作系统：64 位 Ubuntu11.10。

内核版本：Linux 3.0.0-30-generic。

表 7-1　不同(k,m,w)组合下相对最优的(HM,HS)组合

(k, m, w)	HM	HS
(4, 3, 4)	Optimizing Cauchy	MW
(5, 3, 4)	Optimizing Cauchy	MW
(6, 3, 4)	Cauchy Good	UBER_XSET
(7, 3, 4)	Cauchy Good	UBER_MWMATING
(13, 3, 4)	Cauchy Good	MW_SQ
(4, 4, 4)	Optimizing Cauchy	MW_SQ
(5, 4, 4)	Optimizing Cauchy	MW_SQ
(6, 4, 4)	Cauchy Good	MW_SQ
(7, 4, 4)	greedy	MW
(8, 4, 4)	greedy	MW_SQ
(9, 4, 4)	Cauchy Good	SUBEX
(10, 4, 4)	Cauchy Good	UBER_XSET
(11, 4, 4)	Cauchy Good	MW_SQ
(12, 4, 4)	Cauchy Good	MW_SQ
(5, 5, 5)	Cauchy Good	MW_SQ
(10, 5, 5)	Cauchy Good	MW_SQ

（2）选择框架的性能测试

本章利用云计算环境下的多机环境，并行执行选择框架，以加速优化调度方案的产生。本章对选择框架做了分布式执行优化。

与直接利用柯西矩阵进行编码相比，使用调度之后的 CRS 编码效率有了很大提高，但是其相较于前者多了计算调度的时间，而且不同的调度算法会有不同的时间复杂度，(k, m, w)参数越大，对柯西矩阵求调度的计算时间越长。

如果每次对 k 个数据块进行编码时，都需要通过选择框架选出(k, m, w)下的组合$(\boldsymbol{M}_{\text{best}}, s_{\text{best}})$，然后再进行编码，会花费大量与编码无关的时间。本章测试了在数据编码之前执行选择框架的时间和直接读取调度时间，见表 7-2。

表 7-2　执行选择框架和直接读取调度的时间比较

(k, m, w)	执行选择框架的时间/s	直接读取调度的时间/s
(10, 6, 4)	775.821	0.001 4
(11, 5, 4)	730.084	0.001 4
(13, 3, 4)	300.869	0.001 4
(8, 4, 4)	91.794	0.001 4
(9, 4, 4)	153.814	0.001 4
(10, 4, 4)	241.937	0.001 4
(11, 4, 4)	372.503	0.001 4
(12, 4, 4)	462.809	0.001 4

以 Hadoop 默认块大小为 64 MB 为例，当有 1 TB 的数据需要写入 Hadoop 存储系统中时，从表 7-2 可以看出，在 k=8、m=4、w=4 的情况下，需要进行 1 TB/(64 MB×8) = 2 048 次编码，即需要执行 2 048 次选择框架。而在(8, 4, 4)下，每次在单个 Intel® Xeon® X5260 @3.33GHz 的 CPU 上执行选择框架时，需要花费 91.794 s。这样传送 1 TB 数据到云存储系统中就需要 2 048×91.794 s 无关数据编码的时间。既然数据编码时只需要按照调度一步一步进行计算，就可以得到目标元素——纠删码。那么完全可以在进行数据编码前准备好调度，也就是说提前执行框架，将调度存入文件，在 k 个数据块准备好之后，直接读取调度。在 Intel® Xeon® X5260 @3.33GHz 的 CPU 下，读取文件获得调度的速度为 0.001 4 s，2 048×0.001 4 s 相比 2 048×91.794 s 还是很有优势的，而且(k, m, w)参数越大，两者之间的差距越大。在 k=8、m=4 时，在进行数据编码前执行一次选择框架，计算出(k, m, w)下优化的调度方案，并将其加

入云存储系统中，那么以后不管有多大规模的数据需要进行编码，都不需要在求取优化调度方案上花费时间，大大提高了工作效率。

从上面的介绍来看，在部署云存储系统之前可以先执行选择框架，求出($\boldsymbol{M}_{\text{best}}$, s_{best})，并将其存入文件中，以为后续数据编码操作提供柯西矩阵和调度，避免选择框架的重复执行。这样，选择框架就可以分布到多台机器上并行执行，以加快框架的执行速度。

分布式模式下执行选择框架的步骤如下。

步骤 1：服务器端接收到部署云存储系统前确定的柯西矩阵配置参数(k, m, w)以及客户端个数等参数后，向各个客户端发送(k, m, w)、用到的 HM 方法名，以及该方法需要的参数，利用柯西矩阵集合中柯西矩阵的个数除以客户端的个数，以尽可能平均地将柯西矩阵集合$\{\boldsymbol{M}_0, \boldsymbol{M}_1, \cdots, \boldsymbol{M}_{t-1}\}$中的柯西矩阵分布到多台机器上。

步骤 2：各个客户端接收到服务器发送的信息后，调用相应生成柯西矩阵的方法生成柯西矩阵 $\boldsymbol{M}$，然后依次调用各个求调度的启发式算法对该柯西矩阵求调度，并选出异或操作次数最少的调度 s，最后发送($\boldsymbol{M}$, s)到服务器端。

步骤 3：服务器端接收各个客户端发来的它们各自产生的最优组合($\boldsymbol{M}$, s)，然后对比调度中异或操作次数，选出异或操作次数最少的调度及其相应的柯西矩阵，得到优化调度组合($\boldsymbol{M}$, s)。如果异或操作次数最少的调度对应多个组合，考虑到更新性能，选择柯西矩阵 $\boldsymbol{M}$ 中“1”的个数最少的组合($\boldsymbol{M}_{\text{best}}$, s_{best})。选择好之后，将其存入文件中，以备云存储系统应用。整个过程如图 7-18 所示。

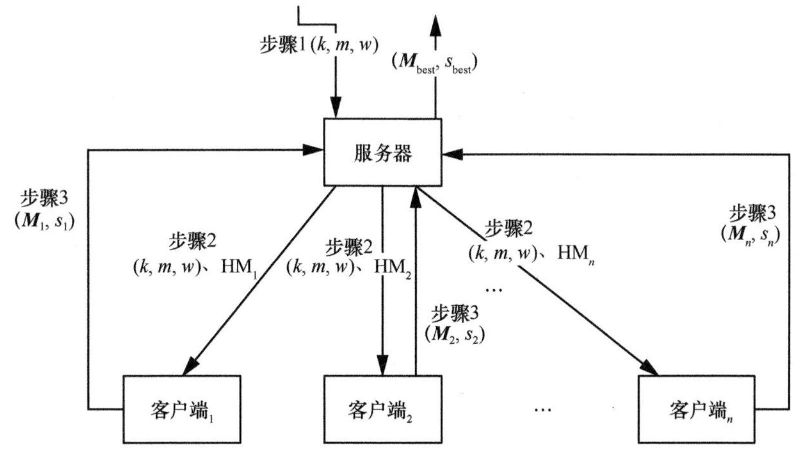

图 7-18　分布模式下执行选择框架示意图

在分布式模式下进行选择框架的性能测试，具体如下。

在云存储环境中，CPU 为 Intel® Xeon® X5260 @3.33GHz 的 4 个客户端在分布式模式下执行选择框架的执行时间与单个客户端执行选择框架的时间比较如图 7-19 所示。

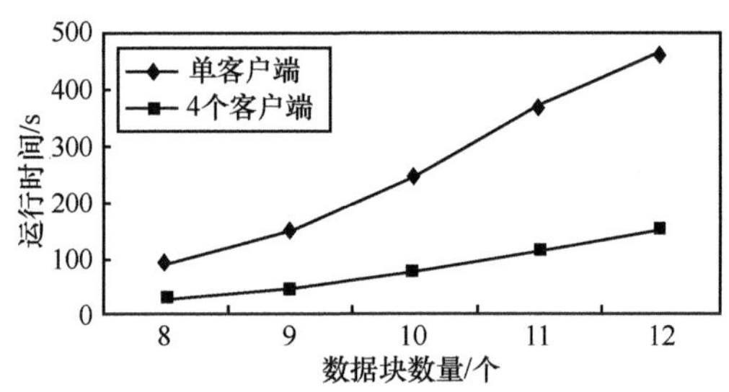

图 7-19　执行选择框架的时间对比

由图 7-19 可以看出，在部署云存储平台之前利用多台计算机节点分布式执行选择框架，可以在很大程度上加速优化调度方案的产生，为提前部署云存储平台节省了时间。由图 7-19 还可以看出，选择框架在单个客户端上运行的时间大约是分布式模式下在 4 个客户端上运行时间的 3 倍。节点间的网络通信能力不同，各个节点的计算能力不同，不同柯西矩阵的复杂度不同，造成了分布式模式下执行选择框架的时间不是 4 倍的问题。总体而言，分布式执行选择框架的计算机节点越多，执行选择框架的时间越短。

7.5.2　数据编码性能测试

（1）本地存储中的性能测试

为了验证采用分布式选择框架的优化调度方案，相比以往的数据编码方法在编码性能上有所提高，本章设计并实现了本地数据编码测试程序。在提前执行选择框架得到优化调度方案后，将该优化调度及相应的柯西矩阵写入文件。在本地准备好 k 个 4 MB 的数据块，利用多组柯西矩阵配置参数(k,m,w)测试本地编码，对比方法为 Hadoop+ec 原有方法（矩阵选择算法为 Cauchy Good），得到的实验结果见表 7-3。

本次实验的机器配置如下。

处理器：Intel® Xeon® X5260 @3.33GHz。

内存：32 GB。

操作系统：64 位 Ubuntu11.10。

内核版本：Linux 3.0.0-30-generic。

表 7-3　不同(*k*, *m*, *w*)组合下 4 MB 数据块编码效率对比

(*k*, *m*, *w*)	优化调度方案		Hadoop+ec 原有方法		时间节省效果
	时间/s	异或次数/次	时间/s	异或次数/次	
(9,3,4)	0.058 129	23 808	0.078 685	36 096	26.12%
(10,3,4)	0.063 874	26 880	0.090 708	42 752	29.58%
(11,3,4)	0.068 944	29 184	0.100 751	48 128	31.56%
(12,3,4)	0.072 808	32 000	0.110 636	53 760	34.19%
(13,3,4)	0.079 652	35 072	0.121 540	59 648	34.46%
(9,4,4)	0.075 633	32 000	0.108 966	51 200	30.59%
(10,4,4)	0.082 174	34 304	0.120 783	56 064	31.92%
(11,4,4)	0.092 494	38 912	0.136 334	66 048	32.15%
(12,4,4)	0.101 334	42 752	0.153 359	73 216	33.92%

为了更加形象地展示性能提高效果，以表 7-3 中 m=3、w=4 的 5 组数据为例，绘制如图 7-20 所示的编码时间对比图。

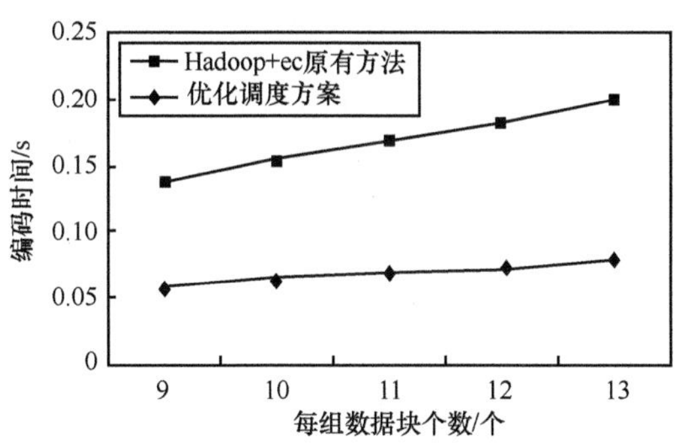

图 7-20　m=3、w=4 时的编码时间对比

由表 7-3 和图 7-20 发现，一般情况下，(*k*, *m*, *w*)中的参数越大，优化调度方案相较以往的数据编码方法提高的数据编码性能越大。这是因为(*k*, *m*, *w*)中的参数增大后，柯西矩阵对应的调度中的异或次数随之增多，而异或操作得出的中间结果的利用率也就增大。在这种情况下，优化调度方案相比 Hadoop+ec 原有方法能够得到更

好的异或操作序列，从而极大地提高了数据编码效率。

得到优化调度方案和相应的柯西矩阵之后，本章针对该柯西矩阵求得了各种数据块或纠删码块出错（出错块的总数不超过 m）时对应的逆矩阵的最优调度，并将该调度和相应的故障状态写入文件 F 中。当数据块或纠删码块出现故障时，就可以根据故障状态直接从文件 F 中读取合适的调度，然后利用该调度进行数据编码，恢复出错数据。

为了测试选择框架得出的解码调度是否能提高解码性能，本章也同样设计了解码程序。在参数 k=9、m=3、w=4，文件大小为 4 MB 时，对 9 个文件进行数据编码后会得到 3 个纠删码文件。当丢失一个文件（可能是数据文件也可能是纠删码文件）时，有$\binom{9+3}{1}=\binom{12}{1}$=12 个不同的出错状态，对应会有 12 个柯西矩阵；当丢失两个文件时，有$\binom{9+3}{2}$个不同的出错状态，对应会有$\binom{9+3}{2}$个不同的柯西矩阵；当丢失 3 个文件时，有$\binom{9+3}{3}$个不同状态的柯西矩阵。对于每一种文件错误状态，本章都会从柯西矩阵和单位矩阵的剩余行中选出一个 k 阶的矩阵，然后求出该矩阵的逆矩阵，该矩阵对应一个优化调度方案。由于文件错误状态较多，为了不失一般性，本章实验在丢失一个文件时，删除了 $data_0$；丢失两个文件时，删除了 $data_0$、$data_1$；丢失 3 个文件时，删除了 $data_0$、$data_1$、$data_2$。解码实验结果见表 7-4。

表 7-4　解码实验结果

(k, m, w)	文件出错个数/个	解码时间/s		时间节省效果
		Hadoop+ec 原有方法	优化调度方案	
(9,3,4)	1	0.020 421	0.019 763	3.2%
	2	0.050 960	0.041 782	18.0%
	3	0.083 606	0.060 104	28.1%
(10,3,4)	1	0.023 498	0.022 558	4.0%
	2	0.060 593	0.049 012	19.1%
	3	0.102 577	0.076 848	25.1%
(11,3,4)	1	0.026 080	0.024 515	6.0%
	2	0.067 137	0.053 843	19.8%
	3	0.107 059	0.076 975	28.1%

从表 7-4 可以看出，文件出错个数越多，优化调度方案相较 Hadoop+ec 原有方法提高的性能越高。这是因为文件出错个数越多，柯西矩阵就越复杂，相应的异或操作就越多，选择框架就越能充分利用中间结果，得到更好的调度方案。相较以往方法，优化调度方案的中间结果利用率更高，从而数据解码性能更高。

（2）云存储中的性能测试

Hadoop+ec 利用优化调度方案的过程如下。

- 在 Hadoop 的配置文件 Hadoop-site.xml 中提前设置好 CRS 编码需要的配置参数：数据块个数 k，纠删码块个数 m。
- 准备好 k 个数据块之后分析 schedule.txt，从中找出在参数(k, m, w)一定时采用选择框架的优化调度方案 s_{best}，根据 s_{best} 对要编码的数据进行异或操作，得到纠删码。
- 输出纠删码，将上述 k 个数据块和 m 个纠删码块分别存放在不同的数据节点，以保证数据冗余保护。

由利用了优化调度方案的本地数据编码和解码可知，采用选择框架的优化调度方案可以有效提高编码性能。因此本章将优化调度方案加入 Hadoop+ec 中，然后利用 Hadoop dfs–put 命令测试将数据上传到 Hadoop 过程中数据编码的效率。因为 Hadoop 主要支持计算节点之间的并行计算，因此每个计算节点之间纠删码的计算不会互相影响，每个计算节点都是在内存中准备好 k 个数据块，然后利用优化调度方案进行编码。Hadoop 的 put 命令能测试每个计算节点上纠删码的编码效率。

实验环境：在两台 32 GB 内存的实体机上分别部署 5 台 6 GB 内存的虚拟机。本章搭建了包含一个元数据节点、9 个数据节点的 Hadoop 集群。在 Hadoop 配置文件中，每个数据块为 64 MB。当(k, m, w)取不同参数时，通过 Hadoop dfs –put 命令上传 10 GB 数据时的编码效率见表 7-5。本实验中的 10 GB 数据是利用 Hadoop 中的 randomwriter 命令产生的。从表 7-5 可以看出，优化调度方案在 Hadoop 中同样能够提高编码效率。

表 7-5　Hadoop 中的纠删码编码效率测试

(k,m,w)	加入优化调度方案的 Hadoop+ec		Hadoop+ec 原有方法		时间节省效果
	异或次数/次	一组纠删码计算时间/s	异或次数/次	一组纠删码计算时间/s	
(4,3,8)	7 782 400	1.979 8	13 025 280	2.483 0	20.26%
(5,3,8)	8 781 824	2.397 1	14 811 136	3.144 0	23.76%
(6,3,8)	9 211 904	2.576 9	15 069 184	3.442 0	25.13%

7.6 本章小结

随着大数据时代的到来，应用程序和用户的数据对存储空间的需求越来越大，提高了云计算平台搭建的成本。目前比较流行的保证数据持续有效的多副本容灾策略也对存储空间带来了压力。而纠删码技术在保证数据能有效容灾的同时，提高了存储空间的利用率。但是纠删码技术相比多副本策略需要计算纠删码，增大了性能开销。因此需要对纠删码的计算性能进行改进。目前有很多针对纠删码的研究工作，并且有了一定的进展，这些工作为本章对柯西里德-所罗门编码的优化提供了良好的基础和借鉴。

本章开展了针对云存储中 CRS 编码优化技术的研究工作，主要包括以下几个方面。

（1）为了优化 CRS 编码技术，本章首次提出了选择框架思想，即利用现有的柯西矩阵生成方法和对柯西矩阵求调度的算法形成求取优化调度方案的选择框架，以提高 CRS 编码效率。该选择框架得出的优化调度方案，可以被应用于任何以 CRS 编码为容灾策略的存储系统。

（2）本章利用了采用选择框架的优化调度方案设计并实现了本地数据编码。在编码性能的优化效果得到验证之后，又在 Hadoop+ec 中加入了该优化调度，经 Hadoop 集群测试命令验证，采用选择框架的优化调度能有效提高云存储系统的数据编码性能。

参考文献

[1] ATUL A, BOLOSKY W J, MIGUEL C, et al. Farsite: federated, available, and reliable storage for an incompletely trusted environment[J]. ACM SIGOPS Operating Systems Review, 2002, 36(SI): 1-14.

[2] HAFNER J M, DEENADHAYALAN V, RAO K K, et al. Matrix methods for lost data reconstruction in erasure codes[C]// The 4th USENIX Conference on File and Storage Technologies. Berkeley: USENIX Association, 2005: 183-196.

[3] HAFNER J M, DEENADHAYALAN V, KANUNGO T, et al. Performance metrics for erasure codes in storage systems[R]. 2004.

[4] BLOMER J, KALFANE M, KARPINSKI M, et al. An XOR-based erasure-resilient coding

scheme[R]. 1995.

[5] LUO J, XU L, PLANK J S. An efficient XOR-Scheduling algorithm for erasure codes encoding[C]// 2009 IEEE/IFIP International Conference on Dependable Systems & Networks. Piscataway: IEEE Press, 2009.

[6] PLANK J S, XU L H. Optimizing Cauchy Reed-Solomon codes for fault-tolerant network storage applications[C]// The 5th IEEE International Symposium on Network Computing Applications. Piscataway: IEEE Press, 2006: 173-180.

[7] PLANK J S, SIMMERMAN S, SCHUMAN C D. Jerasure: a library in C/C++ facilitating erasure coding for storage applications-version 1.2[R]. 2008.

[8] BLAUM M, ROTH R M. On lowest density MDS codes[J]. IEEE Transactions on Information Theory, 1999, 45(1): 46-59.

[9] PLANK J S, SCHUMAN C D, ROBISON B D. Heuristics for optimizing matrix-based erasure codes for fault-tolerant storage systems[C]// The 42nd Annual IEEE/IFIP International Conference on Dependable Systems and Networks. Piscataway: IEEE Press, 2012: 1-12.